U0332555

北京市职业院校专业创新团队建设计划资助项目
北京劳动保障职业学院国家骨干校建设资助项目

Windows Server

2008系统管理与 服务器配置

姚越 高峰 王亚楠 赵宇红 ◎ 编著

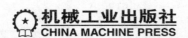

机械工业出版社
CHINA MACHINE PRESS

网络操作系统是构建计算机网络的核心与基础。本书以目前最新的美国微软公司的网络操作系统为平台，并基于虚拟机的环境，比较全面、系统地介绍了 Windows Server 2008 操作系统的安装、系统管理、服务器配置等知识。内容的选取依据企业和行业专家的意见，并结合计算机网络技术。本书共 11 个项目，分为三个部分内容：第一部分是安装与基本知识；第二部分是系统的基本管理；第三部分是服务器的搭建与维护。每一个项目都有项目引导，分任务完成。

本书适合作为高职高专计算机网络技术等相关专业的教材，也可以作为各种计算机网络管理技能培训班的教材，还可以作为在职技术人员补充新知识和新技能的自学参考书。

图书在版编目（CIP）数据

Windows Server 2008 系统管理与服务器配置/姚越，高峰，王亚楠，赵宇红编著.—北京：机械工业出版社，2013.10（2018.4 重印）

北京市职业院校专业创新团队建设计划资助项目　北京劳动保障职业学院国家骨干校建设资助项目

ISBN 978-7-111-44483-1

Ⅰ.①W…　Ⅱ.①姚…②高…③王…④赵…　Ⅲ.①Windows 操作系统—网络服务器—系统管理—高等职业教育—教材　Ⅳ.①TP316.86

中国版本图书馆 CIP 数据核字（2013）第 249096 号

机械工业出版社（北京市百万庄大街 22 号　邮政编码 100037）
策划编辑：罗　莉　责任编辑：罗　莉
版式设计：霍永明　责任校对：张　征
封面设计：赵颖喆　责任印制：李　昂
中国农业出版社印刷厂印刷
2018 年 4 月第 1 版第 5 次印刷
184mm×260mm·19.75 印张·487 千字
7001—8500 册
标准书号：ISBN 978-7-111-44483-1
定价：59.00 元

前　　言

　　Windows 操作系统不仅仅是当今的主流计算机操作系统，由于其操作直观、简便、高可靠性和高安全性等特点，也成为当前中小企业首选的服务器操作系统。尤其是最新发布的 Windows Server 2008 操作系统，是美国微软公司发展史上性能最全面、网络功能最丰富的一款，为用户提供了性能最稳定、最可靠的网络操作系统平台。其服务功能丰富并且易于集中管理，能更好地发挥多核和 64 位架构的潜能，并适应网络环境的变化和用户的需求。Windows Server 2008 新增加了很多功能。它所提供的新的虚拟化工具、Web 资源和增强的安全性，有助于管理员节省时间、降低成本，并且提供了一个动态而优化的数据中心平台。强大的新工具，如 IIS 7.0 和 Windows Power Shell，增强了管理员对服务器的控制，并有助于管理员简化 Web、配置和管理任务。先进的安全性和可靠性增强功能，强化了服务器操作系统的安全，提供了健全的服务器环境，为确保企业的业务发展提供了坚实的基础。总之，Windows Server 2008 以全新的面貌、超强的功能，为企业架构安全、稳定的 IT 平台提供了可靠的保障。

1. 本书的特点

　　编者在编写本书之前做了大量的调研工作。在国家骨干校建设期间，我们对本专业进行了大量企业和行业调研，走访了很多具有代表性的网络公司、网络产品代理商等，按照工作岗位的实际需求，层层加以分解，确定学习 Windows 操作系统所应具备的能力，从而设计本书的内容。其次，本书借鉴神州数码、锐捷、微软认证培训的培训思想及经验，以案例为核心，采用引入知识点—讲述知识点—应用知识点—综合知识点的模式，由浅入深地展开对技术内容的讲述，适当加大了实训课和案例教学的比重，从而进一步培养学生对所学专业的感性认识，提高他们的从业能力。

2. 本书内容

　　本书共 11 个项目，分为三个部分内容：第一部分是安装与基本知识，包括项目 1 的系统的安装以及虚拟机的用法，项目 2 的用户和组账号管理；第二部分是系统的基本管理，包括项目 3、4，主要讲述 Windows 的文件系统管理和磁盘管理；第三部分是服务器的搭建与维护，包括项目 5～11，包括域名服务器的搭建、DHCP 服务器搭建、Web 服务器的配置和管理、FTP 服务器、域和活动目录、组策略，以及终端服务与 VPN 服务的配置与管理。

3. 编写说明

　　本书由北京劳动保障职业学院姚越、高峰、王亚楠、赵宇红编著。姚越编写了项目 1、3、4、11，高峰编写了项目 2、7、8，王亚楠编写了项目 5、6，赵宇红编写了项目 9、10。由于编者水平有限，书中欠妥之处，敬请广大读者批评指正。

编　者

目　　录

项目 ①

Windows Server 2008 基本概念与安装

项目目标

- 了解 Windows Server 2008 操作系统的产品版本
- 掌握 Windows Server 2008 操作系统的网络架构
- 掌握 VMware 7.0 虚拟机软件的安装方法
- 掌握在 VMware 虚拟机中安装 Windows Server 2008 的方法

任务的提出

Windows Server 2008 操作系统作为微软新一代服务器操作系统与之前操作系统版本相比较增加了很多重要特性，比如有关不带图形界面的安装版本 Server Core、PowerShell 以及虚拟化技术 Windows Server Virtualization（简称为 WSV，其开发代码为 Viridian）。我们可以看到微软服务器系统家族的进步，Windows Server 操作系统的市场占有率在逐年上升。初学者在第一次使用 Windows Server 2008 时往往感到束手无策，甚至误操作导致灾难性的后果，有了虚拟机软件技术，安装 Windows Server 2008 就可以解决很多问题，不会再对多系统并存的分区划分、系统切换和兼容性隐患而担忧了。而且，通过虚拟机技术，可以把一台计算机变成"多台"计算机使用，实现多个系统之间的通信和互访，体验跨平台操作的真正感受。

任务 1.1 Windows Server 2008 产品版本

Windows Server 2008 是微软服务器操作系统的名称，它继承自 Windows Server 2003。Windows Server 2008 是一套相对于 Windows Vista 的服务器系统，两者拥有很多相同功能。Vista 及 Server 2008 与 XP 及 Server 2003 间存在相似的关系。

Windows Server 2008 代表了下一代 Windows Server 系统。使用 Windows Server 2008，IT 专业人员对其服务器和网络基础结构的控制能力更强，从而可重点关注关键业务需求。Windows Server 2008 通过加强操作系统和保护网络环境提高了安全性。通过加快 IT 系统的部署与维护、使服务器和应用程序的合并与虚拟化更加简单、提供直观管理工具，Windows Server 2008 还为 IT 专业人员提供了灵活性。Windows Server 2008 为各种组织的服务器和网络基础结构奠定了最好的基础。Windows Server 2008 具有新的增强的基础结构，先进的安全特性和改良后的 Windows 防火墙支持活动目录用户和组的完全集成。

Windows Server 2008 发行了多种版本，以支持各种规模的企业对服务器不断变化的需求。Windows Server 2008 有 5 种不同的版本，另外还有三种不支持 Windows Server Hyper-V 技术的版本，因此总共有 8 种版本。

1）Windows Server 2008 标准版：此版本具备主流的服务器所拥有的功能，也就是说可以扮演多服务器的角色与具备多服务器的功能（feature）。它分为 32 位与 64 位版本。

2）Windows Server 2008 企业版：此版本提供更高的扩展性，并且增加了适用于企业的技术，如故障转移的群集功能与活动目录联合服务（ADFS，Active Directory Federal Services）。它分为 32 位与 64 位版本。

3）Windows Server 2008 数据中心版：此版本除了提供与 Windows Server 2008 企业版相同的功能之外，还可以支持更大的内存和多处理器。它分为 32 位与 64 位版本。

4）Windows Server 2008 Web 服务器版：此版本是特别为 Web 服务器而设计的，用来架设网站与应用程序服务器，它不支持其他服务器角色和 Server Core 的安装。它分为 32 位与 64 位。

5）Windows Server 2008 安腾版：它是针对美国英特尔（Intel）Itanium（安腾）64 位处理器所设计的操作系统，用来支持网站与应用程序服务器的搭建。

6）Windows Server 2008 标准版无 Hyper-V。

7）Windows Server 2008 企业版无 Hyper-V。

8）Windows Server 2008 数据中心版无 Hyper-V。

使用 Windows Server 2008，IT 专业人员能够更好地控制服务器和网络基础结构，从而可以将精力集中在处理关键业务需求上。增强的脚本编写功能和任务自动化功能（如 WindowsPowerShell），可帮助 IT 专业人员自动执行常见 IT 任务。通过服务器管理器进行的基于角色的安装和管理简化了在企业中管理与保护多个服务器角色的任务。服务器的配置和系统信息，是从新的服务器管理器控制台这一集中位置来管理的。IT 人员可以仅安装需要的角色和功能，向导会自动完成许多费时的系统部署任务。增强的系统管理工具（如性能和可靠性监视器）提供有关系统的信息，在潜在问题发生之前向 IT 人员发出警告。在 Windows Server 2008 中，所有的电源管理设置已被组策略启用，这样就潜在地节约了成本。控制电源设置通过组策略可以大量节省公司金钱。例如，可以通过修改组策略设置中特定电源的设置，或通过使用组策略建立一个定制的电源计划。

任务 1.2　Windows Server 2008 的网络架构

Windows 的网络架构大致可分为以下几种：

1）工作组（Workgroup）架构；

2）域（Domain）架构；

3）工作组与域混合架构。

其中，工作组架构为健在式的管理模式，适用于小型网络；而域架构为集中式的管理模式，适用于中、大型网络。

步骤 1.2.1　工作组架构的网络

工作组网络也被称为对等（peer-to-peer）网络，因为网络上每一台计算机的地位都是平等的，它们的资源与管理是分散在各个计算机上。它的特性是，每一台 Windows 计算机都有一个本地安全账户管理器（Security Accounts Manager，SAM）数据库。用户若想访问每一台计算机内的资源，系统管理员就必须在每一台计算机的 SAM 数据库内创建用户账户。例如，

若用户 wendy 将要访问每一台计算机内的资源，则必须在每一台计算机的 SAM 数据库内创建 wendy 账户，并设置这些账户的权限。这种架构的账户与权限管理工作比较麻烦。例如，当用户要更改其密码时，可能就需要全部修改该用户在每一台计算机内的密码。如工作内可以不需要服务器级别的计算机（如 Windows Server 2008 R2），也就是即使只有 Windows7、Windows Vista、Windows XP 等客户端级别的计算机，也可以架设工作组架构的网络。若企业内计算机数量不多的话（如 10 台或 20 台计算机），可以采用工作组架构的网络。

步骤 1.2.2　域架构的网络

与工作组架构不同的是，域内所有计算机共享一个集中的目录数据库（Directory Database），其中存储着整个域内所有用户的账户等相关数据。在 Windows Server 2008 R2 域内提供目录服务（Directory Service）的组件为 Active Directory 域服务，它负责目录数据库的添加、删除、修改与查询等工作。

在域架构的网络内，这个目录数据库存储在域控制器（Domain Controller）中，而只有服务器级别的计算机才可以充当域控制器的角色。

域中的计算机种类

域中的计算机可以是以下两种。

（1）域控制器（Domain Controller）

在 Windows Server 2008 R2 的家族中除了 Windows Web Server 2008 R2 与 Windows Server 2008 R2 for Itanium-Based Systems 之外，其他都可以扮演域控制器的角色。一个域内可以有多台域控制器，而在大多数情况下，每台域控制器的地位都是平等的，它们各自存储着一份几乎完全相同的 AD DS 数据库（目录数据库）。当你在任何一台域控制器内添加了一个用户账户后，这个账户是被创建在这台域控制器的 AD DS 数据库内，之后这份数据会自动复制（Replicate）到其他域控制器的活动目录域服务（Active Directory Domain Service，ADDS）数据库内。这个复制操作可以确保所有域控制器内的 AD DS 数据库都能够同步（Synchronize），也就是拥有相同的数据。

当用户在域内某台计算机登录时，会由其中一台域控制器根据其 ADDS 数据库内的账户数据，审核用户所输入的账户与密码是否正确。如果是正确的，用户就可以登录成功，反之将被拒绝登录。

多台域控制器还可以提供排借功能，因为即使一台域控制器出现故障了，仍然能够由其他域控制器来继续服务。此外，它也可以提高用户登录效率，因为多台域控制器可以分担审核用户登录身份（账户名称与密码）的负担。

（2）成员服务器（Member Server）

当服务器级别的计算机加入域后，用户就可以在这些计算机上利用活动目录（Active Directory）内的用户账户来登录，否则只能够利用本地用户账户登录。这些加入域的服务器被称为成员服务器，成员服务器内没有 Active Directory 数据，它们也不负责审核"域"用户的账户名称与密码。成员服务器的系统可以是如下几种：

① Windows Server 2008 R2；

② Windows Server 2008；

③ Windows Server 2003 R2；

④ Windows Server 2003；

⑤ Windows Server 2000。

若上述服务器并没有被加入域的话，则它们称为独立服务器（Stand - alone Server）或工作组服务器（Workgroup Server）。但无论是独立服务器或成员服务器，它们都有一个本地安全账户管理器（SAM），系统可以用它来审核本地用户（非域用户）的身份。

Windows Server 2008 域控制器并不支持 Windows NT 4.0 成员服务器。

其他目前比较常用的 Windows 系统可以是如下几种：

① Windows 7 Ultimate、Enterprise、Windows 7 Professional；

② Windows Vista Ultimate、Windows Vista Enterprise、Windows Vista Business；

③ Windows XP Professional。

当上述计算机加入域以后，用户就可以在这些计算机上利用 Active Directory 内的账户进行登录，否则只能够使用本地账户登录。

安装 Windows 7 Home Premium、Windows 7 Home Basic、Windows 7 Starter、Windows Vista Home Premium、Windows Windows Vista Home Basic、Windows Vista Starter、Windows XP Home Edition 等系统的计算机无法加入域，因此在启动时的登录界面中，无法选择域用户账户来登录，只能够利用本地用户账户来登录。

在 Windows 网络环境下，可以将 Windows Server 2008 R2、Windows Server 2008、Windows Server 2003 R2、Windows Server 2003 独立服务器或成员服务器升级为域控制器，也可以将域控制器为独立服务器或成员服务器。

任务 1.3　Windows Server 2008 对硬件的要求

Windows Server 2008 对硬件的最小要求见表 1-1。

表　1-1

要　求	最　小	推　荐
CPU 速度	1GHz（x86），1.4GHz（x64）	≥2GHz
RAM 容量	512MB	≥2GB
可用磁盘空间	10GB	≥40GB
显示器	VGA（800×600）	
光驱	DVD-ROM	
其他	键盘、鼠标	

步骤 1.3.1　安装注意事项

1）最好不要在正在使用的服务器上安装新的操作系统。因为安装 Windows Server 2008 时，会对服务器进行设置和修改，这可能导致原系统出现问题。如果必须在此服务器上安装，则尽量保持与原系统物理隔离，利用另一块硬盘安装新的操作系统。

2）做好备份，如果计算机中存放有重要数据，建议在安装新操作系统之前对这些数据进行备份，以防新操作系统安装失败，造成数据丢失。

3）注意多系统共存，如果计算机上已经安装了操作系统，再安装其他操作系统，就可

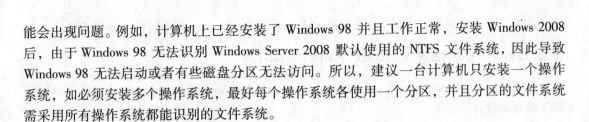

能会出现问题。例如，计算机上已经安装了 Windows 98 并且工作正常，安装 Windows 2008 后，由于 Windows 98 无法识别 Windows Server 2008 默认使用的 NTFS 文件系统，因此导致 Windows 98 无法启动或者有些磁盘分区无法访问。所以，建议一台计算机只安装一个操作系统，如必须安装多个操作系统，最好每个操作系统各使用一个分区，并且分区的文件系统需采用所有操作系统都能识别的文件系统。

步骤 1.3.2　安装过程中常见故障排除

在为一台计算机安装 Windows Server 2008 操作系统时，在安装过程中可能会遇到一些问题，如硬盘空间、光盘介质、硬件兼容、用户权限、系统升级等，导致安装失败。

1）硬盘空间：虽然 Windows Server 2008 企业版只需要 10GB 磁盘空间，但安装过程中会产生一些临时文件，所以，安装过程中实际需要的磁盘空间要大于 10GB。

2）光盘介质：如果 Windows Server 2008 安装光盘的表面有磨损，可能会造成某些文件无法读取，这时可以使用另一张安装光盘或者更换读盘能力较强的光驱。

3）硬件兼容：如果安装过程中显示器突然蓝屏，大多数情况是由于硬件兼容性导致的。此时可以拔掉一些不必要的硬件，如网卡、声卡和 SCSI 卡等。如果继续出现蓝屏，则可能是内存的问题，更换内存后继续尝试安装。

4）用户权限：进行升级安装时，必须使用具有系统管理员权限的用户执行升级安装命令，否则系统会提示拒绝安装。

5）版本差异：如果进行升级安装，必须正确的升级版本。

任务 1.4　安装 Windows Server 2008

步骤 1.4.1　虚拟机介绍

所谓虚拟机就是虚拟计算机。通过虚拟机软件，可以在一台物理计算机上模拟出一台或多台虚拟的计算机。这些虚拟机完全就像真正的计算机那样进行工作，如可以安装操作系统、安装应用程序、访问网络资源等。对于用户而言，它只是运行在物理计算机上的一个应用程序；但是对于在虚拟机中运行的应用程序而言，它就像是在真正的计算机中进行工作。虚拟机软件有 Vmware、VirtualPC 等。

在没有虚拟机软件之前，如果想要在本地计算机安装多个操作系统的话就必须按部就班地进行，不仅安装过程十分麻烦，而且以后的维护也不方便，在两个系统中切换的使用时间也太长了。

对于 Windows Server 2008 初学者，有了虚拟机就能在同一台电脑使用好几个操作系统，不但方便，而且安全。虚拟机在学习技术方面能够发挥很大的作用。

步骤 1.4.2　VMware Workstation7.0 简介

本教材使用的虚拟机软件是 VMware Workstation 7.0，主要特点包括：VMware Workstation7.0 可以无缝地运行 Microsoft Virtual PC and Virtual Server，直接支持 64 位系统主机和客户端，实验性支持两路 Virtual SMP，可以指派一个或两个 CPU 给虚拟机使用；支持基于 AMD 64 和 Intel EM64T64-bit 客户端，支持双路虚拟 SMP，加强了 VMware 虚拟机的导入工具，加强了命令行界面，支持 Usb 2.0；支持 vista 和 RHEL 5.0 两个最新的操作系统。

步骤 1.4.3 安装配置 VMware Workstation7.0

访问 http：//www.vmware.com/download/，下载 VMware Workstation 软件，然后运行安装下载所得软件。

在桌面上双击 VMware Workstation 快捷键图标，如图 1-1 所示。启动该软件，VMware Workstation 启动界面如图 1-2 所示。左边的 Favorites 栏用于显示当前已创建的虚拟主机名。右边的 Home 页面显示 New Virtual Machine、New ACE Master、NewTeam 和 Open Existing VMTeamor ACE Master 四个功能图标，分别用于实现创建新的虚拟主机和打开已经存在的虚拟主机。

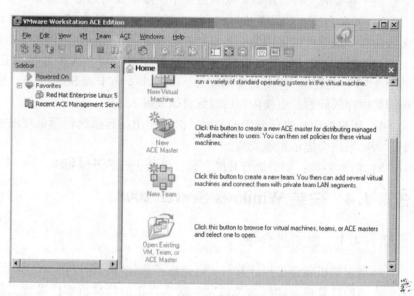

图　1-1　　　　　　　　　　　　　　　　图　1-2

单击 New Virtual Machine 图标，如图 1-3 所示。此时打开虚拟主机创建向导界面。

有 Typical（定制）和 Custom（典型）两种选择，单击 Custom 选项，单击"Next"，如图 1-4 所示。此时将打开虚拟机版本选择对话框，如图 1-5 所示。

图　1-3

在虚拟机中可以选择 DVD-ROM（光盘）、硬盘（镜像文件）多种媒介进行安装，如图 1-6 所示。本书采用硬盘（镜像文件）安装方式进行安装。

接下来需要输入 Windows Server 2008 的序列号，如图 1-7 所示。

指定虚拟的名字和存储位置，注意存储位置所在的磁盘空间一定要有 10GB 大小的空间，单击"Next"，如图 1-8 所示。

进程数选择，按默认选择"Next"，如图 1-9 所示。配置虚拟机所使用的内存大小，如图 1-10 所示。设置网络类型，选中"Use bridged networking"，单击"Next"，如图 1-11 所示。

图　1-4

图　1-5

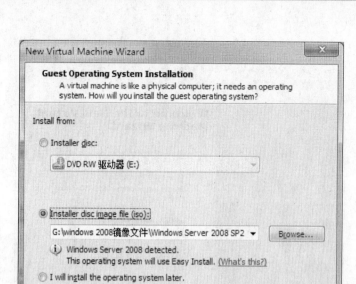

图 1-6

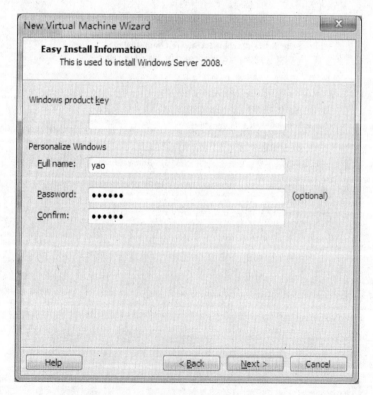

图 1-7

图　1-8

图　1-9

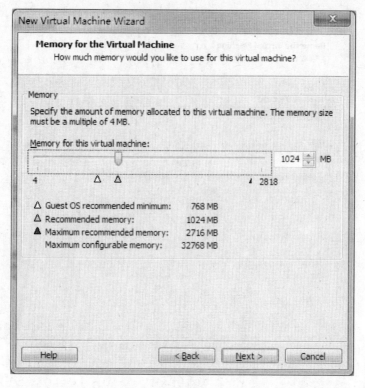

图　1-10

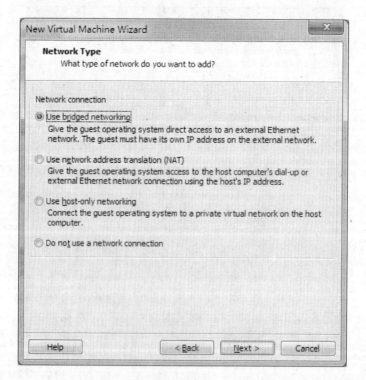

图　1-11

bridged：如果你的主机在一个以太网上，这通常是让你的虚拟机访问该网络的最容易的方式。使用桥接网络，虚拟机在同一个物理以太网上显示为和主机一样的一台额外的计算机。显然，一台使用桥接网络的虚拟机可以使用在它桥接到的网络上的任何可用服务，包括文件服务器、打印机、网关等。同样的，使用桥接网络配置的任何物理计算机或者其他虚拟机可以使用该虚拟机的资源。

host-only：在 host-only 模式下，虚拟系统和主机系统是可以相互通信的，相当于这两台机器通过双绞线互连。在 host-only 模式下，虚拟系统 TCP/IP 配置信息（如 IP 地址、网关地址、DNS 服务器等），都是由 VMnet1（host-only）虚拟网络 DHCP 服务器来动态分配的。如果想利用 VMWare 创建一个与网内其他机器相隔离的虚拟系统，进行某些特殊的网络调试工作，可以选择 host-only 模式。

NAT：如果你想使用主机的拨号网络连接连接到 Internet 或者其他 TCP/IP 网络，而你不能在外部网络上给定你的虚拟机一个 IP 地址，这通常是让你的虚拟机访问该网络的最容易的方式。虚拟机在外部网络上不拥有它自己的 IP 地址，相反，在主机上安装有一个单独的私有网络。

虚拟机从 VMware 虚拟 DHCP 服务器上获取该网络的一个地址。选择 I/O 适配器，按默认如图 1-12 所示。选择虚拟磁盘类型，如图 1-13 所示。

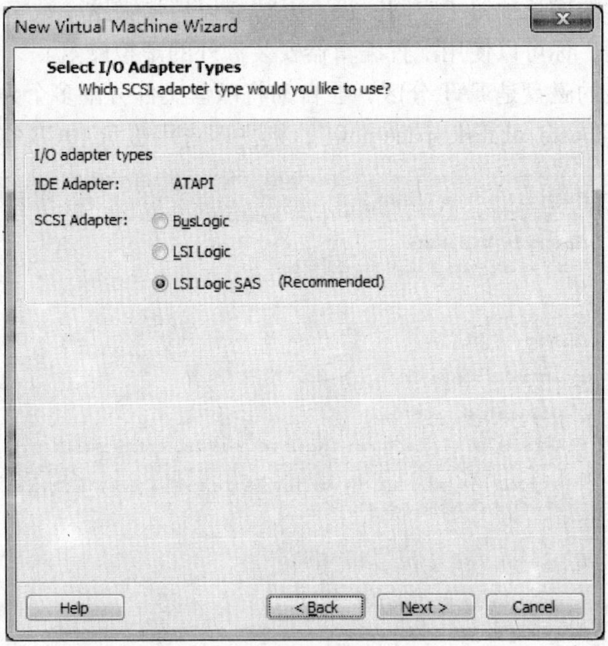

图　1-12

电子集成驱动器（Integrated Drive Electronics，IDE）与小型计算机系统接口（Small Computer System Interface，SCSI）比较，SCSI 从速度、性能和稳定性都比 IDE 要好，价格当然也要贵得多，主要面向服务器和工作站市场。

指定磁盘大小 40GB，完成向导。

选择一个 4000MB 的大小应该足够容纳客户操作系统和你想在虚拟机中安装的所有软

图　1-13

件，也为数据和今后的增长预留了空间。没有办法在以后增大这个数字，不过，如果你用光了这台虚拟机的空间，你可以使用配置编辑器安装额外的虚拟磁盘。

如果存放虚拟机的磁盘是 FAT 分区，会自动将磁盘文件分割多个为 2GB 文件。

如果选择了"Allocate all disk space now"，则立即占用磁盘 40GB 空间，如图 1-14 所示。

图　1-14

单击"Next"，配置成功，如图 1-15 所示。

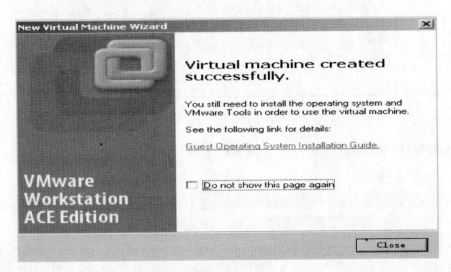

图　1-15

最后单击"Close"，就实现虚拟主机的创建，创建好的虚拟主机如图 1-16 所示。

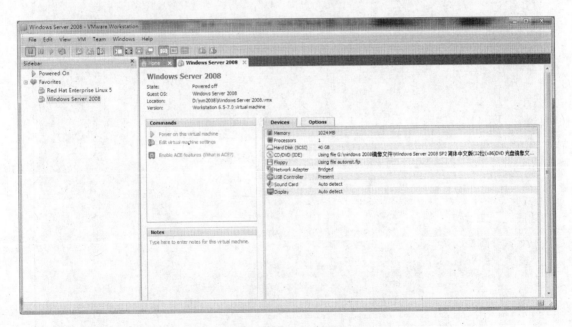

图　1-16

步骤 1.4.4　安装 Windows Server 2008

单击"▷"，启动系统。会出现一下提示，这是因为物理机上没有软驱所致。单击"Yes"，如图 1-17 所示。

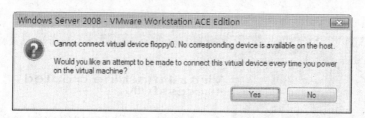

图　1-17

在出现的界面中，单击"下一步"，如图 1-18 所示。

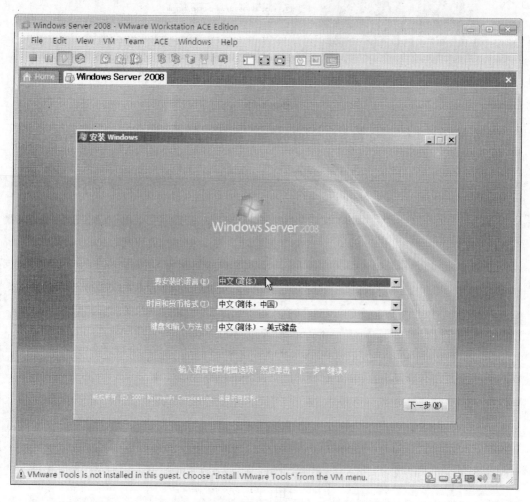

图　1-18

单击"现在安装"，如图 1-19 所示。

选择要安装的操作系统版本"Windows Server 2008 Enterprise（完全安装）"，如图 1-20 所示。在出现的许可协议条款中，选中"我接受许可条款"，单击"下一步"。

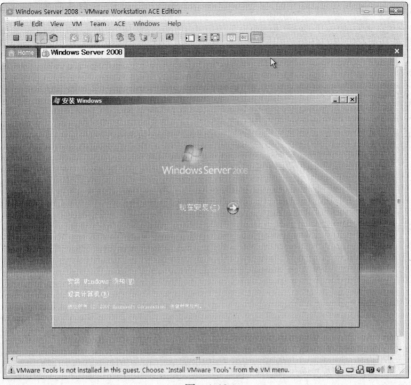

图 1-19

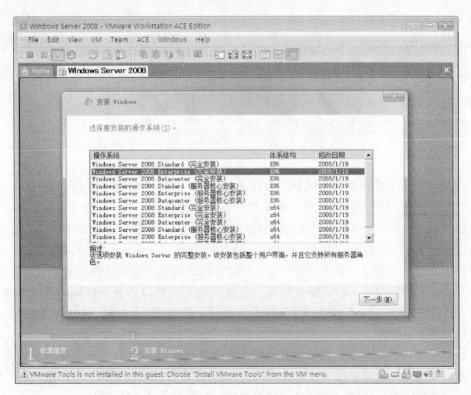

图 1-20

在出现的安装类型界面中，单击"自定义（高级）"，如图1-21所示。

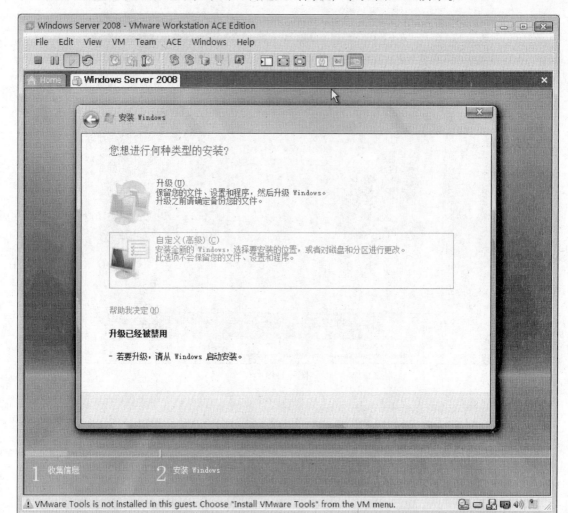

图　1-21

现在选择将操作系统安装在何处。直接单击"下一步"，将整个磁盘创建成一个分区，并安装上操作系统，单击"驱动器（高级）"，如图1-22所示。

单击"新建"，可以在这块硬盘上创建新的磁盘分区，如图1-23所示。

指定分区大小20000MB，单击"应用"，如图1-24所示。

选择刚才创建的分区，单击"下一步"，如图1-25所示。复制文件，开始安装，自动重启完成安装。大约需要半小时系统就装好。在此期间不需要像安装Windows其他版本一样，需要输入计算机名字、ProductID、设置管理员密码、IP地址等信息，这些任务已经放到安装后的初始化任务中了。

安装完成后，需要完成更改管理员密码、更改IP地址、设置计算机名称等初始化任务。

注意，登录虚拟机需要按Ctrl + Alt + Insert键，不能使用Ctrl + Alt + Del键。光标点进虚拟机窗口，要想将光标从虚拟机窗口中释放出来，需要按Ctrl + Alt键。

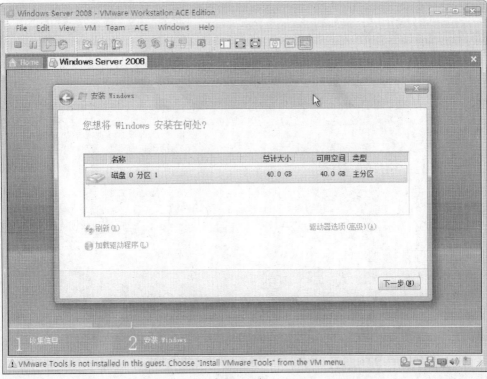

图　1-22

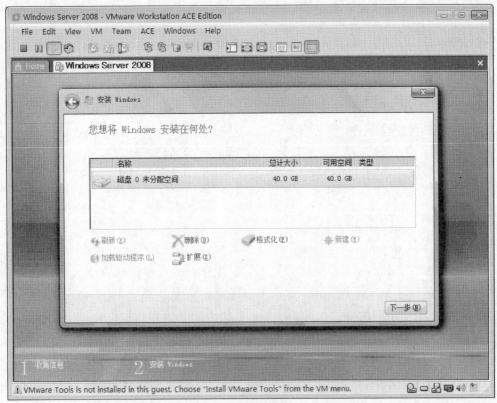

图　1-23

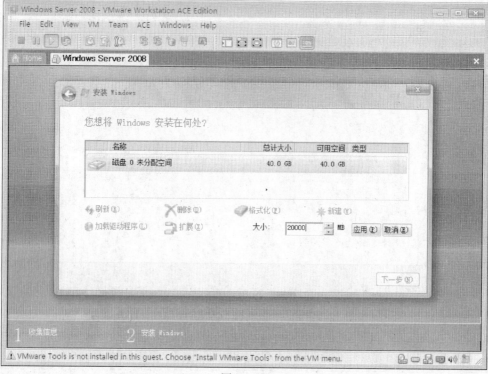

图 1-24

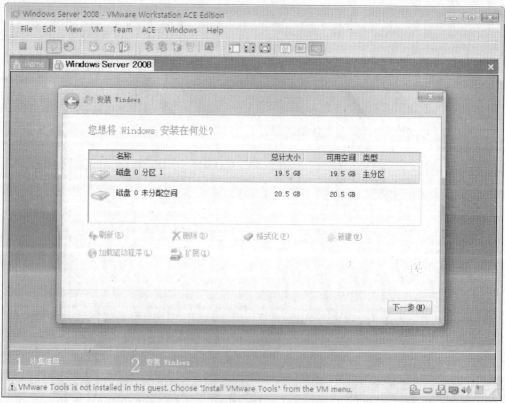

图 1-25

1. 更改管理员密码

初始登录页面，如图 1-26 所示。单击■应用新密码，如图 1-27 所示。

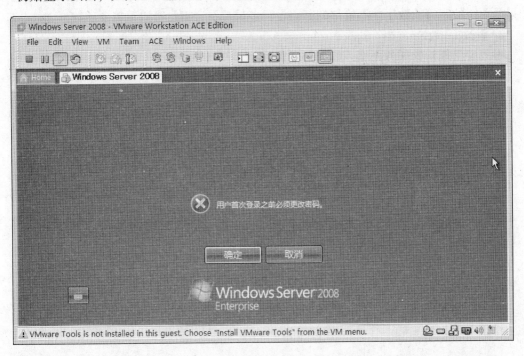

图　1-26

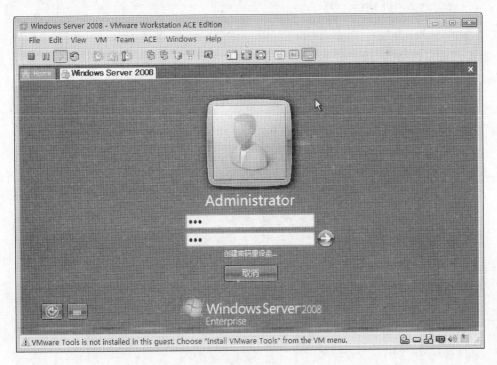

图　1-27

　　注意，新密码必须满足长度复杂性要求。例如，使用类似于"p@ ssw0rd"这样的密码，这个密码中有字符，数字，特殊符号，还必须是 7 位以上。这样的密码才能满足策略要求，如果是单纯的字符或数字，不管你的密码设置多长都不会满足密码策略要求的。

2. 更改 IP 地址

登录后出现初始任务界面，如图 1-28 所示。

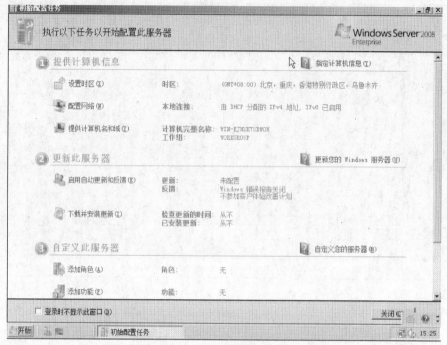

图　1-28

单击"配置网络"，单击"本地连接"，单击"属性"，如图 1-29 所示。

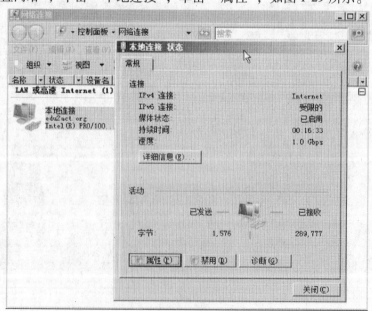

图　1-29

去掉对 IPv6 的支持，选中"Internet 协议版本 4（TCP/IPv4）"，单击"属性"，如图 1-30 所示。

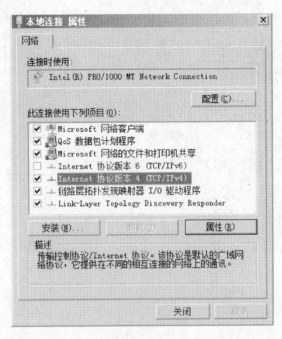

图　1-30

更改 IP 地址，单击"确定"，如图 1-31 所示。

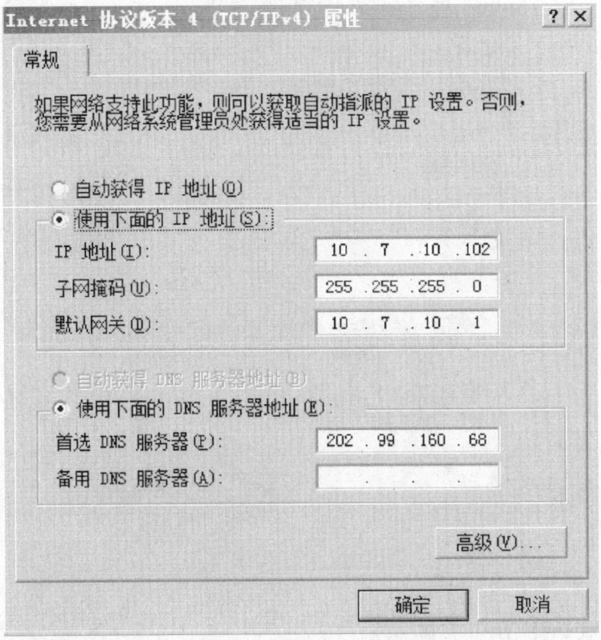

图　1-31

单击初始化任务页面上的"提供计算机名和域",之后单击"更改",如图 1-32 所示。

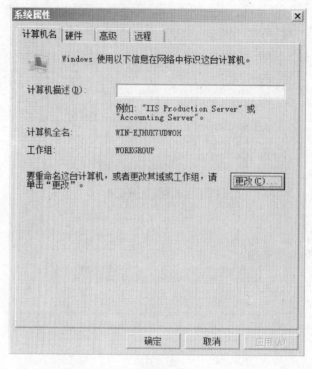

图 1-32

输入计算机名字,单击"确定",如图 1-33 所示。

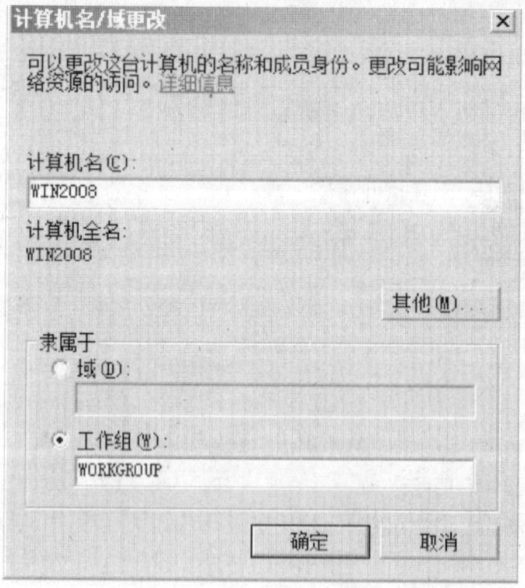

图 1-33

提示重启才能生效,单击"立即重启"。

总结

　　Windows Server 2008 是专为强化下一代网络、应用程序和 Web 服务的功能而设计的，是目前最先进的 Windows Server 操作系统。Windows Server 2008 可帮助 IT 工程人员在企业中开发、提供和管理丰富的用户体验及应用程序，提供高度安全的网络基础架构，提高和增加技术效率与价值。

　　Windows Server 2008 虽是建立在 Windows Server 先前版本的成功与优势上的，不过，Windows Server 2008 已针对基本操作系统进行改善，以提供更具价值的新功能及更进一步的改进。新的 Web 工具、虚拟化技术、安全性的强化以及管理公用程序，不仅可帮助 IT 工程人员节省时间、降低成本，并可为 IT 基础架构提供稳固的基础。

项目 ②

用户和组账号管理

项目目标

- 了解系统内置用户
- 了解系统内置组的功能
- 熟练配置组和用户
- 内置用户与组
- 创建用户与组
- Windows Server 2008 的用户账户管理
- Windows Server 2008 的组账户管理

任务的提出

账户是计算机的基本安全对象，Windows Server 2008 本地计算机包含了两种账户：用户账户和组账户。本项目主要介绍 Windows Server 2008 的用户账户和组账户的设置和管理。

任务 2.1　用户账号管理

步骤 2.1.1　用户账号简介

账户是计算机的基本安全对象，计算机操作系统通过用户账户来辨别用户身份，让有使用权限的人登录计算机，访问本地计算机资源或从网络访问这台计算机的共享资源。

Windows Server 2008 系统本地计算机包含了两种账户：用户账户和组账户。本项目主要介绍 Windows Server 2008 系统的用户账户和组账户的设置和管理。

用户登录后，可以在 DOS 命令提示符状态下输入 "whoami/logonid" 命令查询当前用户账户的安全标识符，如图 2-1 所示。

在 Windows Server 2008 系统中默认内置的用户账户只有 Administrator 账户和 Guest 账户。Administrator 账户可以执行计算机管理的所有操作；而 Guest 账户是为临时访问计算机的用户而设置的，但默认是禁用的。下面对系统内置账户 Administrator 和 Guest 做简单介绍。

1）Administrator 账户：是系统默认的管理员账户，Administrator 账户拥有最高的权限，使用内置 Administrator 账户可以对整台计算机或域配置进行管理，如创建修改用户账户和组、管理安全策略、创建打印机、分配允许用户访问资源的权限等。作为管理员，应该创建一个普通用户账户，在执行非管理任务时使用该用户账户，仅在执行管理任务时才使用 Administrator 账户。Administrator 账户可以更名，但不可以删除，为了更安全起见，建议将其

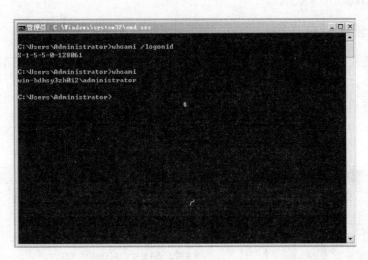

图　2-1

改名。

2）Guest 用户：一般的临时用户可以使用内置的 Guest 账户登录系统并访问资源。在默认情况下，为了保证系统的安全，Guest 账户是禁用的，但在安全性要求不高的网络环境中，可以使用该账户，且通常分配给它一个口令。

步骤 2.1.2　规划新用户账号

新用户账号遵循以下的规则和约定可以简化账户创建后的管理工作：

（1）命名约定

1）账户名必须唯一：本地账户必须在本地计算机上唯一。

2）账户名不能包含以下字符：*、/、\、[、]、:、|、=、,、+、/、<、>、"。

3）账户名最长不能超过 20 个字符。

（2）密码原则

1）一定要给 Administrator 账户指定一个复杂密码，以防止他人随便使用该账户。

2）确定是管理员还是用户拥有密码的控制权。系统管理员可以给每个用户账户指定一个唯一的密码，并防止其他用户对其进行更改，也可以允许用户在第一次登录时输入自己的密码。一般情况下，用户应该可以控制自己的密码。

3）密码不能太简单，应该不容易让他人猜出。系统默认的用户密码必须至少 6 个字符，且不可包含用户账户名称中两个以上的连续字符，还有至少要包含 A ~ Z、a ~ z、0 ~ 9、非字母数字（如!、$、#、%）等 4 组字符中的 3 组。例如，12abAB 就是一个有效的密码，而123456 是无效的密码。

4）密码最多可由 128 个字符组成，推荐最小长度为 8 个字符。

5）密码应由大小写字母、数字以及合法的非字母数字的字符混合组成，如 "P@ssw0rd"。英文字母大小写是被看做不同的，如 abc12#与 ABC12#是不同密码。

6）如果用户为空，则系统默认此用户账户只能够在本地登录，无法网络登录（无法从其他计算机使用此账户来联机）。

步骤 2.1.3　创建用户账号

拥有管理员权限的账户使用"计算机管理"功能中"本地用户和组"管理单元可以创建本地用户账户，创建的步骤如下。

打开"计算机管理"操作窗口，如图 2-2 所示。

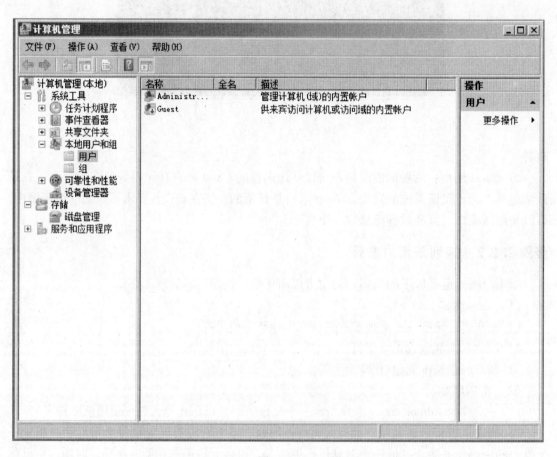

图　2-2

在"计算机管理"管理控制台中，展开"本地用户和组"，在"用户"目录上单击鼠标右键，选择"新用户"命令，如图 2-3 所示。

打开"新用户"对话框后，输入用户名、全名和描述，并且输入密码，如图 2-4 所示。

在上面的窗口中如果选择了"用户下次登录时须更改密码"选项，则当用户登录时需要修改密码。

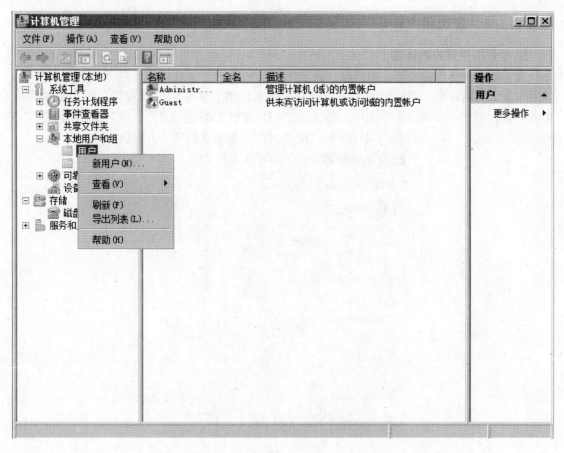

图　2-3

图　2-4

步骤 2.1.4　管理用户账号

1. 设置用户账户的属性

为了管理和使用的方便，用户账户除了用户名和密码等信息外还包括其他的一些属性，如用户隶属的用户组、用户配置文件、用户的拨入权限、终端用户设置等。在"本地用户和组"的右侧栏中，双击一个用户，将显示"用户属性"对话框。"常规"选项卡如图 2-5 所示，"隶属于"选项卡如图 2-6 所示，"配置文件"选项卡如图 2-7 所示。

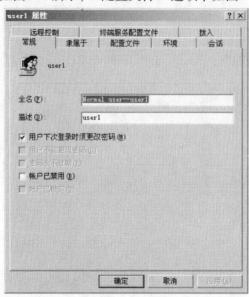

图　2-5

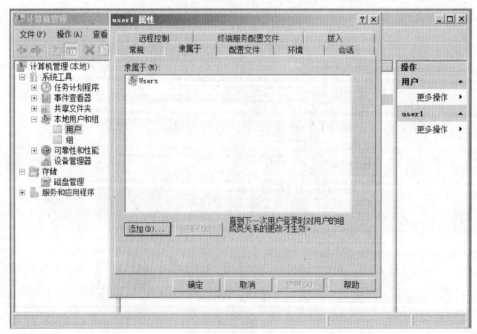

图　2-6

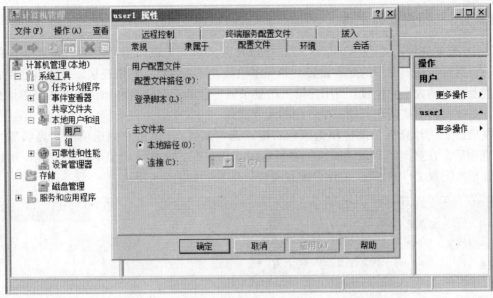

图　2-7

2. 删除本地用户账户

在"计算机管理"控制台中，选择要删除的用户账户执行删除功能，如图2-8所示。但是系统内置账户如 Administrator、Guest 等无法删除。

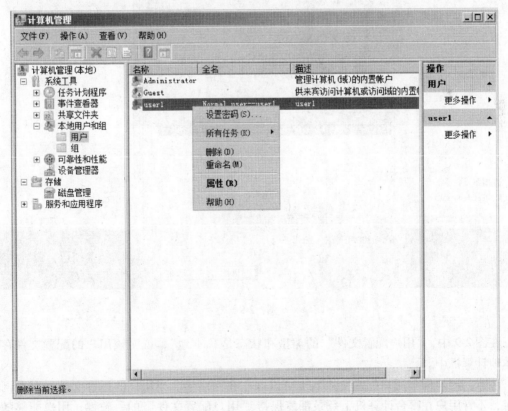

图　2-8

步骤 2.1.5 用户配置文件

"用户配置文件"是在 Windows 用户登录时定义系统加载所需环境的设置和文件的集合。它包括所有用户专用的配置设置，如程序项目、屏幕颜色、网络连接、打印机连接、鼠标设置及窗口的大小和位置。当用户第一次登录到一台基于微软 Windows 操作系统的计算机上时，系统就会为该用户创建一个专用的配置文件。

在桌面上"计算机"图标单击鼠标右键，选"属性"，单击左侧选项中"高级属性设置"选项后，在弹出的"系统属性"窗口中的"用户配置文件"栏里单击"设置"可以看到系统用户配置文件的情况。"用户配置文件"信息，如图 2-9 所示。

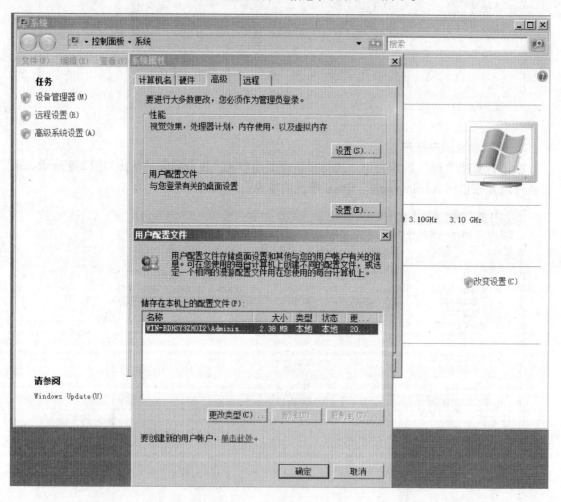

图 2-9

在图 2-9 中，"用户配置文件"的类型和状态是"本地"，说明该用户的配置文件存储在本地计算机中。

注意，用户的"用户配置文件"也可以保存在网络中。当用户的配置文件保存在网络中时，不管用户在哪台计算机上登录都能保持"用户配置文件"的一致性，用户能够随时

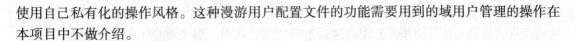

使用自己私有化的操作风格。这种漫游用户配置文件的功能需要用到的域用户管理的操作在本项目中不做介绍。

任务 2.2 设置安全的账户

步骤 2.2.1 智能备份本地所有账户

访问 Windows Server 2008 服务器系统中资源的前提是用户具有合法的用户账号。服务器管理员需要先在服务器系统中为每一位用户创建一个访问账号，然后授予该用户相应的权限。当有多位用户需要访问 Windows Server 2008 服务器系统中的资源时，服务器系统中可能就会保存多个不同的账户信息。如果 Windows Server 2008 系统发生瘫痪现象时，存储在该服务器系统中的所有账户信息将会丢失。即使重新安装并启动好 Windows Server 2008 系统后，往往很难用手工方法将原先建立的每个用户账号信息一一恢复成功。保护用户账户信息是服务器管理员必须认真面对的重要问题。

为帮助系统管理员有效保护好用户账户信息，Windows Server 2008 系统为管理员提供了用户账户备份功能。借助该功能服务器管理员可以轻松地对保存在 Windows Server 2008 系统中的所有账户信息进行备份。日后要是遇到系统账户信息意外丢失时，服务器管理员能在最短时间内将受损的账户信息恢复正常。下面介绍在 Windows Server 2008 系统中备份所有账户信息的具体操作步骤。

首先，以系统管理员身份进入 Windows Server 2008 系统，打开系统的"开始"菜单，从中点选"运行"命令，在其后出现的系统运行框中执行"credwiz"命令，打开图 2-10 所示的设置对话框。

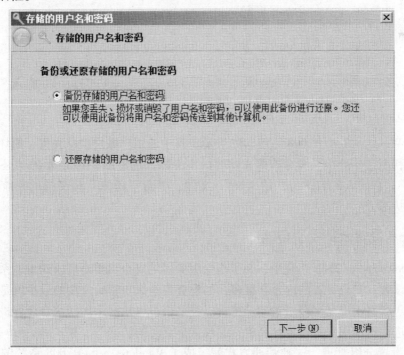

图 2-10

　　从该对话框中的提示信息中看看，如果系统丢失、损坏或销毁了用户名和密码时，能够使用这里的备份与还原功能恢复用户名和密码信息。选中"备份存储的用户名和密码"，同时单击对应窗口中的"下一步"，向导窗口询问保存备份存储的登录凭据位置，单击"备份到"右侧的"浏览"，选择保存地址并为该文件取一个恰当的名称，该文件的扩展名是"crd"。操作界面如图 2-11 所示。

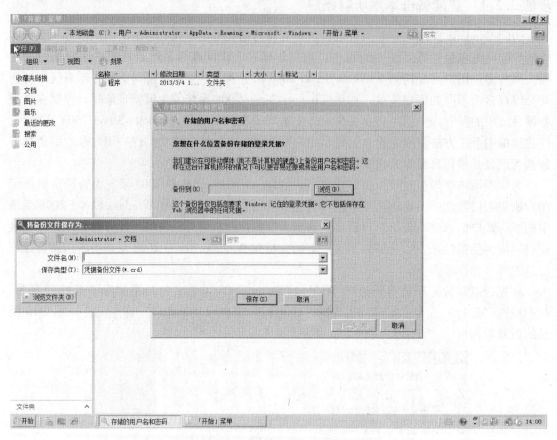

图　2-11

　　在使用 Windows Server 2008 系统时如果发现其中的用户账户信息丢失、损坏或销毁而需要还原时，利用"credwiz"命令按照先前的操作步骤，选中图 2-10 所示的"还原存储的用户名和密码"，再导入先前备份好的"crd"文件，单击"还原"将受损的系统账号恢复到原先的正常状态。

步骤 2.2.2　设置本地安全策略

　　在 Windows Server 2008 系统中，为了确保服务器的安全需要对登录到本地系统的用户定义一些安全设置。安全设置的内容有很多，如检查判断账户密码长度的最小值是否符合密码复杂性要求、哪些用户允许登录本地计算机以及是否可以从网络访问这台计算机的资源。通过安全设置进而控制用户对本地计算机资源和共享资源的访问等。Windows Server 2008 系统将这些安全设置分组管理，这种管理方式就组成了 Windows Server 2008 系统的本地安全策

略。本地安全策略中有一些是针对用户安全的，下面介绍一些安全策略。

1. 密码安全设置

用户密码是保证计算机安全的第一道屏障，是计算机安全的基础。如果用户账户特别是管理员账户没有设置密码，或者设置的密码非常简单，那么计算机将很容易被非授权用户登录，进而访问计算机资源或更改系统配置。

目前因特网上的攻击很多都是因为密码设置过于简单或根本没设置密码所造成的，因此应该设置合适的密码和密码设置原则，从而保证系统的安全。

Windows Server 2008 系统的密码安全原则主要包括以下 4 项：密码必须符合复杂性要求、密码长度最小值、密码使用期限和强制密码历史等。其设置方法如下：

打开"管理工具"，单击"本地安全策略"，在"本地安全策略"操作窗口左侧的"安全设置"中单击"账户策略"，在"账户策略"明细选项中选择相应的项目进行设置，设置界面如图 2-12 所示。

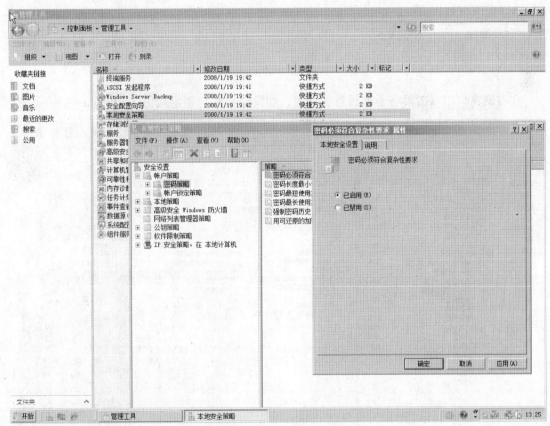

图　2-12

2. 账户锁定策略

账户锁定策略是本地安全策略中的一项，Windows Server 2008 系统在默认情况下不对账户锁定进行设定，为了保证系统的安全最好启用设置账户锁定策略。账户锁定策略包括如下设置：账户锁定阈值、账户锁定时间、复位账户锁定计数器。设定账户锁定策略后可以有效防止通过猜测等手段攻击服务器。"账户锁定策略"的设置方法如下：

　　在 Windows Server 2008 系统的"管理工具"中单击"本地安全策略"选项打开"本地安全策略"控制台，工作窗口如图 2-13 所示。

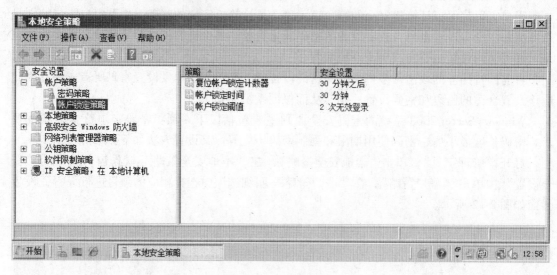

图　2-13

　　在右侧窗口中双击策略子项目对其设定，如设定"账户锁定阈值"，如图 2-14 所示。

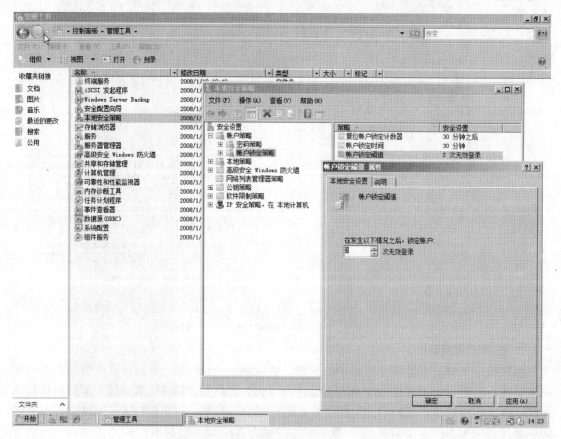

图　2-14

3. 用户权限分配

Windows Server 2008 系统将计算机管理的各项任务设定为基本权限。例如，从本地登录系统、更改系统时间、从网络连接到该计算机、关闭系统等操作均与相应的权限对应。

在 Windows Server 2008 系统中新增用户账户和组账户后，如果需要指派这些账户管理计算机的某项任务执行特定操作，可以将这些账户加入到具有相对应权限的内置组中，但这种方式不够灵活。Windows Server 2008 系统提供了"用户权限分配"功能，使用该功能系统管理员可以单独为用户或组指派权限，这种方式提供了更好的灵活性。

"用户权限的分配"的设定在"本地安全策略"中的"本地策略"中进行，设置方法如下：在 Windows Server 2008 系统的"管理工具"中单击"本地安全策略"选项打开"本地安全策略"控制台，在控制台窗口的左侧单击"本地策略"选项，在其子选项中选择"用户权限分配"选项，工作窗口的右侧是 Windows Server 2008 系统的基本权限列表，工作窗口如图 2-15 所示。

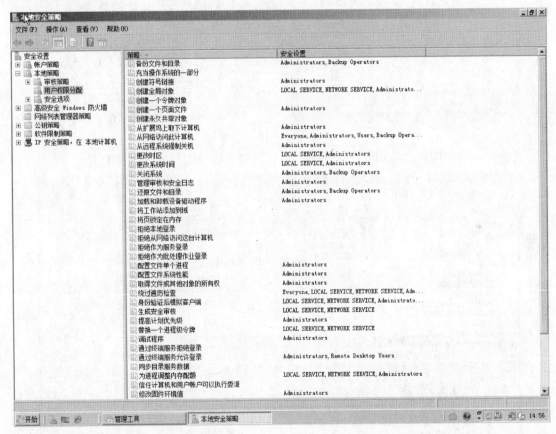

图　2-15

在权限列表窗口中双击需要分配的权限，在弹出的对话窗口中显示了目前具有该权限的用户或组的名称。图 2-16 给出了"管理审核和安全日志"的权限的拥有者为用户"Administrator"。

在窗口中单击"添加用户或组"，选择用户或组为其授予"管理审核和安全日志"的权

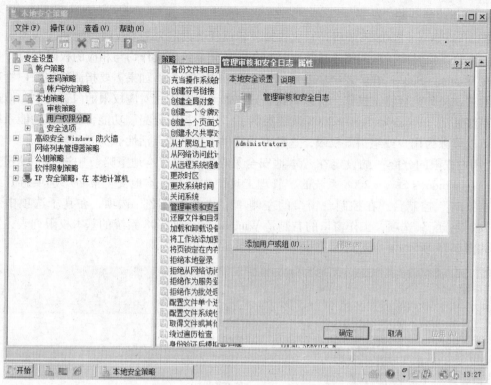

图 2-16

限。在此例中选择用户"user1",为用户"user1"授予该权限,如图 2-17 所示。

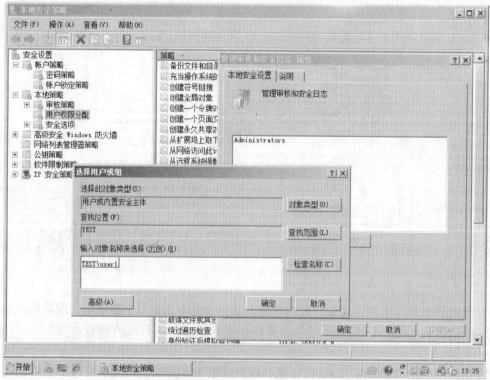

图 2-17

选择用户后单击"确定"，成功设定用户权限后如图 2-18 所示，用户"user1"拥有了"管理审核和安全日志"的权限。

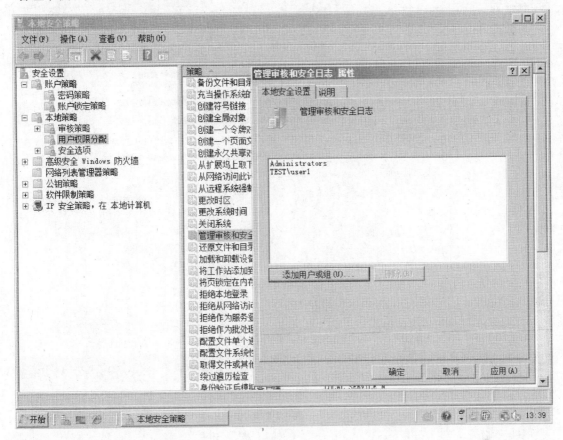

图　2-18

任务 2.3　组账号管理

组账号是计算机系统的基本安全组件，是用户账户的集合。组账号并不能用于登录计算机，但可以用于组织管理用户账户。

步骤 2.3.1　组介绍

组可以用于组织用户账户，让用户继承组的权限，组中的所有账户都具有相同的安全权限。通过使用组，管理员可以同时向一组用户分配权限，故简化了对用户账户的管理。

打开"计算机管理"管理控制台，在"本地用户和组"树中的"组"目录里，可以查看本地内置的所有组账户，如图 2-19 所示。

Windows Server 2008 系统内置了许多本地组，这些组本身都已经被赋予一些权限。它们具有管理本地计算机或访问本地资源的权限，只要用户账户加入到这些本地组内，这些用户账户也将具备该组所拥有的权限。表 2-1 列出几个较常用的 Windows Server 2008 系统内置的组账户的权限。

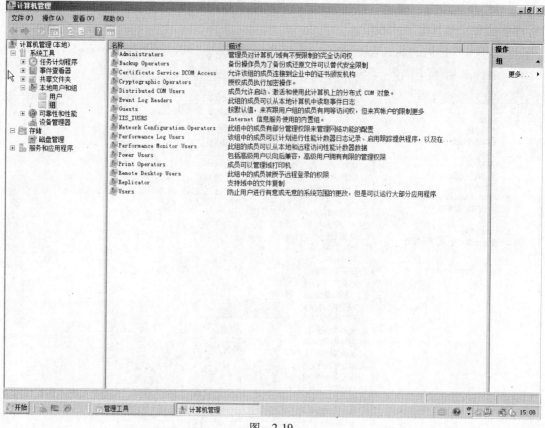

图 2-19

表 2-1

组 名	描 述
Administrators	该组的成员具有对服务器的完全控制权限，并且可以根据需要向用户指派用户权限。默认成员有 Administrator 账户 默认用户权限包括：从网络访问此计算机；允许本地登录；调整某个进程的内存配额；允许通过终端服务登录；备份文件和目录；更改系统时间；调试程序；从远程系统强制关机；加载和卸载设备驱动程序；管理审核和安全日志；调整系统性能；关闭系统；取得文件或其他对象的所有权等
BackupOperators	该组的成员可以备份和还原服务器上的文件，而不考虑保护这些文件的安全设置，这是因为执行备份的权限，优先于所有文件的使用权限，但是不能更改文件的安全设置 默认用户权限包括：从网络访问此计算机；允许本地登录；备份文件和目录；忽略遍历检查；还原文件和目录；关闭系统
Guests	该组成员拥有一个在登录时创建的临时配置文件，在注销时，该配置文件将被删除。guest 账户（默认情况下禁用）也是该组的默认成员。该组成员没有默认用户权限
Network Configuration Operators	该组内的用户可以执行一般的网络配置功能，如更改 IP 地址；但是不可以安装、卸载驱动程序与服务，也不可以执行与网络服务器配置有关的功能，如 DNS 服务器和 DHCP 服务器的配置
Remote Desktop Users	该组内的用户可以从远程计算机，使用终端服务登录
Users	该组内的用户只拥有一些基本权限，如运行应用程序、使用本地与网络打印机、锁定计算机等，但是它们不能将文件夹共享给网络上其他的用户、不能将计算机关机等。添加的所有本地用户账户自动属于此组

步骤 2.3.2　实现本地组

1. 创建本地用户组

在"计算机管理"控制台中单击"本地用户和组",在"本地用户和组"展开的子菜单中用鼠标右键单击"组",选择"新建组",在"新建组"窗口中输入组名和描述,然后单击"创建",即可完成创建。操作过程如图 2-20 所示。

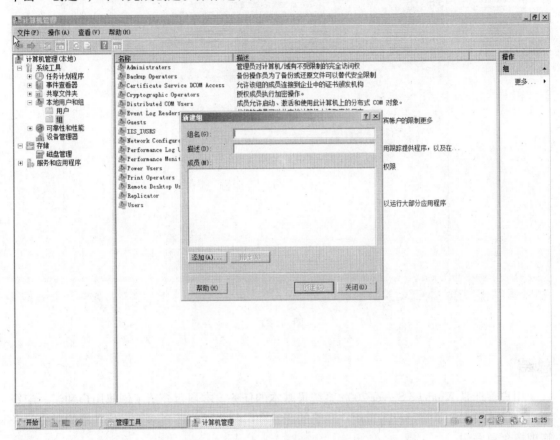

图　2-20

2. 删除、重命名本地组及修改本地组成员

当计算机中的组不需要时,系统管理员可以对组执行清除任务。每个组都拥有一个唯一的安全标识符(Security Identifier, SID),所以一旦删除了用户组,就不能恢复;即使新建一个与被删除组有相同名字和成员的组,也不会与被删除组有相同的特性和权限。在"计算机管理"控制台中选择要删除的组账户,单击右键后在弹出的菜单中选择"删除",执行删除功能,如图 2-21 所示,单击"删除"后在弹出的对话框中选择"是"即可删除该组。

管理员只能删除新增的组,不能删除系统内置的组,当管理员删除系统内置的组时,系统将拒绝删除操作。

重命名组的操作与删除组的操作类似,只需要在弹出的菜单中选择"重命名",输入相应的名称即可。

图　2-21

总结

用户管理是 Windows Server 2008 系统最基本的任务。本项目介绍了创建用户和组、配置用户和组的权限、了解系统内置用户和组的配置和维护步骤，还介绍了一些基本的用户安全管理概念和方法。

实训

任务一　思考如下问题：

1. 什么是本地用户和本地组？

2. 什么是本地安全策略？

3. 如何设置本地安全策略？

任务二　实现 Windows Server 2008 的用户和组的管理。

试验环境：

一人一台装有 Windows Server 2008 系统的计算机，两人一组。

实验内容：

1. 创建本地用户 User1、User2 和 User3。

2. 设置密码策略（启用密码复杂性要求、最短密码长度为 8 等）。

3. 更改用户 User3 的密码。

4. 创建 MyGroup 组。

5. 将 User1、User2 和 User3 分别归到 Administrators、Power Users 和 MyGroup 组。

6. 设置 MyGroup 具有关闭系统、本地登录等本地安全策略权限。

7. 测试 User3 的权限。

项目 ③

文件系统管理

项目目标

- 熟悉 Windows Server 2008 的文件系统
- 掌握 NTFS 权限的类型
- 掌握 NTFS 权限的添加
- 掌握 NTFS 权限的加密
- 熟悉 NTFS 文件的加密和压缩
- 掌握文件共享

任务的提出

作为网络管理员，应该对用户进行有效权限控制，并且能够加密和压缩文件，通过共享文件来实现资源共享，但也要斩断远程黑客之手，运用网络打印机实现局域网的打印任务。这些都是网络管理员日常工作中最基本的技能。使用计算机的最终目的是对计算机中的数据进行管理。数据管理要实现的功能包括：保证数据信息的安全和提高磁盘的利用率。

任务 3.1 Windows Server 2008 文件系统简介

我们知道，磁盘使用前，必须先将硬盘分区并格式化，否则硬盘是不能保存文件的。在对硬盘进行格式化时，可以将硬盘格式化为不同的文件系统，如 FAT 文件系统、FAT32 文件系统、NTFS 文件系统等。但不同的文件系统所能提供的功能和安全性是不一样的。相对 FAT、FAT32 而言，NTFS 提高了文件的安全性，加强了对文件资源的保护。

计算机的文件系统是一种存储和组织计算机数据的方法，它使得对计算机数据的访问和查找变得容易。文件系统使用文件和树形目录的抽象逻辑概念代替了硬盘和光盘等物理设备使用的数据块的概念，用户使用文件系统来保存数据不必关心数据实际保存在硬盘（或者光盘）的地址为多少的数据块上，只需这个文件的所属目录和文件名。在写入新数据之前，用户不必关心硬盘上的那个块地址没有被使用，硬盘上的存储空间管理（分配和释放）功能由文件系统自动完成，用户只需要记住数据被写入到了哪个文件中。

下面介绍一下 FAT32 和 NTFS 的概念和区别。

1. FAT32

实际上 FAT32 是文件分区表采取的一种形式，它是相对于 FAT16 而言的。众所周知，DOS 和 Windows 95 采用的都是 FAT16 格式。那么为什么一定要推出 FAT32 呢？这主要是由其自身的优越性决定的。

首先，它可以大大地节约磁盘空间。文件在磁盘上是以簇的方式存放的，簇里存放了一个文件就不能再存放另外的文件。假如一个磁盘的分区大小为512MB，基于FAT16的系统的簇的大小为8KB，而FAT32系统的簇的大小仅是4KB。那么，现在我们存放一个3KB的文件，FAT16系统就会有5KB的空间被浪费，而FAT32的浪费则会少一些。如果分区达到1GB，FAT16的簇为16KB，而FAT32还是4KB，节省的也就更多了。

在推出FAT32文件系统之前，通常PC使用的文件系统是FAT16。像基于MS-DOS，Windows 95等系统都采用了FAT16文件系统。在Win dows 9x系统下，FAT16支持的分区最大为2GB。我们知道计算机将信息保存在硬盘上称为"簇"的区域内。使用的簇越小，保存信息的效率就越高。在FAT16的情况下，分区越大簇就相应的要增大，存储效率就越低，势必造成存储空间的浪费。并且随着计算机硬件和应用的不断提高，FAT16文件系统已不能很好地适应系统的要求。在这种情况下，推出了增强的文件系统FAT32。同FAT16相比，FAT32主要具有以下特点：

1）同FAT16相比FAT32最大的优点是可以支持的磁盘大小达到2TB（2048GB），但是不能支持小于512MB的分区。基于FAT32的Windows 2000可以支持分区最大为32GB；而基于FAT16的Windows 2000支持的分区最大为4GB。

2）由于采用了更小的簇，FAT32文件系统可以更有效率地保存信息。如两个分区大小都为2GB，一个分区采用了FAT16文件系统，另一个分区采用了FAT32文件系统。采用FAT16的分区的簇大小为32KB，而FAT32分区的簇只有4KB的大小。这样FAT32就比FAT16的存储效率要高很多，通常情况下可以提高15%。

3）FAT32文件系统可以重新定位根目录和使用FAT的备份副本。另外，FAT32分区的启动记录被包含在一个含有关键数据的结构中，减少了计算机系统崩溃的可能性。

2. NTFS

NTFS是Windows NT操作系统和Windows NT高级服务器网络操作系统的文件系统。NTFS的目标：提供可靠性，通过可恢复能力（事件跟踪）和热定位的容错特征实现；增加功能性的一个平台；对可移植操作系统接口（Portable Operating System Interface of UNIX，POSIX）需求的支持；消除FAT和HPFS（High Performance File System，高性能文件系统，是微软为OS/2 1.2设计的），支持局域网管理的文件服务器。文件系统中的限制。

NTFS提供长文件名、数据保护和恢复，并通过目录和文件许可实现安全性。NTFS支持大硬盘和在多个硬盘上存储文件（称为跨越分区）。例如，一个大公司的数据库可能大得必须跨越不同的硬盘。NTFS提供内置安全性特征，它控制文件的隶属关系和访问动作。从DOS或其他操作系统上不能直接访问NTFS分区上的文件。如果要在DOS下读写NTFS分区文件的话，可以借助第三方软件。2007年5月前，在Linux下一般只能读取而不能写入NT-FS分区文件。

NTFS允许文件名的长度可达256个字符。虽然DOS用户不能访问NTFS分区，但是NTFS文件可以复制到DOS分区。每个NTFS文件包含一个可被DOS文件名格式认可的DOS可读文件名。这个文件名是NTFS从长文件名的开始字符中产生的。

与FAT32分区相比，NTFS分区有以下优点：
- NTFS权限
- 加密文件系统（Encrypting File System，EFS）

- 磁盘压缩
- 磁盘限额
- 卷影副本（也称快照）

可以使用图形界面和命令行命令实现将 FAT32 转换为 NTFS，在命令行输入以下命令将其转化成 NTFS：

输入"convert e：　/fs：ntfs"，回车；输入卷标"新加卷"，回车。

转化完成后从磁盘管理器看到 E 卷已经转化成了 NTFS 分区。但此过程是不可逆的。

任务 3.2　了解 NTFS 权限

步骤 3.2.1　NTFS 权限介绍

当一个用户试图访问一个文件或者文件夹的时候，NTFS 文件系统会检查用户使用的账户或者账户所属的组是否在此文件或者文件夹的访问控制列表（Access Control List，ACL）中，如果存在则进一步检查访问控制项（Access Control Entry，ACE），然后根据控制项中的权限来判断用户最终的权限。如果访问控制列表中不存在用户使用的账户或者账户所属的组，就拒绝用户访问。

NTFS 文件夹权限有如下 7 种，如图 3-1 所示，少了列出文件夹目录权限。而 NTFS 文件权限有 6 种，如图 3-2 所示。

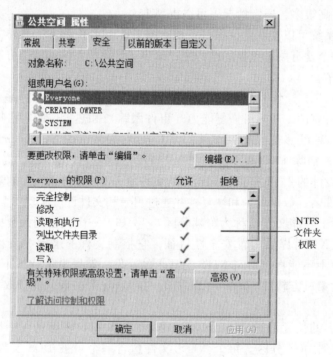

图　3-1

1）读取（read）：它可以查看文件夹内的文件名与子文件夹名，查看文件夹属性和权限等。

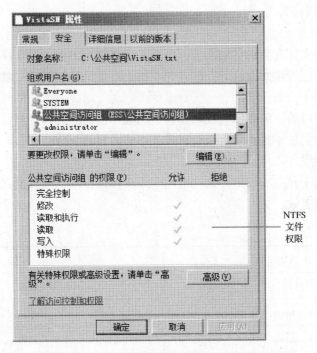

图　3-2

2）写入（write）：它可以在文件夹内新建文件与子文件夹，修改文件夹属性等。

3）列出文件夹目录（list folder contents）：它除了拥有读取的权限之外，还具备遍历文件夹（traverse folder）权限，也将可以打开或关闭此文件夹。

4）读取和执行（read&execute）：它拥有与列出文件夹目录几乎完全相同的权限，只有在权限继承方面有所不同：列出文件夹目录权限只会被文件夹继承，而读取和执行会同时被文件夹与文件继承。

5）修改（modify）：它拥有所有的 NTFS 文件夹权限，也将是除了拥有上述的所有权限之外，还拥有更改权限与取得所有权的特殊权限。

6）特殊权限：其他不常用权限，如删除权限的权限。

所有权限都有相应的"允许"和"拒绝"两种选择。文件或者文件夹的默认权限是继承上一级文件夹的。如果是根目录（比如 C：\）下的文件夹，则权限是继承磁盘分区的权限。

步骤 3.2.2　NTFS 权限的应用规则

下面讲述 NTF 权限的应用规则。

1. 权限是累积的

当一个用户属于多个组的时候，这个用户会得到各个组的累加权限，但是一旦有一个组的相应权限被拒绝，此用户的此权限也会被拒绝。

假设一个用户 USER，如果 USER 属于 A 和 B 两个组，A 组对某文件有读取权限，B 组

对此文件有写入权限，USER 自己对此文件有修改权限，那么 USER 对此文件的最终权限为读取＋写入＋修改权限。

2. 权限的继承

新建的文件或者文件夹会自动继承上一级目录或者驱动器的 NTFS 权限，但是从上一级继承下来的权限是不能直接修改的，只能在此基础上添加其他权限，也就是不能把权限上的钩去掉。

当然这并不是绝对的，只要你的权限足够，比如你是管理员，也可以把这个继承下来的权限修改了，或者让文件不再继承上一级目录或者驱动器的 NTFS 权限。

3. 权限的拒绝优先

拒绝的权利优先于允许的权限。无论给用户账户什么权限，只要设置了拒绝权限，那么被拒绝的权限就绝对有效，见表 3-1。

表　3-1

用 户 或 组	权　　限
用户 A	读取
组 sales	拒绝访问
组 managers	修改
用户最后的有效权限为	"拒绝访问"

步骤 3.2.3　移动和复制操作对权限的影响

这里一共有 3 种情况，同一 NTFS 分区、不同 NTFS 分区以及 FAT 分区，见表 3-2。

表　3-2

	同一 NTFS 分区	不同 NTFS 分区	FAT 分区
复制	继承目标文件（夹）权限	继承目标文件（夹）权限	丢失权限
移动	保留原文件（夹）权限	继承目标文件（夹）权限	丢失权限

步骤 3.2.4　显式权限和继承权限

有两种类型的权限：显式权限和继承权限。

1）显式权限：是创建对象时用户操作所设置的默认权限。

2）继承权限：是从父对象传播到对象的权限，如图 3-3 所示。继承权限使管理权限的任务更加容易，并且确保给定容器内所有对象之间权限的一致性。

默认情况下，容器内的对象从创建该对象时的容器继承权限。例如，创建名为 "abc" 的文件夹时，"abc" 内的所有子文件夹和文件都自动从该文件夹继承权限。因此，"abc" 文件夹有显式权限，而其内部的所有子文件夹和文件都有继承权限。

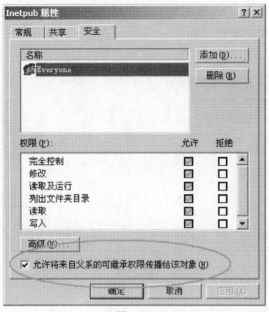

图　3-3

任务 3.3　NTFS 权限设置

NTFS 权限设置就是讲某个文件或文件夹赋予用户怎样的权限，包括：设置文件、文件夹的权限，删除继承权限，设置 NTFS 特殊权限。

1. 文件夹的权限设置

1）在 C 盘建立 data 文件夹，右击 data 文件夹，打开"data 属性"对话框，选择"安全"选项卡，如图3-4 所示。

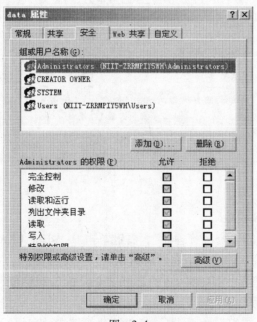

图　3-4

2）单击"添加"，弹出"选择用户、计算机或组"对话框。在"输入对象名称来选择"列表框中输入 USER1，单击"确定"，如图 3-5 所示。在权限列表中单击"修改"项的"允许"，单击"确定"，如图 3-6 所示。

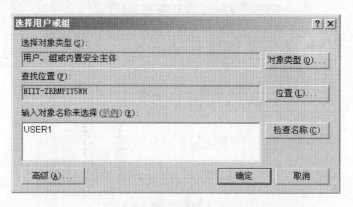

图　3-5

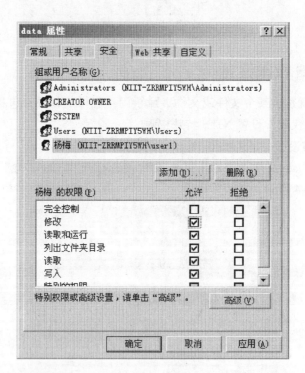

图　3-6

2. 设置文件的 NTFS 权限

1）单击"开始"中的"资源管理器"，右键单击 C：\data\EXAM. txt 选中"属性"，选择"安全"选项卡，打开文件的安全属性对话框。

2）单击"高级"，弹出"EXAM. txt 的高级安全设置"对话框，选择"权限"选项卡，单击"添加"，如图 3-7 所示。

3）弹出"选择用户或组"对话框，在"输入要选择的对象名称"列表中输入用户

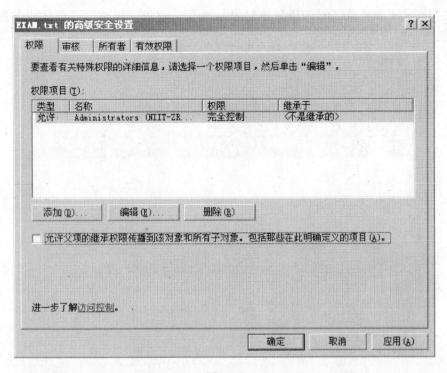

图 3-7

"黄河",单击"确定",如图 3-8 所示;在权限列表中单击"写入"项的"允许",单击
"确定"。

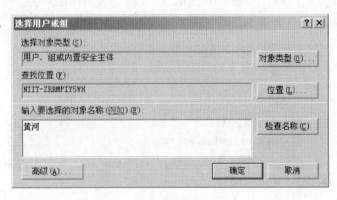

图 3-8

3. 删除继承权限

默认情况下,用户为某文件夹指定的权限会被该文件夹所包含的子文件夹和文件继承。
当用户修改了一个文件夹的 NTFS 权限时,不仅改变了该文件夹的权限,也同时改变了该文
件夹包含的子文件夹和文件的权限。如果文件夹不想继承父文件夹的权限,可以通过取消选
中"允许父项的继承权限传播到该对象和所有子对象。包括那些在此明确定义的项目。"复
选框,来阻止来自父文件夹的权限继承,然后就可以对该文件或文件夹重新设置权限。

1)单击图 3-8 所示对话框中"高级",弹出"EXAM.txt 的高级安全设置"对话框,取

消选中"允许父项的继承权限传播到该对象和所有子对象。包括那些在此明确定义的项目。"复选框,如图 3-9 所示。

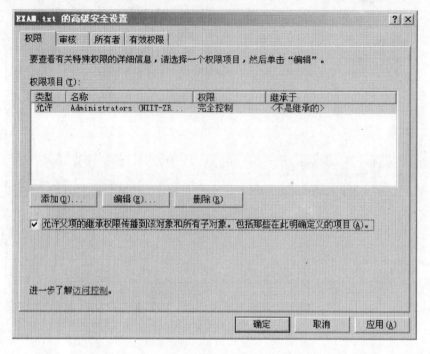

图 3-9

2)弹出"安全"对话框,如图 3-10 所示。"复制"表示保留从父文件夹继承来的权限,"删除"表示去掉从父文件夹继承来的权限。之后,单击"删除"。

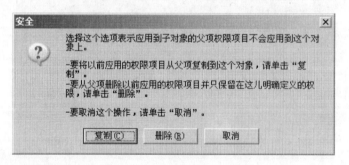

图 3-10

特殊 NTFS 权限和标准 NTFS 权限的关系见表 3-3。

表 3-3

标准 NTFS 权限 特殊 NTFS 权限	完全控制	修　改	读取及运行	读　取	写　入	列出文件夹目录
完全控制	√					
遍历文件夹/运行文件	√	√	√			√
列出文件夹/读取数据	√	√	√	√		√

（续）

特殊 NTFS 权限 ＼ 标准 NTFS 权限	完 全 控 制	修　改	读取及运行	读　取	写　入	列出文件夹目录
读取属性	√	√	√	√		√
读取扩展属性	√	√	√	√		√
创建文件/写入数据	√	√			√	
创建文件夹/附加数据	√	√			√	
写入属性	√	√			√	
写入展属性	√	√			√	
删除子文件夹及文件	√					
删除	√					
读取权限	√	√				
更改权限	√		√	√		√
取得所有权	√					

4. 更改权限

在标准 NTFS 权限中，只有"完全控制"权限才允许用户更改文件或文件夹，但"完全控制"权限同时有删除文件夹或文件的权限。如果要赋予其他用户更改文件或文件夹的权限，而不能删除或写文件及文件夹，就要用到更改权限功能。例如，管理员赋予用户 USER1 对 C 盘更改的权限，具体操作如下：

1）单击"开始"中的"资源管理器"，然后右键单击 C：\data\EXAM.txt 文件选中"属性"，再选中"安全"属性页，弹出文件的安全属性对话框。

2）选择"高级"中的"权限"选项卡，单击"添加"，如图 3-9 所示，输入用户名 USER1，单击"确定"，如图 3-11 所示。

3）该用户出现在权限项目列表上。选择该用户单击"编辑"，单击"更改权限"项的"允许"，单击"确定"，如图 3-12 所示。

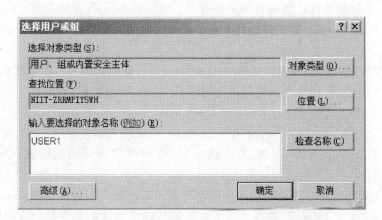

图　3-11

5. 获取所有权

通过指派和撤销权限的操作，可能会出现包括系统管理员在内的所有操作者都无法访问某个文件的情况。为了解决这个问题，Windows 引入了所有权的概念。Windows Server 2008 中任何一个对象都有所有者，所有者与其他权限是彻底分开的。对象的所有者拥有一项特殊的权限——能够指派权限。默认情况下，创建文件和文件夹的用户是该文件或文件夹的所有者，拥有所有权。除了用户自行新建的对象外，Windows Server 2008 中其他对象的所有者都是本地 Administrators 组的成员。系统中可以取得所有权的用户还有以下几种：

1）管理员组的成员，这是 Administrators 组的一项内置功能，任何人无法删除它。

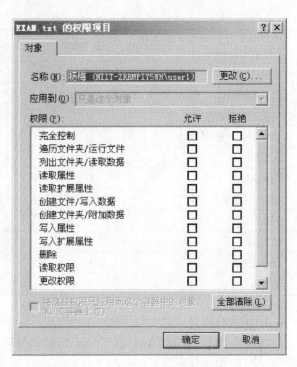

图　3-12

2）拥有文件夹或文件的"取得所有权"这项特别访问权限的用户。

3）拥有文件或文件夹的完全控制权限的用户，因为完全控制权限包含"所有权"这项特别访问权限。

所有权可以用以下方式转换：

1）当前所有者可以将"取得所有权"权限授予另一用户，这将允许该用户在任何时候取得所有权。该用户必须实际取得所有权才能完成所有权的转移。

2）管理员可以取得所有权。尽管管理员可以取得所有权，但是管理员不能将所有以转让给其他人。此限制可以让管理员对其操作负责任。如何让管理员获得所有权呢？以取得 C：\data\EXER. doc 为例，该文件的拥有者是黄河，希望管理员取得该文件的所有权。步骤如下：

① 以系统管理员身份登录，选择"开始"→"资源管理器"。右键单击 C：\data\EX-ER. doc 选中"属性"。由于系统管理员此时对 C：\data\EXER. doc 没有任何权限，无法看到其权限设置。

② 选择"高级"按钮，"所有者"选项卡，"将所有者更改为"列表框中选择 Administrators。打开安全选项卡，单击"确定"，管理员即取得完全控制权限，如图 3-13 所示。

③ 这时在文件属性"安全"选项中虽没有显示新权限，但是 Administrators 已经拥有完全控制权限，可通过"高级"查询。系统管理员在取得文件的完全控制权限和所有权后就可以重新根据需要设置该文件的权限。

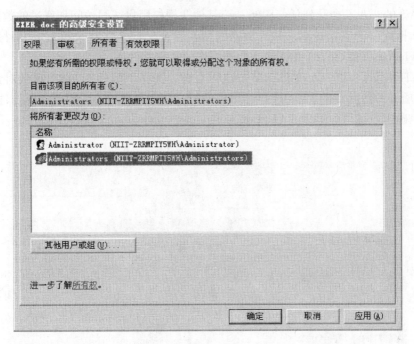

图　3-13

任务 3.4　部署文件的加密

NTFS 支持对分区、文件夹和文件的压缩。任何基于 Windows 的应用程序对 NTFS 分区上的压缩文件进行读写时不需要事先由其他程序进行解压缩。当对文件进行读取时，文件将自动进行解压缩；文件关闭或保存时，会自动对文件进行压缩。

加密文件系统（Encrypting File System，EFS）是 Windows 2000/XP/Vista、Windows Server 2008 所特有的一个实用功能，EFS 提供了用于在 NTFS 文件系统卷上存储加密文件的核心文件加密技术。由于 EFS 与文件系统相集成，因此使管理更方便，也使系统难以被攻击，并且对用户是透明的。此技术对于保护计算上可能易被其他用户访问的数据特别有用。对文件或文件夹加密后，即可像使用任何其他文件和文件夹那样，使用加密的文件和文件夹。

步骤 3.4.1　什么是 EFS 加密

EFS 加密是基于公钥策略的。在使用 EFS 加密一个文件或文件夹时，系统首先会生成一个由伪随机数组成的文件加密钥匙（File Encryption Key，FEK），然后将利用 FEK 和数据扩展标准 X 算法创建加密后的文件，并把它存储到硬盘上，同时删除未加密的原始文件。随后系统利用你的公钥加密 FEK，并把加密后的 FEK 存储在同一个加密文件中。而在访问被加密的文件时，系统首先利用当前用户的私钥解密 FEK，然后利用 FEK 解密出文件。在首次使用 EFS 时，如果用户还没有公钥/私钥对（统称为密钥），则会首先生成密钥，然后加密数据。如果你登录到了域环境中，密钥的生成依赖域控制器，否则依赖本地机器。

EFS 对用户是透明的。这也就是说，如果你加密了一些数据，那么你对这些数据的访问将是完全允许的，并不会受到任何限制；而其他非授权用户试图访问加密过的数据时，就会收到"访问拒绝"的错误提示。EFS 加密的用户验证过程是在登录 Windows 时进行的，只要登录到 Windows，就可以打开任何一个被授权的加密文件。

选中 NTFS 分区中的一个文件，单击鼠标右键，选择"属性"，在出现的对话框中单击"常规"选项卡，然后单击"高级"，在出现的对话框中选中"加密内容以便保护数据"选项，单击"确定"即可，如图 3-14 所示。

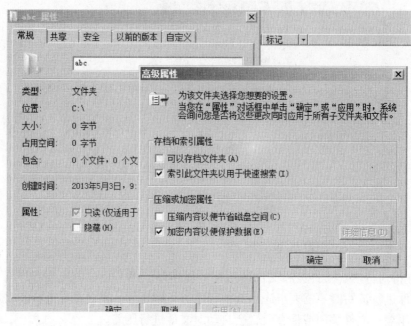

图　3-14

此时你可以发现，加密文件名的颜色变成了绿色，当其他用户登录系统后打开该文件时，就会出现"拒绝访问"的提示，这表示 EFS 加密成功。而如果想取消该文件的加密，只需将"加密内容以便保护数据"选项去除即可。

步骤 3.4.2　EFS 加密操作实例

1）以用户"aa"登录到计算机。

2）右击桌面上的"网络"图标，打开属性页，找到左下角的"Internet 选项"后双击，在 Internet 属性对话框中，单击"内容"选项卡，单击"证书"。可以看到没有任何个人证书，如图 3-15 所示。

注意，EFS 使用加密密钥对数据进行加密。加密密钥与证书绑定在一起。首次加密文件或文件夹时，将为您创建加密证书和密钥。

3）在 C 盘上创建一个文件夹"aaa"，右键单击该文件夹，单击"属性"

4）在"常规"选项卡下，单击"高级"，在高级属性对话框中，选中"加密内容以便保护数据"，单击"确定"，如图 3-16 所示。

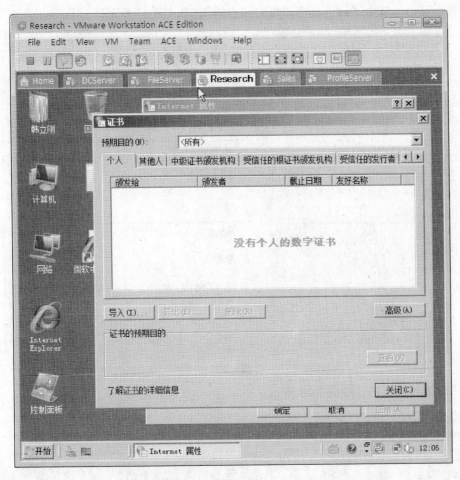

图　3-15

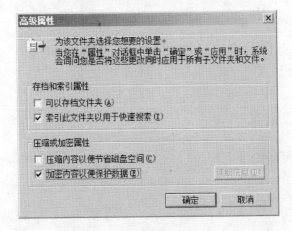

图　3-16

加密后的文件夹变成了绿颜色。

5）再次打开IE属性，在"内容"选项卡中，单击"证书"，可以看到当前用户用于

EFS 的数字证书。选中 "aa" 证书，单击 "查看"，如图 3-17 所示。

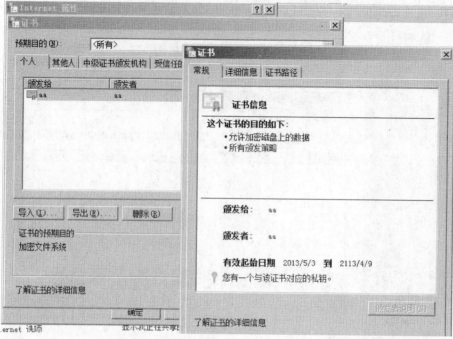

图　3-17

另一个文件的证书，如图 3-18 所示。

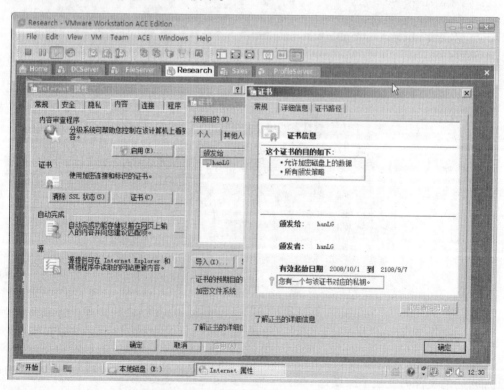

图　3-18

6）在"aaa"文件夹中创建一个记事本文件 aatest.txt，发现该记事本文件自动被加密。

7）换一个域账户"bb"登录计算机。发现不能访问"aa"加密的文件"aatest.txt"。

注意，这里出现的拒绝访问，不是 NTFS 权限拒绝访问，而是因为 bb 账户不能解密 aa 账户加密的文件。

任务 3.5　部署文件的压缩

可以对文件、文件夹或整个卷进行压缩。NTFS 文件系统的压缩过程和解压过程对用户是完全透明的，压缩前和压缩后的文件在使用上没有不同。

注意，NTFS 压缩和 EFS 加密不能同时使用，所以对于需要加密的文件或文件夹不要压缩。

1）当把一个未压缩的文件或文件夹复制到一个压缩的文件夹或卷中时，会自动压缩。

2）在同一个 NTFS 卷中，当把一个压缩的文件或文件夹复制到一个未压缩的文件夹或卷中时，其状态仍为压缩。

3）在不同 NTFS 卷间，当把一个压缩的文件或文件夹复制到一个未压缩的文件夹或卷中时，会自动解压。

4）当一个压缩的文件从 NTFS 卷移动或复制到 FAT 卷时将自动解压。

步骤 3.5.1　压缩文件夹

可以将不常用的文件放到设置成压缩状态文件夹中。

操作实例：对文件夹进行压缩，步骤如下：

1）在计算机上创建一个"bb"文件夹，在"bb"文件夹中放置一张照片。

2）右键单击该文件夹，单击"属性"，在"常规"选项卡中，单击"高级"，在"高级属性"对话框，选中"压缩内容以便节省磁盘空间"，单击"确定"，如图 3-19 所示。注

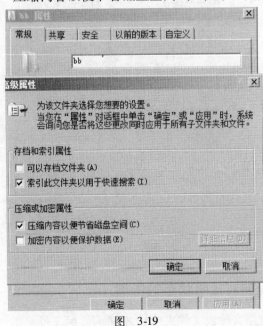

图　3-19

意，不能同时选择压缩和加密，可观察到压缩的文件夹变成了蓝色。

3）选择"将更改应用于此文件夹，子文件夹和文件"，单击"确定"。

4）在"bb"文件夹中，单击"属性"，在"常规"选项卡中，注意观察查看文件的大小和占用的空间。

步骤 3.5.2　压缩整个磁盘

还可以将整个 NTFS 分区的磁盘设置成压缩状态。注意，如果将整个磁盘分区设置成压缩状态，该磁盘分区不能有加密的文件夹和文件。

操作实例：将磁盘分区设置压缩状态

右键单击磁盘分区，单击"属性"。

在磁盘属性的"常规"选项卡中，单击选择"压缩此驱动器以节约磁盘空间"，如图 3-20所示。

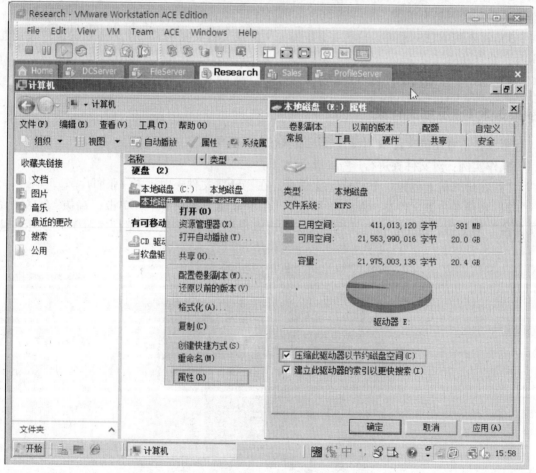

图　3-20

步骤 3.5.3　移动或复制对压缩状态的影响

只有在文件夹中创建新文件或文件夹时，才继承目标文件夹的压缩状态。同分区移动，

文件或文件夹没有改变在磁盘上的存储位置，只是改变了文件的访问路径，因此不继承目标文件夹的状态。不同分区移动，实际上是复制文件或文件夹到新位置后删除源文件的过程，因此继承目标文件夹的压缩状态。

这里一共有3种情况，同一 NTFS 分区、不同 NTFS 分区以及 FAT 分区，见表3-4。

表　3-4

	同一 NTFS 分区	不同 NTFS 分区	FAT 分区
复制	继承目标文件（夹）压缩状态	继承目标文件（夹）权限	压缩状态丢失
移动	保留原文件（夹）压缩状态	继承目标文件（夹）压缩状态	压缩状态丢失

任务3.6　实现文件共享

计算机联网的主要目的是实现资源共享，包括信息资源、硬件资源、软件资源以及通信资源的共享，建立人与人之间更广泛的沟通渠道。当某个用户将某个文件夹或文件共享后，网络上的用户在权限许可的情况下就可以访问该文件夹内的文件、子文件夹等内容。

共享文件夹的优点如下：

1）方便、快捷。

2）和其他存储介质（软盘、光盘）相比，不受文件数量和大小限制。

3）更新同步。

在 Windows Server 2008 网络中，并非所有用户都可以设置文件夹共享。

首先，创建共享的用户必须有相应的权限，在域控制器上用户必须是 Administrators 或 Server Operators 组的成员；在成员服务器上，用户可以是 Administrator 或 Power Users 组的成员；在独立服务器，用户可以是 Administrators 或 Power Users 组的成员。

其次，如果该文件夹位于 NTFS 分区，该用户必须对被设置的文件夹具备"读取"的 NTFS 权限。

步骤3.6.1　创建共享文件夹的方法

1. 方法一　利用"共享文件夹向导"创建共享文件夹

（1）打开"计算机管理"窗口，然后单击"共享文件夹"→"共享"子节点，如图3-21所示。

（2）在窗口的右边显示出了计算机中所有共享文件夹的信息。如果要建立新的共享文件夹，可通过选择主菜单"操作"中的"新建共享"子菜单，或者在左侧窗口鼠标右键单击"共享"子节点，选择"新建共享"，打开"共享文件夹向导"，单击"下一步"，打开对话框输入要共享的文件夹路径，如图3-22所示。

（3）如图3-23所示，输入共享名称、共享描述，在共享描述中输入对该资源的描述信息，方便用户了解其内容。

（4）单击"下一步"，如图3-24所示，用户可以根据自己的需要设置网络用户的访问权限；或者选择"自定义"来定义网络用户的访问权限；单击"完成"，即完成共享文件夹的设置。

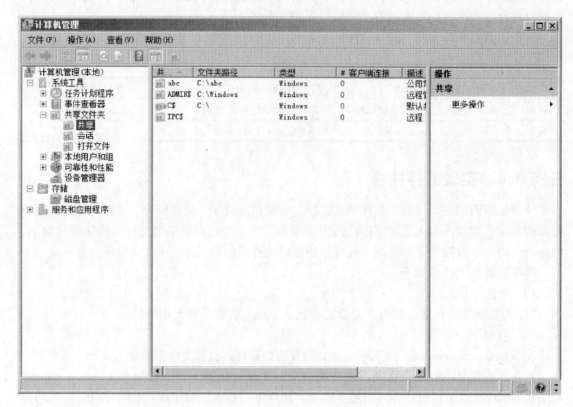

图　3-21

图　3-22

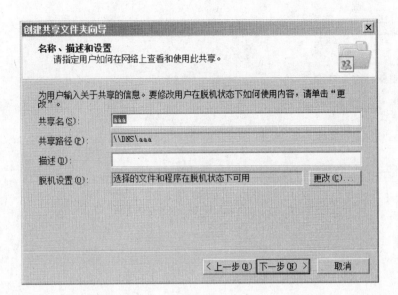

图　3-23

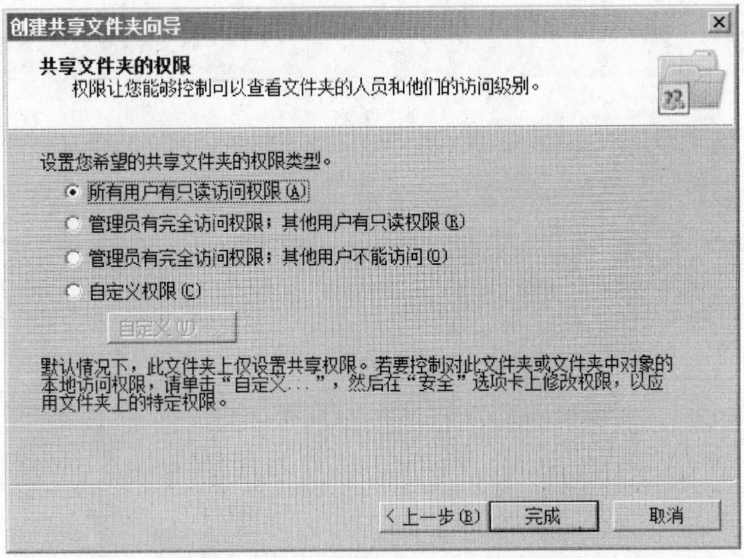

图　3-24

2. 方法二　在"我的电脑"或"资源管理器"中创建共享文件夹

　　在"我的电脑"或"资源管理器"中，选择要设置为共享的文件夹，鼠标右键激活快捷菜单，将"共享"菜单项选中后，打开"文件共享"窗口，在该窗口进行相关的操作，如图 3-25 所示。

　　文件夹共享设置完成后，该文件夹图标将被自动添加人形标识。

3. 方法三　一个文件夹的多个共享

　　当需要一个文件夹以多个共享文件夹的形式出现在网络中时，可以为共享文件夹添加共享。以鼠标右键单击一个共享文件夹，选择"属性"命令并在随后出现的对话框中选择

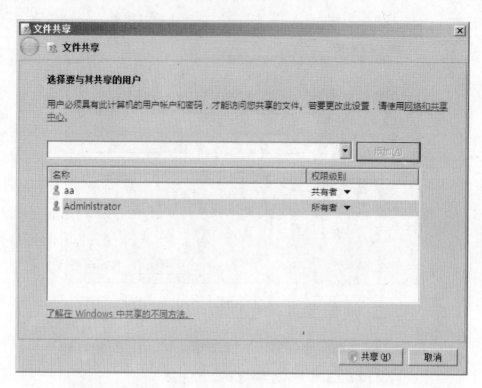

图 3-25

"共享"选项卡,如图 3-26 所示。

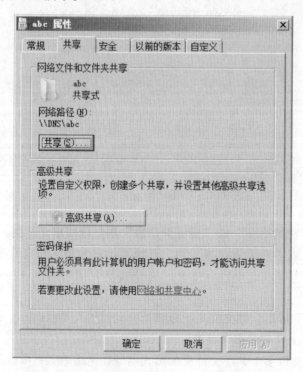

图 3-26

单击该选项卡中的"高级共享",将出现"高级共享"对话框,单击"添加",除了可以设置新的共享名外还可以为其设置相应的描述、访问用户数量限制和共享权限,如图 3-27 所示。

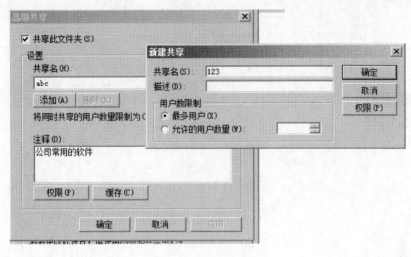

图 3-27

4. 方法四 隐藏共享文件夹

有时一个文件夹需要共享于网络中,但是出于安全因素等方面的考虑,又不希望这个文件夹被人们从网络中看到,这就需要以隐藏方式共享文件夹。

Windows Server 2008 中设置隐藏共享文件夹不同于 Windows Server 2003 及以前版本,它只能使用命令行形式实现,具体的实现方法如下:

(1) 打开"开始"菜单,选择"运行"命令后,在弹出的对话框中输入"cmd"命令,打开命令窗口。

(2) 在窗口中键入"net share < sharename = drive:path > "。例如,需要共享驱动器 D 上路径\users\mytest 中名为 demo 的文件夹,可以键入"net share demo = d:\users\mytest"。

5. 方法五 通过公用文件夹共享文件

在 Windows Server 2008 服务器中可以通过系统默认的"公用文件夹"来实现文件的共享。放入公用文件夹的任何文件或文件夹都将自动与具有访问公用文件夹权限的用户共享。

Windows Server 2008 服务器系统中只有一个公用文件夹,选择"计算机"→"公用"命令后,即可打开公用文件夹窗口,如图 3-28 所示。

步骤 3.6.2 访问共享文件夹

当用户知道网络中某台计算机上有需要的共享信息时,就可在自己的计算机上使用这些资源,与使用本地资源一样。

1. 方法一 搜索文件或文件夹

(1) 选择"开始"→"网络",可以看到该局域网中的计算机。

(2) 选择资源所在的计算机,并在"搜索"文本框(见图 3-29)中键入要搜索的关键字,进行搜索或"高级搜索"。

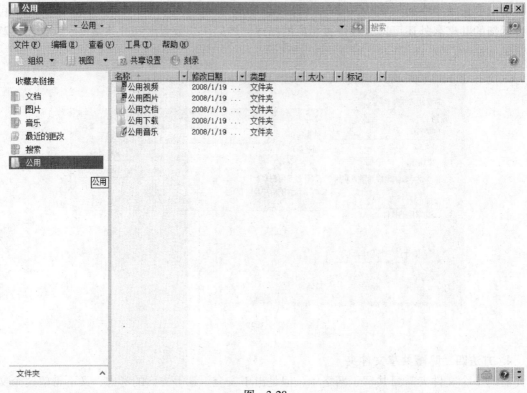

图 3-28

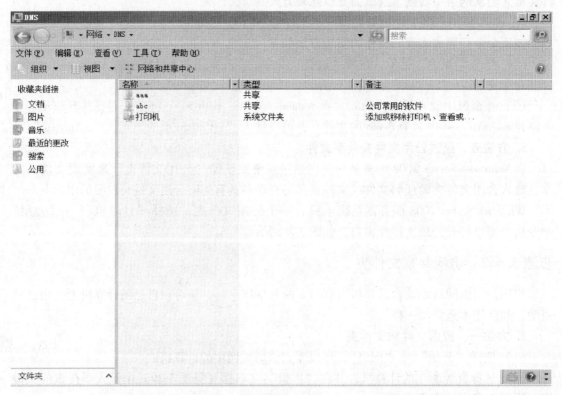

图 3-29

2. 方法二　映射网络驱动器

若用户在网上共享资源时，需要频繁访问网上的某个共享文件夹，可为它设置一个逻辑驱动器号——网络驱动器。

（1）在"网络"窗口中找到需要映射网络驱器的文件夹。

（2）鼠标右键单击需要经常访问的共享文件夹，从弹出快捷菜单中选择"映射网络驱动器"选项，如图 3-30 所示。

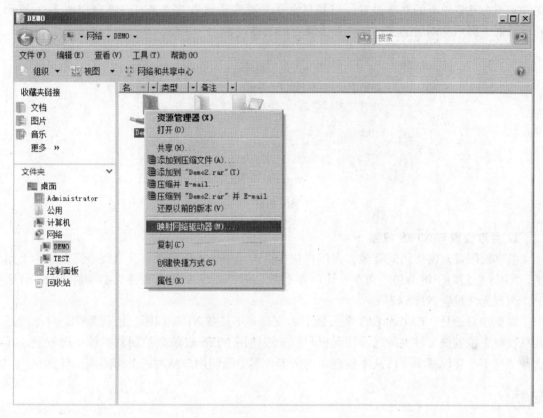

图　3-30

3. 方法三　创建网络资源的快捷方式

在使用个人计算机时，经常通过桌面创建快捷方式实现程序的快速打开和数据的快速访问。在使用网络资源时，用户也可为某一访问特别频繁的共享资源创建快捷方式，以便在桌面上快速访问该网络资源。

注意，在"网络"窗口中，右键单击要创建快捷方式的文件夹，弹出快捷菜单后，如果用户选择"创建快捷方式"命令，会出现一个"快捷方式"对话框，提示用户不能在当前位置创建快捷方式。是否把快捷方式放在桌面上，单击"确定"，也可完成网络资源快捷方式的创建。

4. 方法四　使用 UNC 路径

使用 \\ 服务器名

使用 \\ 服务器名\共享名

使用 \\ IP 地址\共享名

也可以在资源管理器的地址栏中输入 UNC 路径访问。

步骤 3. 6. 3　共享文件夹的访问权限

1. 复制和移动对共享权限的影响

当共享文件夹被复制到另一位置后，原文件夹的共享状态不会受到影响，复制产生的新文件夹不会具备原有的共享设置。当共享文件夹被移动到另一位置时，将出现图 3-31 所示的对话框，提示移动后的文件夹将失去原有的共享设置。

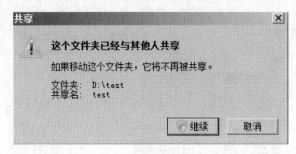

图　3-31

2. 共享权限与 NTFS 权限

共享权限仅对网络访问有效，当用户从本机访问一个文件夹时，共享权限完全派不上用场。NTFS 权限对于网络访问和本地访问都有效，但是要求文件或文件夹必须在 NTFS 分区上，否则无法设置 NTFS 权限。

需要注意的是，FAT 和 FAT32 分区上的文件夹不具备 NTFS 权限。也就是说，只能通过共享权限来控制该文件夹的远程访问权限，无法使用 NTFS 权限来控制其本机访问权限。在这种情况下，建议减少用户从本机登录的情形，尽量强制用户从网络上访问该文件夹。

总结

本项目围绕着与文件系统管理有关的各个方面展开叙述，分别介绍了文件系统的类型、建立和使用文件系统的方法、Windows Server 2008 文件的类型，以及如何管理文件和目录、如何管理压缩与加密、如何维护系统性能与进程的管理等非常重要的内容。文件系统的权限管理涉及系统数据的安全，应该引起特别的重视。

项目 ④

磁 盘 管 理

项目目标

- 理解基本磁盘的概念
- 理解主分区、扩展分区和逻辑分区
- 理解动态磁盘
- 理解简单卷、跨区卷、带区卷、镜像卷和 RAID-5 卷
- 掌握磁盘配额的配置

任务的提出

作为网络管理员，日常工作中的主要任务就是保证用户和应用程序有足够的磁盘空间保存和应用数据。磁盘管理的主要功能就是磁盘分区和卷的管理、磁盘配额和磁盘的日常维护管理。

任务 4.1　了解磁盘类型

步骤 4.1.1　基本磁盘和动态磁盘

在 Windows Server 2008 中有两种磁盘格式。一种是"基本磁盘"。基本磁盘非常常见，平时使用的磁盘类型基本上都是"基本磁盘"。"基本磁盘"受 26 个英文字母的限制，也就是说磁盘的盘符只能是 26 个英文字母中的一个。因为 A、B 已经被软驱占用，实际上磁盘可用的盘符只有 C~Z 共 24 个。另外，在"基本磁盘"上只能建立四个主分区（注意是主分区，而不是扩展分区）。另一种磁盘类型是"动态磁盘"。"动态磁盘"不受 26 个英文字母的限制，它是用"卷"来命名的。"动态磁盘"的最大优点是可以将磁盘容量扩展到非邻近的磁盘空间。

动态磁盘，是指在磁盘管理器中将本地硬盘升级得来的。动态磁盘与基本磁盘相比，最大的不同就是不再采用以前的分区方式，而是叫做卷集（volume）。卷集分为简单卷、跨区卷、带区卷、镜像卷、RAID-5 卷。基本磁盘和动态磁盘相比，有以下区别：

1）卷集或分区数量。动态磁盘在一个硬盘上可创建的卷集个数没有限制。而基本磁盘在一个硬盘上只能分最多四个主分区。

2）磁盘空间管理。动态磁盘可以把不同磁盘分区创建成一个卷集，并且这些分区可以是非邻接的，这样的大小就是几个磁盘分区的总大小。基本磁盘则不能跨硬盘分区并且要求分区必须是连续的空间，每个分区的容量最大只能是单个硬盘的最大容量，存取速度和单个

硬盘相比也没有提升。

3）磁盘容量大小管理。动态磁盘允许在不重新启动机器的情况下调整动态磁盘大小，而且不会丢失和损坏已有的数据。而基本磁盘的分区一旦创建，就无法更改容量大小，除非借助于第三方磁盘工具软件，如 PQ Magic。

4）磁盘配置信息管理和容错。动态磁盘将磁盘配置信息放在磁盘中，如果是 RAID 容错系统会被复制到其他动态磁盘上，这样可以利用 RAID-1 的容错功能；如果某个硬盘损坏，系统将自动调用另一个硬盘的数据，保持数据的完整性。而基本磁盘将配置信息存放在引导区，没有容错功能。

可以直接将基本磁盘转换为动态磁盘，但是该过程是不可逆的。要想转回基本磁盘，只有把所有数据全部复制出来，然后删除硬盘所有分区后才可以。

（1）基本磁盘

- 时间久、应用广泛的一种磁盘类型。
- 兼容性好，兼容微软所有操作系统。
- 磁盘分区，主分区/扩展分区/逻辑分区。

（2）动态磁盘

- Windows 2000/2003/XP 支持。
- 比基本磁盘具有较强的扩展性、可靠性。

步骤 4.1.2　GPT 磁盘与 MBR 磁盘

GUID 分区表（Globally Unique Identifier Partition Table Format，GPT）是一种由基于 Itanium 计算机中的可扩展固件接口（Extensible Firmware Interface，EFI）使用的磁盘分区架构。与主引导记录（Master Boot Record，MBR）分区方法相比，GPT 具有更多的优点，因为它允许每个磁盘有多达 128 个分区，支持高达 18 千兆兆字节的卷大小，允许将主磁盘分区表和备份磁盘分区表用于冗余，还支持唯一的磁盘和分区 ID（即 GUID）。

与支持最大卷为 2 TB（Terabyte）并且每个磁盘最多有 4 个主分区（或 3 个主分区，1 个扩展分区和无限制的逻辑驱动器）的 MBR 磁盘分区的样式相比，GPT 磁盘分区样式支持最大卷为 18EB Exabyte 并且每磁盘最多有 128 个分区。与 MBR 分区的磁盘不同，至关重要的平台操作数据位于分区，而不是位于非分区或隐藏扇区。另外，GPT 分区磁盘有多余的主要及备份分区表来提高分区数据结构的完整性。

在运行带有 Service Pack 1（SP1）的 Windows Server 2003 的基于 x86 的计算机和基于 x64 的计算机上，操作系统必须驻留在 MBR 磁盘上。其他的硬盘可以是 MBR 或 GPT。

在基于 Itanium 的计算机上，操作系统加载程序和启动分区必须驻留在 GPT 磁盘上。其他的硬盘可以是 MBR 或 GPT。

在单个动态磁盘组中既可以有 MBR，也可以有 GPT，也使用将 GPT 和 MBR 混合使用，但它们不是磁盘组的一部分。可以同时使用 MBR 和 GPT 来创建镜像卷、带区卷、跨区卷和 RAID-5 卷，但是 MBR 的柱面对齐的限制可能会使得创建镜像卷有困难。通常可以将 MBR 的磁盘镜像到 GPT 上，从而避免柱面对齐的问题。可以将 MBR 转换为 GPT，并且只有在磁盘为空的情况下，才可以将 GPT 转换为 MBR。否则数据将发生丢失！

不能在可移动媒体，或者在与群集服务使用的共享 SCSI 或 Fibre Channel 总线连接的群

集磁盘上，使用 GPT 分区样式。

任务 4.2 基本磁盘的管理

步骤 4.2.1 安装新磁盘

首先，在虚拟机中增加一块新硬盘，如图 4-1 和图 4-2 所示。

图 4-1

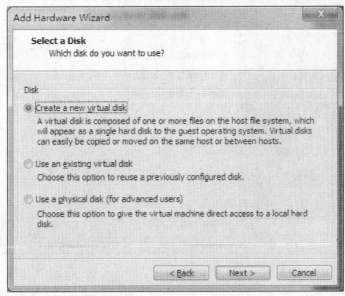

图 4-2

安装新磁盘后，必须经过初始化后才可以使用，选择"开始"→"管理工具"→"计算机管理"→"存储"→"磁盘管理"，右键单击磁盘1，选择"联机"，再次右键单击选择"初始化磁盘"，弹出图4-3所示对话框。

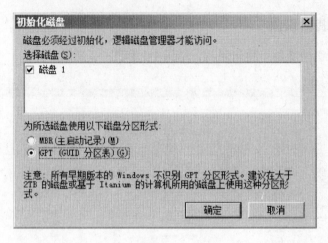

图 4-3

选择MBR或GPT分区形式，单击"确定"，接着就可以在新磁盘内创建分区。

步骤4.2.2　创建主分区

这里根据上一节的选择，对于MBR的磁盘来说，一个基本磁盘最多可有4个主分区，而对GTP的磁盘来说，一个基本磁盘内最多可有128个主分区。

（1）对于磁盘1，在为分配空间单击右键"新建简单卷"，"新建简单卷向导"页面如图4-4所示。

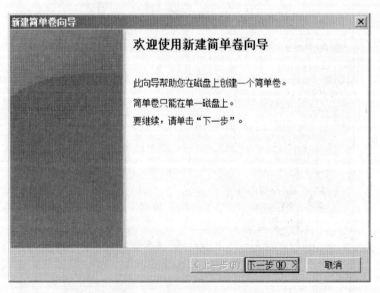

图 4-4

(2) 单击"下一步",如图 4-5 所示。

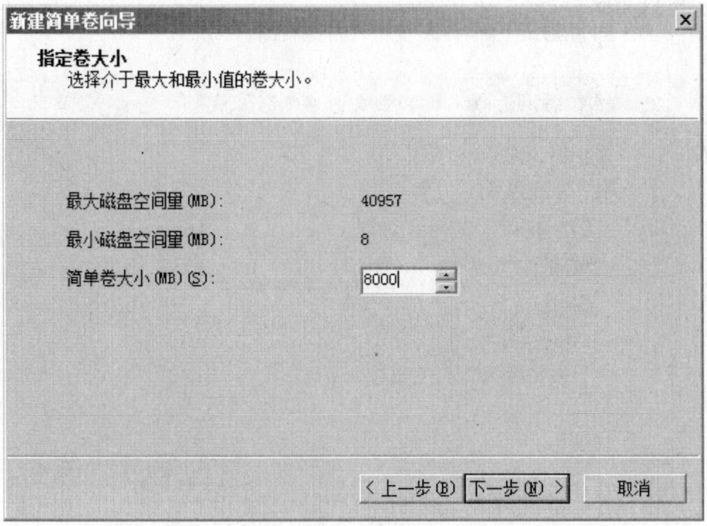

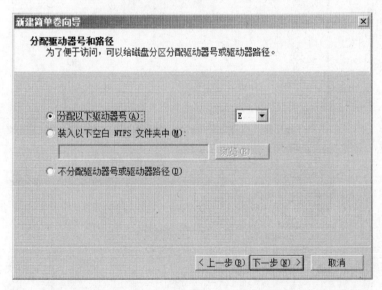

图 4-5

(3) 单击"下一步",选择分配驱动器号和路径,如图 4-6 所示。

图 4-6

1)"分配驱动器号"代表分区,如 E。

2)"装入以下空白 NTFS 文件夹中",则是将分区放入到一个文件夹中。例如将分区装入 C:/SOFTWARE 中,则以后所有往分区中存储的数据都存储在 C:/SOFTWARE 文件夹中。

3)"不分配驱动器号或驱动器路径",表示可以在以后再指定驱动器号或 NTFS 文件夹代表此分区,如图 4-7 所示。

系统会开始将此磁盘分区格式化,完成后的窗口如图 4-8 所示,其容量为 7.81GB。

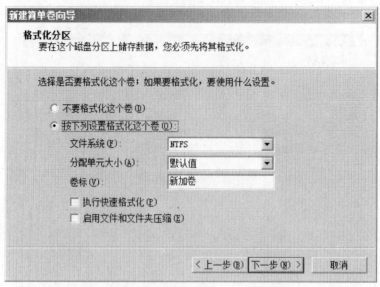

图　4-7

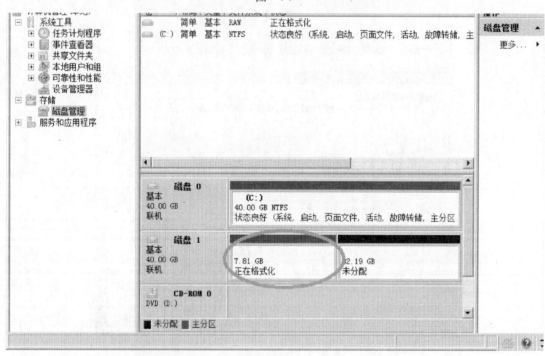

图　4-8

步骤4.2.3　创建扩展分区

　　磁盘扩展分区创建在基本磁盘的尚未使用的空间上，扩展分区不能直接存储文件，需要进一步划分成逻辑分区来存储文件，1个扩展分区可以划分成多个逻辑分区。创建磁盘扩展分区的具体步骤如下：

　　由于 Windows Server 2008 不提供图形界面来创建扩展分区，用 diskpart.exe 命令来创建扩展分区。

选择"开始"→"命令提示符",输入"diskpart"命令,再输入"select disk 1"命令来选择刚建立的磁盘 1,选择后输入"create partition extended size=10000"命令来创建一个大小为 10GB 的扩展分区,如图 4-9 所示。

图　4-9

步骤 4.2.4　创建逻辑驱动器

扩展分区创建完成后不能直接使用,需要在扩展分区内部再划分若干个部分。每个逻辑分区都可以被赋予一个盘符,逻辑分区不能直接用来启动操作系统,可以将操作系统的引导文件放到主分区上也可以将操作系统存放到逻辑分区上。

在上一节创建的扩展分区上单击右键,选择"新建简单卷",如图 4-10 所示。

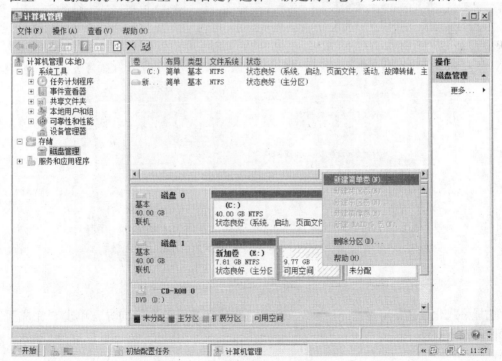

图　4-10

出现"欢迎使用新建简单卷"向导对话框时单击"下一步"。在界面中设置此卷的大小后单击"下一步",如图 4-11 所示。

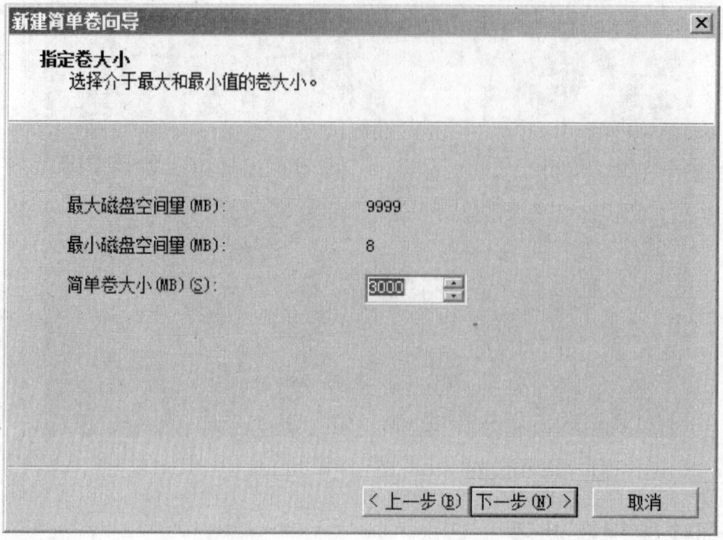

图 4-11

指定一个驱动器号代表此卷后,单击"下一步",如图 4-12 所示。

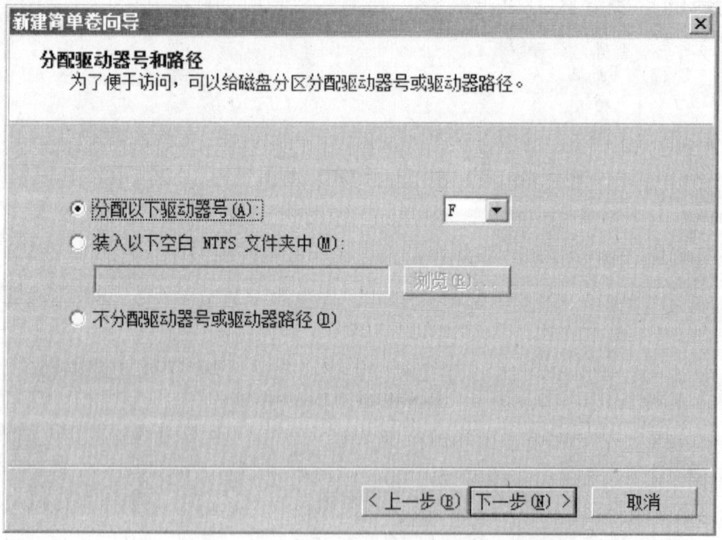

图 4-12

选择格式化设置,单击"下一步",出现"完成新建简单卷"向导,单击"完成"。结果如图 4-13 所示。

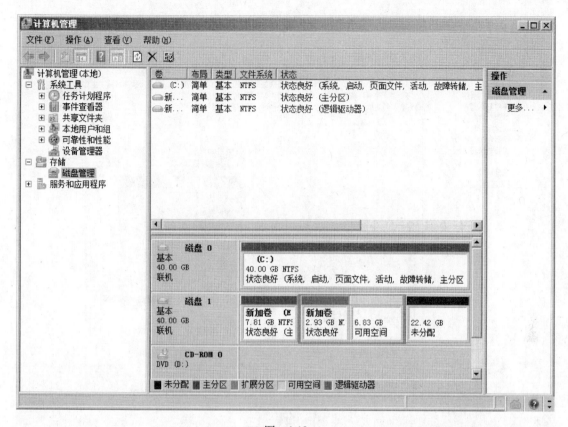

图　4-13

步骤 4.2.5　设置"活动"的磁盘分区与更改驱动器号和路径

1. 设置"活动"的磁盘分区

计算机启动时，磁盘内的 MBR 读取活动分区内的引导扇区，并将控制权交给引导扇区，引导扇区负责启动操作系统。也就是说要将存放操作系统的分区设为活动分区。因为操作系统要存放在主分区，所以活动分区必须为主分区，不能是扩展分区。

右键单击主磁盘分区，选择"将磁盘分区标为活动的"菜单项即可设置活动分区。

2. 更改驱动器号和路径

如果想更改驱动器号，则右键将要更改的驱动器，选择"更改驱动器号和路径"，如图 4-14 所示。

弹出"更改驱动器和路径"对话框，单击"更改"，选择新的驱动器号 M，如图 4-15 所示。

这里要注意的是，不要随意更改驱动器号，以防止应用程序找不到所需数据；正在使用的系统卷与引导卷的驱动器号是无法改变的。

还可以将一个分区映射为一个文件夹，这样所有保存在该文件夹中的文件事实上都保存在该分区上，并且要装入的文件夹一定是事先建立好的空文件夹，该文件夹所在的分区必须是 NTFS 文件系统。

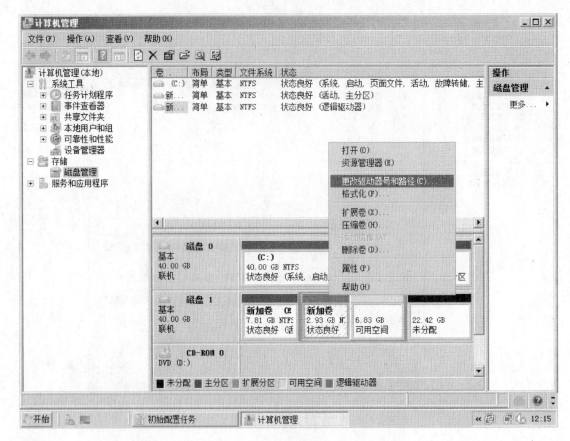

图 4-14

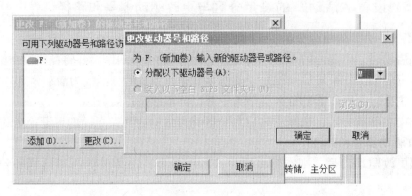

图 4-15

任务 4.3 基本磁盘和动态磁盘的转换

在进行基本磁盘和动态磁盘转换之前要注意以下事项：

（1）基本磁盘转换到动态磁盘

1）当前操作系统或者引导文件所在的磁盘升级需要重启后才能完成。

2）基本磁盘的分区被转换为简单卷。

3）在转换磁盘之前，必须先关闭该磁盘运行的所有程序。

（2）动态磁盘可被转换为基本磁盘

只有将所有的卷删除后，才能进行。

使用磁盘管理器进行基本磁盘与动态磁盘的转换

单击"开始"→"管理工具"→"计算机管理"→"存储"→"磁盘管理"，单击右键要转换的磁盘（如磁盘0），选择转换到动态磁盘，如图4-16所示；勾选所有要转换的基本磁盘，单击"确定"，如图4-17所示；单击"转换"，如图4-18所示。

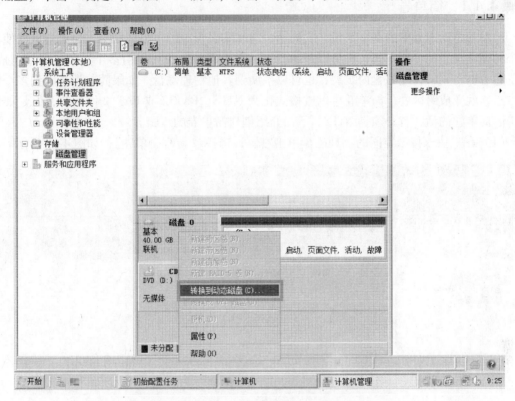

图 4-16

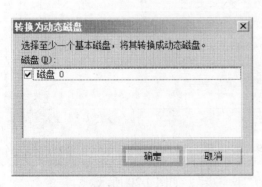

图 4-17

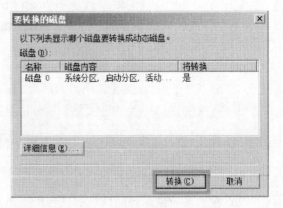

图 4-18

任务 4.4 动态磁盘的管理

动态磁盘的管理是基于卷的管理。卷是由一个或多个磁盘上的可用空间组成的存储单元（基本磁盘是用分区来分隔磁盘的），可以将存储单元也就是卷格式化为一种文件系统并分配驱动器号。动态磁盘上的卷包括简单卷、跨区卷、带区卷、镜像卷和 RAID-5 卷。它们提供容错、提高磁盘利用率和访问效率的功能。

步骤 4.4.1 简单卷

简单卷是动态卷中的基本单位，它的地位与基本磁盘中的主分区相当，简单卷只能使用一个物理磁盘上的可用空间，它可以是磁盘上的单个区域，也可以由多个连续的区域组成。简单卷可以在同一物理磁盘内扩展，也可以扩展到其他物理磁盘。如果简单卷扩展到多个物理磁盘，就变成跨区卷。简单卷可以被格式化为 NTFS、FAT32 或 FAT 文件系统，但是如果要扩展简单卷的话，就必须是 NTFS。下面介绍创建简单卷的步骤。

（1）在一块未指派空间的物理磁盘单击右键，选择"新建简单卷"，如图 4-19 所示。

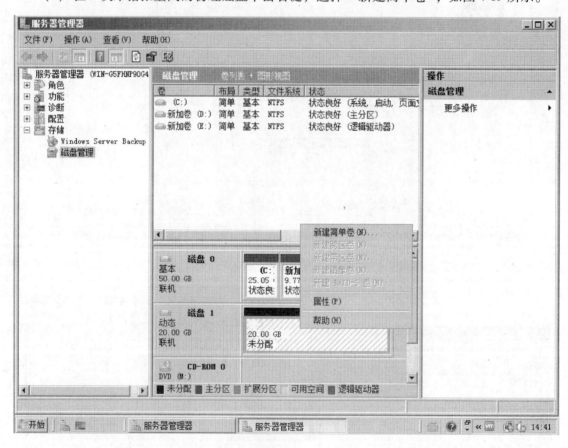

图　4-19

（2）在"新建简单卷向导"对话框中，单击"下一步"，如图 4-20 所示。

在"指定卷大小"界面中，设置简单卷的大小，单击"下一步"，如图 4-21 所示。

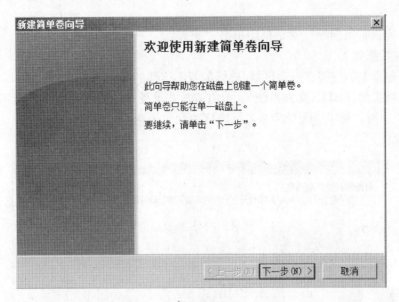

图　4-20

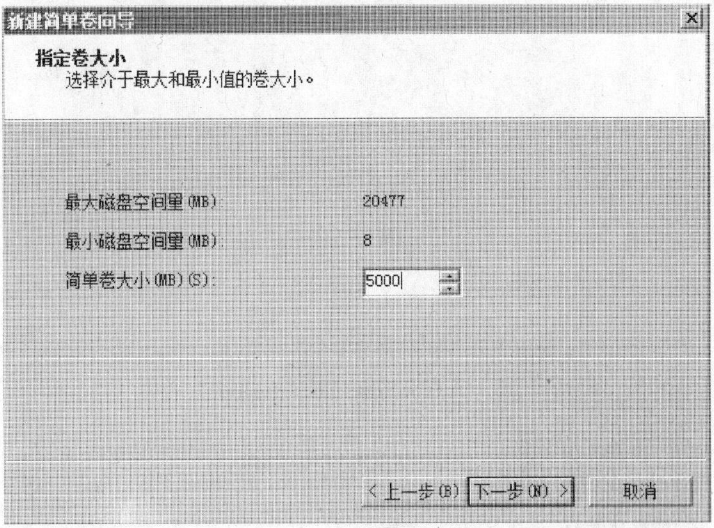

图　4-21

在"分配驱动器号和路径"界面中，为该简单卷指派一个驱动器名，单击"下一步"，如图 4-22 所示。

在"正在完成新建卷向导"界面中，单击"完成"，如图 4-23 所示。系统将对该卷格式化，简单卷为土黄色，如图 4-24 所示。

扩展简单卷的空间的方法与扩展基本卷的方法是一样的，步骤如下：

1）在上面创建好的简单卷上单击右键，选择"扩展卷"命令。

2）在"扩展卷向导"对话框中，单击"下一步"。

3）在"选择磁盘"界面中，选择"磁盘1"，在"选择空间量"中输入要扩展的磁盘空间，单击"下一步"。

4）在"完成扩展向导"对话框中单击"完成"。

简单卷的特征如下：

1）单个磁盘上的空间：一个区域/连续的或不连续的多个区域

2）可以被扩展（NTFS文件系统）：没有存放当前使用的操作系统，或者不是通过简单卷启动计算机，可扩展成更大的简单卷、跨区卷和镜像卷。

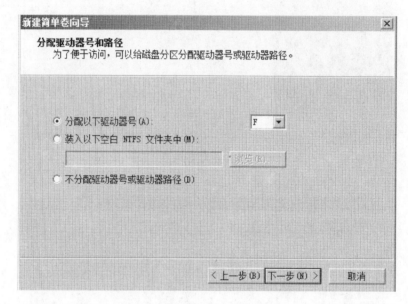

图 4-22

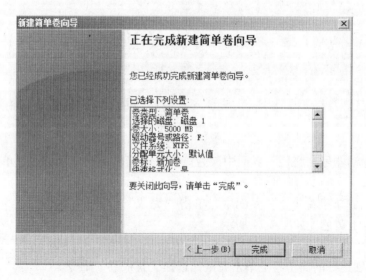

图 4-23

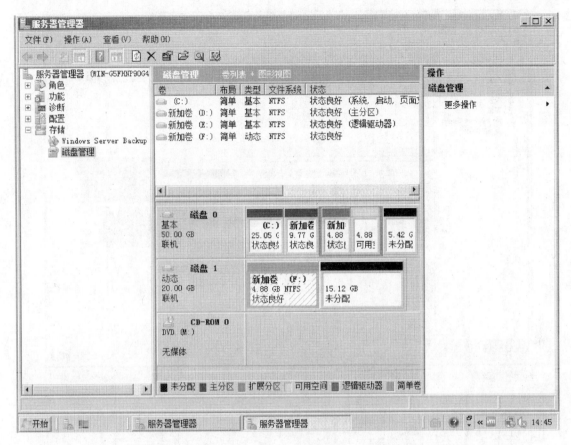

图 4-24

步骤 4.4.2 跨区卷

跨区卷是由数个位于不同磁盘的未分配空间组成的一个逻辑卷,也就是说可以将数个磁盘内的未分配空间,合并成一个跨区卷,并赋予一个共同的驱动器号。

下面将创建一个跨区卷,如图 4-25 所示。

在三个未分配空间中的任何一个,选择"新建跨区卷",如图 4-26 所示。

出现"欢迎使用新建跨区卷向导"单击"下一步"。在图 4-26 所示的磁盘 0、1、2 中分别选择 3GB、4GB、2GB 的容量,单击"下一步",如图 4-27 所示。

指定一个驱动号,如图 4-28 所示。

执行快速格式化,单击"下一步",如图 4-29 所示。

完成后,会发现图中的 D 盘就是跨区卷,分布在 3 个盘内,总容量为 9GB,如图 4-30 所示。

跨区卷的特性如下:

1) 可以选择 2～32 个磁盘内的未分配空间组成跨区卷。

2) 组成跨区卷大小可以不相同。

3) 写入是从第一个开始,第一个写满之后第二个,依此类推。

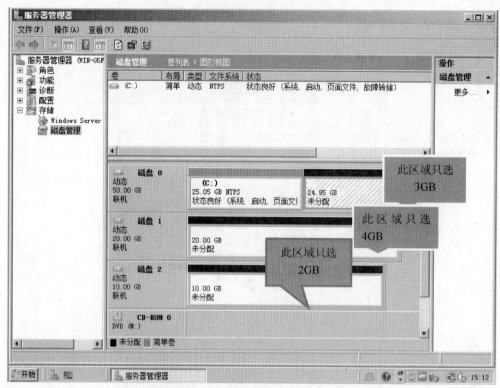

图　4-25

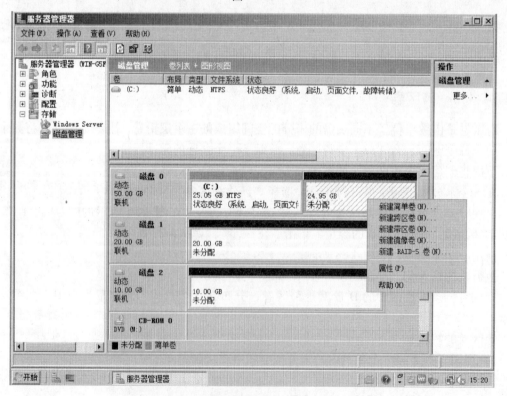

图　4-26

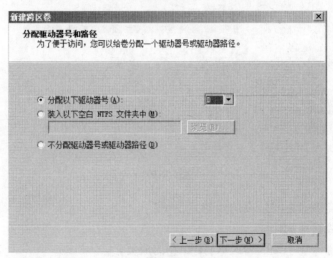

图　4-27

图　4-28

图　4-29

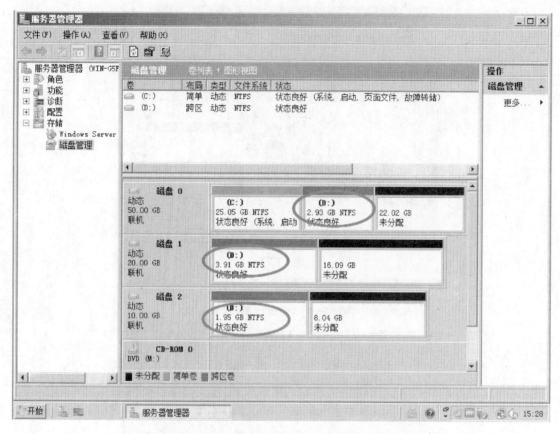

图　4-30

4）不具备提高磁盘访问效率的功能。

5）不具备故障转移的功能。

6）无法做成镜像卷、带区卷或 RAID-5 卷的成员。

7）可以格式化为 NTFS、FAT32 或 FAT 格式。

8）可以再 NTFS 格式下做扩展，别的不行。

步骤4.4.3　带区卷

带区卷是由数个位于不同磁盘的未分配空间组成的一个逻辑卷；也就是说可以将数个磁盘内的未分配空间，合并成一个带区卷，并赋予一个共同的驱动器号。

带区卷的创建与跨区卷的创建基本一样，不同的是带区卷的每一个成员的容量大小是一样的，且数据写入时会平均写到每一个磁盘内。带区卷是所有卷中运行效率最好的卷，有以下特性：

1）可以选择 2～32 个磁盘内的未分配空间组成带区卷。

2）带区卷是使用 RAID-0 的技术。

3）组成带区卷的每个成员，其容量大小必须是相同的。

4）组成带区卷的成员中不可以包含系统卷与启动卷。

5）系统在将数据存储到带区卷时，会将数据分成等量的 64KB。如由 4 个磁盘组成，则

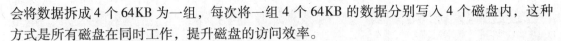

会将数据拆成 4 个 64KB 为一组，每次将一组 4 个 64KB 的数据分别写入 4 个磁盘内，这种方式是所有磁盘在同时工作，提升磁盘的访问效率。

6）不具备故障转移功能。

7）一旦被建好，就无法在扩大，除非删除重建。

8）可以格式化成 NTFS、FAT32 或 FAT 格式。

9）整个带区卷视为一体，无法将其中某个成员单独使用，除非先将整个带区卷删除。

步骤 4. 4. 4 镜像卷

镜像卷具备故障转换的功能，可以将一个动态磁盘内的简单卷与另外一个动态磁盘内的未分配空间组成一个镜像卷；或是将两个未分配的可用空间组成一个镜像卷，然后赋予一个逻辑驱动号。其特性如下：

1）镜像卷的成员只有 2 个，且它们必须是位于不同的动态磁盘内。可以选择一个简单卷与一个未分配的空间，或两个未分配的空间来组成镜像卷。

2）如果选择将一个简单卷与未分配空间来组成镜像卷，则系统在新建镜像卷的过程中，会将简单卷内的现有数据复制到另一个成员中。

3）镜像卷使用了 RAIT-1 技术。

4）组成镜像卷的 2 个卷的容量大小必须是一致的。

5）组成镜像卷的成员中可以包含启动卷与系统卷。

6）镜像卷的成员中不可以包含 GPT 磁盘的 EFI 系统的分区。

7）具有故障转移的能力。

8）镜像卷一旦被建好，就无法再扩大。

9）镜像卷可以为 NTFS、FAT32 或 FAT 的格式。

10）整个镜像被视为一体，如果想单独使用的话，先中断镜像关系、删除镜像，或删除此镜像卷。

1. 新建镜像卷

与带区卷的创建一样，唯一不一样的是在选择镜像卷的时候只能选择两个盘，而且两个磁盘的大小都必须一样，新建完成后如图 4-31 所示。

2. 中断镜像卷、删除镜像与删除卷

（1）中断镜像卷

右键单击镜像卷，选择中断镜像卷。中断后，原来的两个成员都会被独立成简单卷，且其内的数据都会被保留着，但是驱动器号会有变化。其中一个卷的驱动器号会沿用原来的编号，另外一个卷的驱动号会被改为下一个可用的驱动器号。

（2）删除镜像

右键单击镜像卷，选择删除镜像卷，可将镜像卷中的一个卷删除。被删除的成员，其内的数据将被删除，且其所占用的空间会被改为未分配空间。

（3）删除卷

右键单击镜像卷，选择删除镜像卷，可将镜像卷删除。它会将两个成员内的数据都删除，并且两个成员都会变成未分配空间。

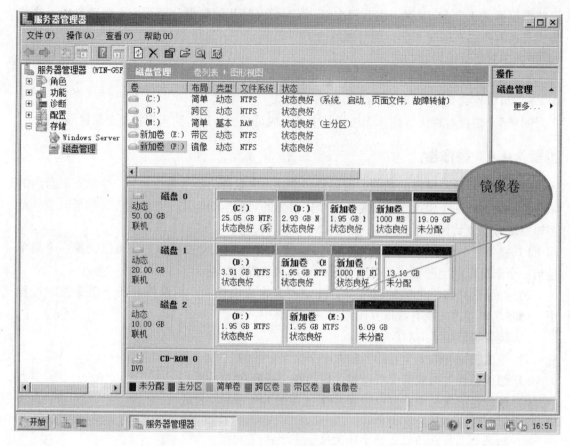

图　4-31

步骤 4.4.5　RAID-5 卷

RAID-5 卷与带区卷有一点类似，它也是将多个分别位于不同磁盘的未分配空间组成的一个逻辑卷。也就是说可以从多个磁盘内分别选取未分配的空间，并将其合并成为一个 RAID-5 卷，然后赋予一个共同的驱动器号。

不过 RAID-5 卷与带区卷区别是，在存储数据时，RAID-5 卷会另外根据数据的内容计算出其奇偶校验位，并将奇偶校验数据一并写入到 RAID-5 卷内；当某个磁盘引故障无法读取时，系统可以利用奇偶校验数据推算出该故障磁盘内的数据，让系统能够继续运行，具备故障转移功能。其特性如下：

1）可以选择 3～32 个磁盘内的未分配空间组成 RAID-5 卷。

2）组成 RAID-5 卷的每一个成员的容量大小是相同的。

3）系统在存储数据到 RAID-5 卷的时候，会将数据分成等量 64KB，分别同时写入数据与其奇偶校验数据，写完为止。

4）如果只有其中一块盘坏掉，系统还是可以正常运行，可以通过奇偶校验来恢复坏掉的数据，但是如果坏了一块盘以上系统将无法继续运行。

5）写入效率一般来说会比镜像卷差（视 RAID-5 卷磁盘成员的数量多少而异），不过读取会比镜像卷好，如果其中一块盘坏了的话，读写速度都会下降。

6）RAID-5 卷的磁盘空间有效使用率为（N-1）/N，其中 N 为磁盘的数目。

7）RAID-5 卷一旦被新建好，就无法再被扩大。

8）可以被格式成 NTFS、FAT32 或 FAT 格式。

9）整个 RAID-5 卷是被视为一体，无法将其中某个成员单独使用，除非先将整个 RAID-5 卷删除。

新建 RAID-5 卷

右键单击未分配空间中的任何一个，选择"新建 RAID-5 卷"；出现欢迎"使用新建 RAID-5 卷"向导；分别从磁盘 0、1、2 选取 8000MB 的空间，也就是说这个 RAID-5 卷的总容量为 24GB，不过因为需要 1/3 的容量来存储奇偶校验数据，所以实际的容量为 16000MB，完成单击"下一步"，如图 4-32 所示。

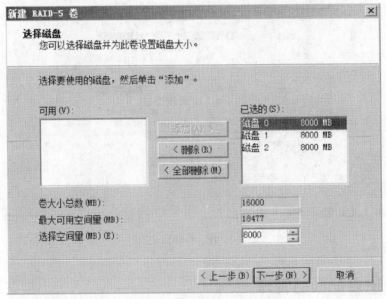

图 4-32

指定驱动号，单击"下一步"，如图 4-33 所示。

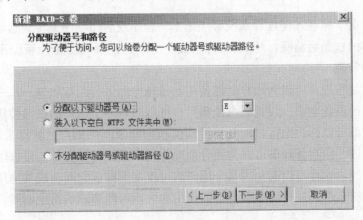

图 4-33

输入并选择适当的设置，单击"下一步"，然后单击完成就行了，如图 4-34 所示。

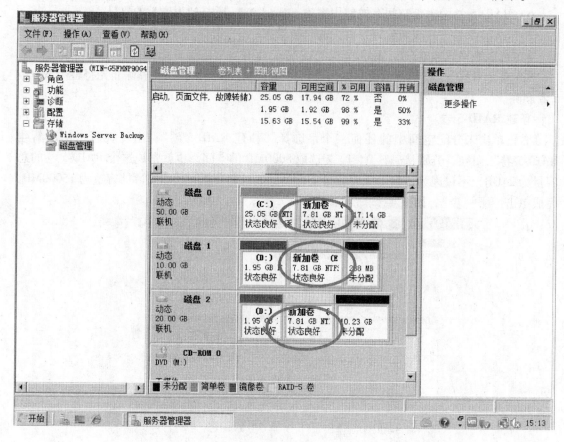

图　4-34

任务 4.5　磁盘配额的管理

步骤 4.5.1　磁盘配额的设置

在大多数情况下黑客入侵远程系统必须把木马程序或后门程序上传到远程系统当中。如何才能切断黑客的这条后路呢？NTFS 文件系统中的磁盘配额功能就能帮助用户轻松实现对磁盘使用空间的管理。

磁盘配额就是管理员可以为用户所能使用的磁盘空间进行配额限制，每一用户只能使用最大配额范围内的磁盘空间。设置磁盘配额后，可以对每一个用户的磁盘使用情况进行跟踪和控制，通过监测可以标识出超过配额报警阈值和配额限制的用户，从而采取相应的措施。磁盘配额管理功能，使得管理员可以方便合理地为用户分配存储资源，可以限制指定账户能够使用的磁盘空间。这样可以避免因某个用户的过度使用磁盘空间造成其他用户无法正常工作，甚至影响系统运行；避免由于磁盘空间使用的失控可能造成的系统崩溃，提高了系统的安全性。

NTFS 卷的磁盘配额跟踪以及控制磁盘空间的使用。Administrators 组可将 Windows 配置如下：

• 当用户超过了指定的磁盘空间限制（也就是允许用户使用的磁盘空间量）时，防止进一步使用磁盘空间并记录事件。

• 当用户超过了指定的磁盘空间警告级别（也就是用户接近其配额限制的点）时记录事件。

启动磁盘配额时，可以设置两个值：磁盘配额限制和磁盘配额警告级别。例如，可以把用户的磁盘配额限制设为500MB，并把磁盘配额警告级别设为450MB。在这种情况下，用户可在卷上存储不超过500MB的文件。如果用户在卷上存储的文件超过450MB，则可把磁盘配额系统配置成记录系统事件。只有 Administrators 组的成员才能管理卷上的配额。

可以指定用户能超过其配额限制。如果不想拒绝用户对卷的访问，但又想跟踪每个用户的磁盘空间使用情况，启用配额而且不限制磁盘空间的使用是非常有用的；也可指定不管用户超过配额警告级别还是超过配额限制时，是否要记录事件。

启用卷的磁盘配额时，系统从那个值起自动跟踪新用户卷使用。

只要用 NTFS 文件系统将卷格式化，就可以在本地卷、网络卷以及可移动驱动器上启动配额。另外，网络卷必须从卷的根目录中得到共享，可移动驱动器也必须是共享的。Windows 安装将自动升级使用 Windows NT 中的 NTFS 版本格式化的卷。

由于按未压缩时的大小来跟踪压缩文件，因此不能使用文件压缩防止用户超过其配额限制。例如，如果50MB的文件在压缩后为40MB，Windows 将按照最初50MB的文件大小计算配额限制。

相反，Windows 将跟踪压缩文件夹的使用情况，并根据压缩的大小来计算配额限制。例如，如果500MB的文件夹在压缩后为300MB，那么 Windows 只将配额限制计算为300MB。

在使用磁盘配额之前，首先确定该磁盘驱动器的文件系统为 NTFS，然后按照下面步骤进行操作：

直接右键单击磁盘，这里以系统盘 C 盘为例，打开"属性"对话框，切换到"配额"选项卡，勾选"启用配额管理"和"拒绝将磁盘空间给超过配额限制的用户"，设置配额限制和警告等级，单击"确定"，如图4-35所示。

在默认情况下，系统的磁盘配额功能是被禁用的，此时交通灯的颜色是红色。交通灯如果是黄色时，表示在卷上重建配额信息，配额是非活动的。交通灯的颜色为绿色时，表示在卷上启用磁盘配额。

1）拒绝将磁盘空间给超过配额限制的用户：用户中某个用户占用的磁盘空间达到了配额的限制时，就不能再使用新的磁盘空间。

2）不限制磁盘使用：系统管理员不限制

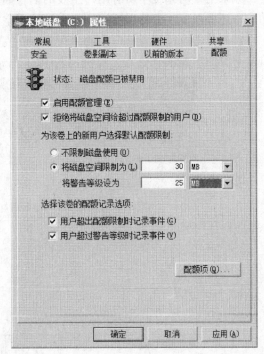

图 4-35

用户对卷的使用，只是对用户的使用情况进行跟踪。在需要了解卷的使用情况而不必限制用户对卷的使用时，非常适用。

3）将磁盘空间限制为：可以输入限制使用的数量和单位以及警告级别的数量和单位，这些设置并不针对某一个用户而是对所有用户的默认值。

4）将警告等级设为：如果管理员希望用户使用磁盘空间超过为他分配的磁盘配额时，系统能及时地给出警告，可在文本框中输入合适的磁盘容量数值，并在后面的下拉列表框中选择一种磁盘容量单位。警告级别的设置应该不大于配额限制；当它大于配额限制时，Windows Server 2008 会让重新编辑该值，直到它小于或等于配额限制。

5）用户超出配置限制时记录事件：表示用户使用的磁盘空间达到限制时，可以继续使用新的磁盘空间，但系统会在日志文件中记录该事件。

6）用户查过警告等级时记录事件：表示用户使用的磁盘空间达到警告等级时，可以继续使用新的磁盘空间，但系统会在日志文件中记录该事件。

关于磁盘配额要注意以下几点：

1）首次启动磁盘配额时会建立配额项目列表，所有文件的拥有者均被视为新用户加入磁盘配额列表中，并应用默认的配额限制与警告等级。Administrators 组的成员不受磁盘配额限制。

2）首次启动磁盘配额之后对配额限制与警告等级的修改只会影响新用户，对那些已经在配额项目列表中的旧用户没有影响。

3）只有用户具有所有权的文件才受配额限制。

步骤 4.5.2　针对不同用户划分使用空间

如果配置对系统中所有用户生效的话，显然很不方便用户对系统的操作，而在磁盘配额功能中还提供了一个针对不同用户划分使用空间的功能。其实现方法也非常简单。

首先单击配额配置窗口中的"配额项"，这时会弹出"分区配额项目"的窗口，单击窗口左上方的"配额"选项，再选择其中的"新建配额项"，如图 4-36 所示。

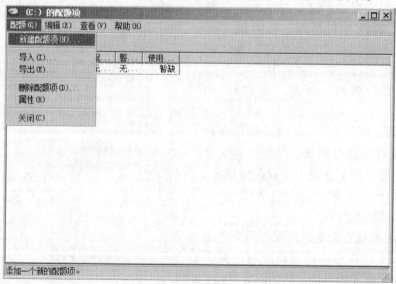

图　4-36

这时会弹出一个选择用户的窗口，在其中填入或者选择系统中的一个用户名（如 aa），确定之后就会出现一个针对该用户使用磁盘空间限制的选项，如图4-37所示。

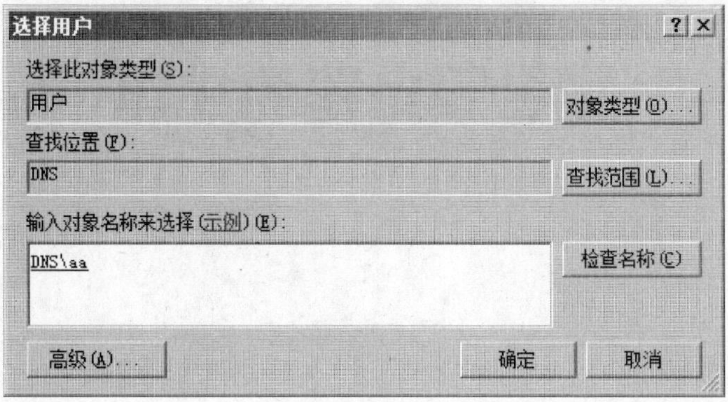

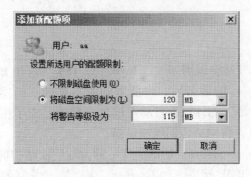

图 4-37

可以根据该用户在系统中的权限和使用情况，合理地为该用户指定使用空间，这样配置既不影响系统常规的操作，同时也加强了系统的安全性，如图4-38所示。

图 4-38

总结

本项目围绕着磁盘系统管理有关的各个方面展开叙述，分别介绍了磁盘类型、基本磁盘的管理以及动态磁盘的管理。在动态磁盘的内容中重点掌握各种动态卷的管理。磁盘配额的管理也是网络管理员必须具备的基本技能。

项目 ⑤

域名服务器的搭建

项目目标

- 理解域名空间结构
- 理解 DNS 查询过程
- 掌握区域管理
- 掌理解转发器
- 理解子域与委派
- 理解域名解析顺序

任务的提出

计算机在网络中通信时只能识别如"202.10.139.188"的 IP 地址，为什么在浏览器的地址栏中输入 www.sohu.com 的域名后，就能看到所需要的页面呢？这是因为当输入域名后，有一台叫"DNS 服务器"的计算机自动把域名"翻译"成了相应的 IP 地址，然后调出那个 IP 地址所对应的网页，将网页传回给浏览器。

域名系统（Domain Name System，DNS）是一种为域层次结构的计算机和网络服务命名的系统。DNS 广泛用于 TCP/IP 网络，如 Internet，用以通过友好的名称（域名）代替难记的 IP 地址来定位计算机。

任务 5.1　了解 DNS 系统

步骤 5.1.1　DNS 的作用

现在几乎整个因特网（Internet）都是基于 TCP/IP 的。在这个世界里，不管你访问哪个网站、哪台机器，必须得知道它的 IP 地址才可以。目前使用的 IPv4 地址长度为 32 位时，地址空间为 232，即可能有 232 个 IP 地址，没有人能记住这么多的 IP 地址，哪怕是其中一小部分也不能，更何况未来 IPv6 的 2128 个地址空间更是不可能了。怎么办呢？

因特网的前身 APPRANET（Advanced Research Project Agency Network）只拥有几百台计算机，系统中通过一个 hosts 文件提供主机名到 IP 地址的映射关系，也就是说，可以用主机名进行网络信息的共享，而不需要记住 IP 地址。现在的小型局域网仍然是采用 hosts 文件来提供 IP 地址的解析。

但随着网络的扩展，Internet 上的主机数量迅速增加，不可能再存在一个能够快速提供所有主机地址解析的中心文件，这时出现了 DNS。实际上，DNS 是一个分层的分布式数据

库，用来处理 Internet 上成千上万个主机名和 IP 地址的转换。也就是说，网络中没有存放全部 Internet 主机信息的中心数据库，这些信息分布在一个层次结构中若干台域名服务器上。当用户需要访问 Internet 中的某台主机时，只要给出它的域名，然后，系统通过这个域名，到数据库里去查找它的 IP 地址，查找返回后，系统使用返回的 IP 地址去访问该台主机。

步骤 5.1.2　DNS 的结构与作用机制

1. 主机名与 hosts 文件

主机名是分配给 TCP/IP 网络中的 IP 节点来标识 TCP/IP 主机的别名，可以与计算机名相同，也可以与计算机名不同。主机名最多可以有 255 个字符，可以包含字母和数字符号、连字符和句点；可以对同一主机分配多个主机名。

hosts 文件是纯文本文件，其中包含的是［host name，注意不是 NetBIOS 计算机名（Computer Name）］与 IP 地址的对照表。

Windows Server 2008 用户 hosts 文件地址在 "c：\windows\system32\drivers\etc"。

在工作站上安装了 TCP/IP 之后，不管是否指定了可用的 DNS 服务器，在名称解析时都会首先查询本地 hosts 文件，指定 DNS 服务器后，也是先查询本地 hosts 文件再查询 DNS 服务器。此方式也可以跨路由器访问其他子网中的计算机。

hosts 文件查询方式只是因特网中最初使用的一种查询方式，现在已很少使用，它只适用于小型网络。这是因为它必须人工输入、删除、修改所有域名与 IP 地址的对应数据，并保持网络里所有主机中 hosts 文件的一致性，对大型网络这将是一项沉重的负担。

2. DNS 结构

DNS 是一个分层的分布式名称对应系统，有点像电脑的目录树结构。在最顶端的是一个根（root），root 下分为几个基本类别名称如 com、org、edu 等，再下面是组织名称如 sony、ibm、intel、microsoft，再往下是主机名称如 www、mail、ftp 等。因为当初 Internet 是从美国发起的，所以当时并没有国域名称；但随着后来 Internet 的蓬勃发展，DNS 也加进了诸如 cn、uk、ru 等国域名称。所以一个完整的 DNS 名称是这样：

www. abc. edu. cn

而整个名称对应的就是一个 IP 地址。

全球共有 13 台根域名服务器。这 13 台根域名服务器的名字为 "A" ~ "M"，其中 10 台设置在美国，另外各有 1 台设置英国、瑞典和日本。

开始的时候根（root）下面只有六个组织类别，见表 5-1。

表　5-1

类 别 名 称	代 表 意 思
edu	教育学术单位
org	组织机构
net	网络、通信单位
com	公司、企业
gov	政府、机关
mil	军事单位

不过，自从组织类别名称开放以后，各种各样五花八门的名称也相继现出来了，但无论如何，取名的规则最好尽量适合网站性质。除了原来的类别资料数据由美国本土的网络信息中心（Network Information Center，NIC）管理之外，其他在国家代码以下的类别分别由该国的 NIC 管理。这样的结构如图 5-1 所示。

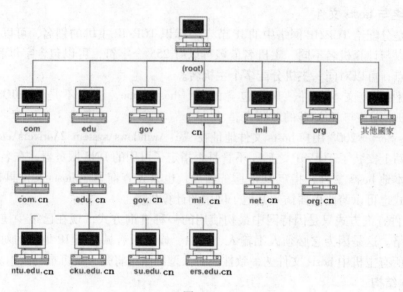

图　5-1

3. DNS 的搜索过程

在设定 IP 网路环境时，通常都要告诉每台主机关于 DNS 服务器的地址（可以手动的在每一台主机上面设置，也可以使用 DHCP⊖来设定）。

下面以访问 www.abc.com 为例，看看 DNS 是怎样搜索的。

1）客户端首先检查本地/etc/hosts 文件，看是否有对应的 IP 地址。若有，则直接访问 www.abc.com 站点。若无，则执行下一步。

2）客户端检查本地缓存信息。若有，则直接访问 WEB 站点。若无，则执行下一步。

3）本地 DNS 检查缓存信息。若有，将 IP 地址返回给客户端，客户端可直接访问 Web 站点。若无，则执行下一步。

4）本地 DNS 检查区域文件是否有对应的 IP。若有，将 IP 地址返回给客户端，客户端可直接访问 Web 站点，若无，则执行下一步。

5）本地 DNS 根据 cache.dns 文件中指定的根 DNS 服务器的 IP 地址，转向根 DNS 查询。

6）根 DNS 收到查询请求后，查看区域文件记录。若无，则将其管辖范围内 .com 服务器的 IP 地址告诉本地 DNS 服务器。

7）.com 服务器收到查询请求后，查看区域文件记录。若无，则将其管辖范围内 .xxx 服务器的 IP 地址告诉本地 DNS 服务器。

⊖　DHCP：Dynamic Host Configure Protocol，动态主机分配协议。

8）.xxx 服务器收到查询请求后，分析需要解析的域名。若无，则查询失败。若有，返回 www.abc.com 的 IP 地址给本地服务器。

9）本地 DNS 服务器将 www.abc.com 的 IP 地址返回给客户端，客户端通过这个 IP 地址与 Web 站点建立连接。

4. DNS 服务器的类型

为了便于分散管理域名，DNS 服务器以区域为单位管理域名空间。区域是由单个域或具有层次关系的多个子域组成的管理单位。一个 DNS 服务器可以管理一个或多个区域，而一个区域也由多个 DNS 服务器管理。

（1）主域名服务器（master server）

主域名服务器从管理员创建的本地磁盘文件中加载域信息，是特定域中权威性的信息源。配置 Internet 主域名服务器时需要一整套配置文件，其中包括主配置文件（named.conf），正向域的区域文件、反向域的区域文件、根服务器信息文件（named.ca）。一个域中只能有一个主域名服务器，有时为了分散域名解析任务，还可以创建一个或多个辅助域名服务器。

（2）辅助域名服务器（slave server）

辅助域名服务器用于主域名服务器的备份，具有主域名服务器的绝大部分功能。配置 Internet 辅助域名服务器时，只需要配置主配置文件，而不需要配置区域文件。因为区域文件可从主域名服务器转移过来后存储在辅助域名服务器。

（3）缓存域名服务器（caching only server）

缓存域名服务器本身不管理任何域，仅运行域名服务器软件。它从远程服务器获得每次域名服务器查询的回答，然后保存在缓存中，以后查询到相同的信息时可予以回答。配置 Internet 缓存域名服务器时只需要缓存文件。

5. DNS 的缓存

缓存包括 DNS 服务器缓存和 DNS 客户端缓存。即当查询（或访问）某一主机后，服务器（客户端）会将该记录缓存保留一段时间。当下次再次查询这台主机时，由于缓存的存在，通信流量会大大地减少。

缓存条目主要包括两种类型：一是通过查询 DNS 服务器获得；另外就是通过 %systemroot%\system32\drivers\etc\hosts 获得。

第一种类型缓存在一段时间后会过期，过期时间由第一次查询时得到的 DNS 应答中所包括的生命周期（Time To Life，TTL）决定。可以通过命令 ipconfig/displaydns 查看缓存内容和过期前的剩余时间，如图 5-2 所示。

除了缓存肯定应答，还有缓存否定应答。否定应答来自 DNS 服务器，当 DNS 服务器查询后发现没有与客户机要查询的主机相匹配的记录后，它就会发送否定应答。这种缓存不附带 TTL，默认情况下，Windows 缓存指定 5~15 分钟的 TTL。具体数字由 Windows 版本和配置决定，可以通过修改注册表的有关键值来控制这一行为。

可以通过 ipconfig/flushdns 命令清除缓存。清除 DNS 服务器缓存的方法是，在"DNS 管理器"界面，右键单击 DNS 服务器名（如"ROOT"）选择"清除缓存"，如图 5-3 所示。

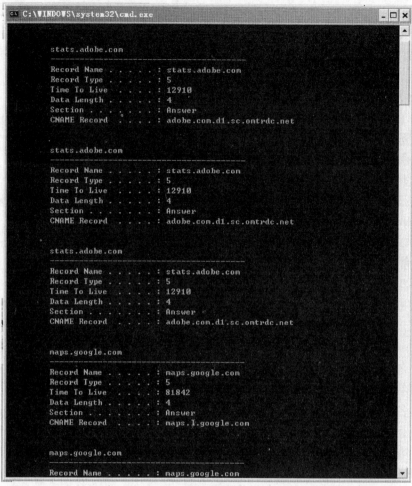

图 5-2

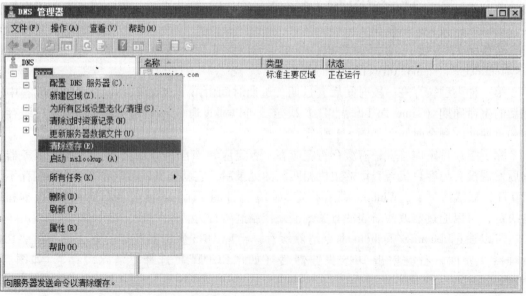

图 5-3

任务 5.2　实现 DNS 服务

步骤 5.2.1　安装 DNS 服务

首先，配置 DNS 服务器的必要条件如下：

1）有固定的 IP 地址。

2）安装并启动 DNS 服务。

3）下列条件之一：① 有区域文件；② 配置转发器；③ 配置根提示。

所以，我们首先根据前面所学内容设置 TCP/IP 属性，给服务器一个固定的 IP 地址，并且将首选 DNS 服务器的 IP 指向自己，如图 5-4 所示。

默认情况下，Windows Server 2008 系统中没有安装 DNS 服务器，所以首先安装 DNS 服务器，其步骤如下：

选择"开始"→"管理工具"→"服务器管理器"，如图 5-5 所示。

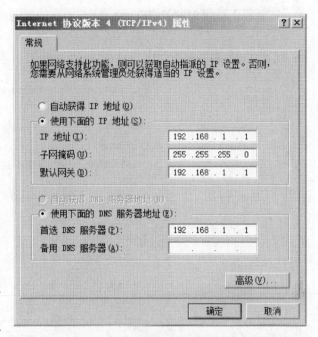

图　5-4

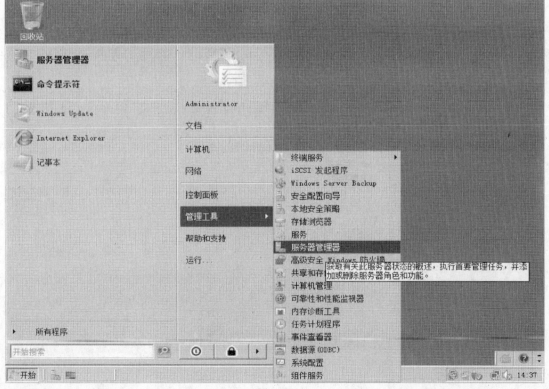

图　5-5

如图 5-6 所示，选择"角色"→"添加角色"，按"下一步"选中"DNS 服务器"选项；再选择"下一步"→"安装"，如图 5-7 所示。

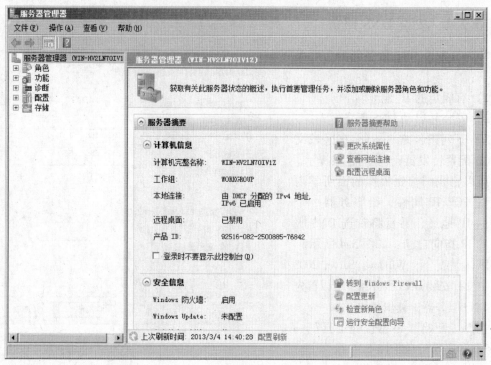

图　5-6

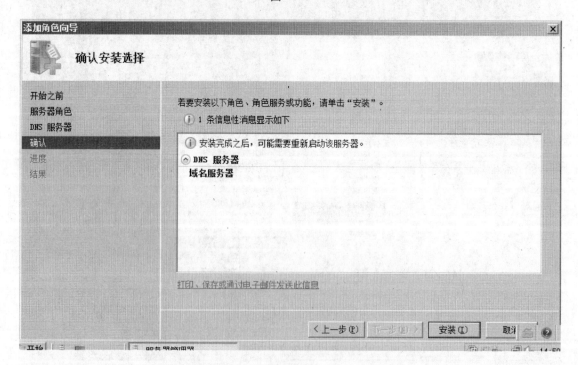

图　5-7

安装完成，如图 5-8 所示，图中警告为进行更新的意思，联网后即可更新。

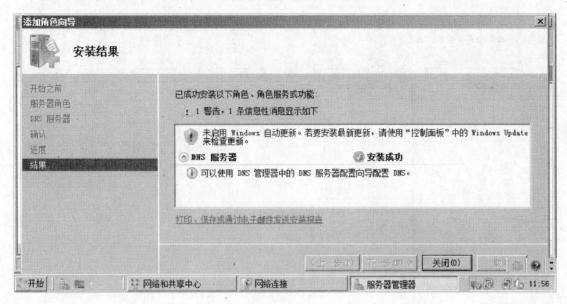

图　5-8

步骤 5.2.2　DNS 服务器配置

在安装 DNS 服务之后，可使用配置 DNS 服务器向导配置 DNS 服务。最好通过系统设置将计算机名修改为 DNS，修改名字后系统将重启。DNS 服务器配置具体步骤如下。

（1）修改计算机名字，如图 5-9 所示。

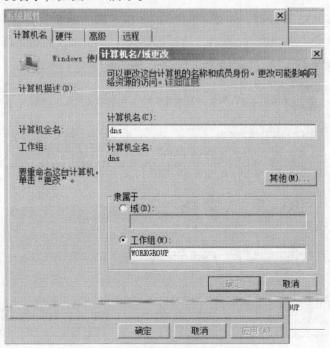

图　5-9

（2）选择"开始"→"管理工具"→"DNS"选项，如图 5-10 所示。

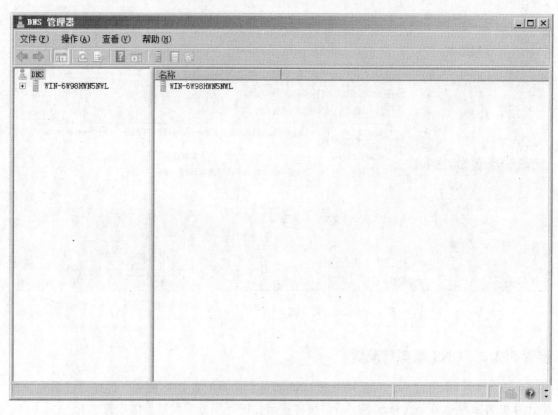

图　5-10

（3）右键单击 DNS 服务器，选择"配置 DNS 服务器"命令，弹出"配置 DNS 服务器向导"对话框，单击"下一步"，弹出"选择配置操作"界面，如图 5-11 所示。

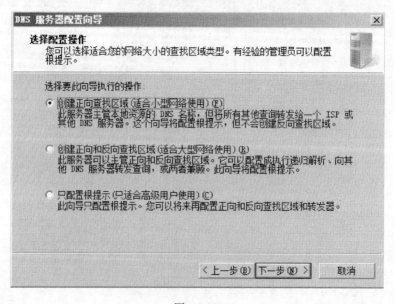

图　5-11

在默认情况下适合小型网络使用的"创建正向查找区域"处于选中状态。

1）创建正向查找区域（适合小型网络使用）：对于使用活动目录或者使用 ISP 来解析 DNS 名称查询的小型网络，选择此项。

2）创建正向和反向查找区域（适合大型网络使用）：如果要给已具有 DNS 结构的大型网络添加 DNS 服务器，选择此项。通过使用此选项，可以创建正向和反向查找区域，以解析对 DNS 名称空间和 DNS 域中资源的查询。

3）只配置根提示（只适合高级用户使用）：如果要创建纯正向 DNS 服务器，或者要给当前配置了区域和转发器的 DNS 服务器添加根提示，选择此项。

这里创建的正向查找区域是指将域名解析为 IP 地址的过程。即当用户输入某个域名时，借助于该记录可以将域名解析为 IP 地址，从而实现对服务器的访问。

- 正向查找区域用于实现区域内主机名到 IP 地址的正向解析。
- 反向查找区域用于实现区域内 IP 地址到主机名的反向解析。

（4）保持默认设置并单击"下一步"，打开"主服务器位置"对话框，如图 5-12 所示，选中"这台服务器维护该区域"单选框，并单击"下一步"。

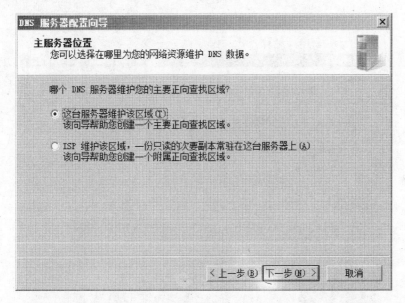

图 5-12

1）这台服务器维护该区域：如果 DNS 服务器负责维护网络中的 DNS 资源的主要区域，选择此项。

2）ISP 维护该区域，一份只读的次要副本常驻在这台服务器上：如果 DNS 服务器负责维护网络中 DNS 资源的辅助区域，选择此项。

（5）打开"区域名称"对话框，在"区域名称"编辑框中输入区域名称，如图 5-13 所示，单击"下一步"。

（6）在打开的"区域文件"对话框中已经根据区域名称默认填入了一个文件名，如图 5-14 所示。该文件是一个 ASC II 文本文件，里面保存着该区域的信息，默认情况下保存在 windows\system32\dns 文件夹中。保持默认值不变，单击"下一步"。

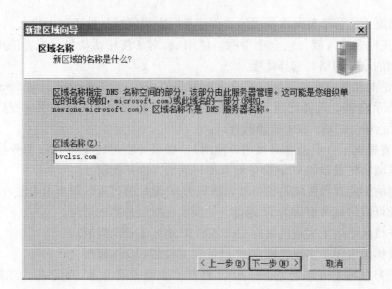

图 5-13

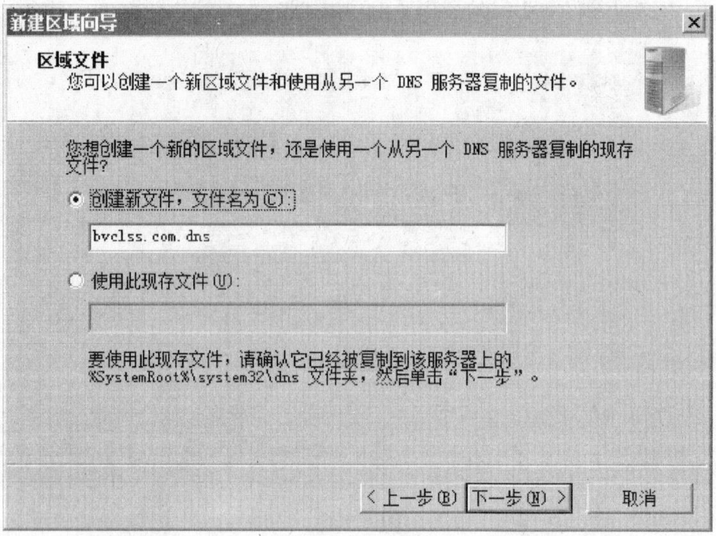

图 5-14

（7）在打开的"动态更新"对话框中指定该 DNS 区域能够接受的注册信息更新类型。允许动态更新可以让系统自动在 DNS 中注册有关信息，在实际应用中比较有用。

动态更新允许 DNS 客户端在发生变更的任何时候使用 DNS 服务器注册和动态地更新其资源记录。它减少了对区域记录进行手动管理的需要，特别对于频繁移动或改变位置并使用 DHCP 获得 IP 地址的客户端更是如此。如果该 DNS 服务器准备作为域控制器，要选择"只允许安全的动态更新"或"允许非安全和安全动态更新"，如图 5-15 所示。

此处因为还没有搭建 DHCP 等服务，所以选中"不允许动态更新"单选框，单击"下一步"，打开"转发器"对话框，保持"是，应当将查询转送到有下列 IP 地址的 DNS 服务

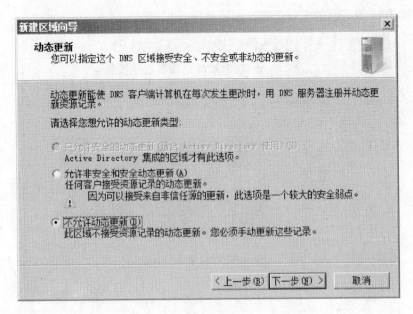

图 5-15

器上"的选中状态，如图 5-16 所示。在 IP 地址编辑框中输入 ISP（或上级 DNS 服务器）提供的 DNS 服务器 IP 地址，使用转发器可管理网络外的名称解析，并改进网络中的计算机的名称解析效率。之后，单击"下一步"。

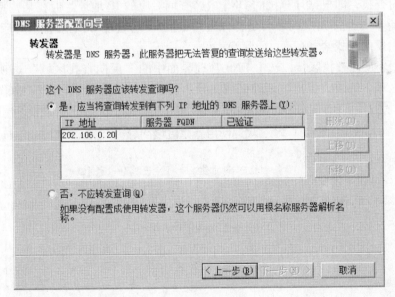

图 5-16

互联网服务提供商（Internet service Provider，ISP）是专门提供网络接入服务的商家，通常都是电信部门。配置"转发器"可以使局域网内部用户在访问 Internet 上的网站时，尽量使用 ISP 提供的 DNS 服务器进行域名解析。

（8）在最后打开的完成对话框中列出了设置报告，确认无误后单击"完成"，结束主要区域的创建和 DNS 服务器的安装配置过程，如图 5-17 所示。

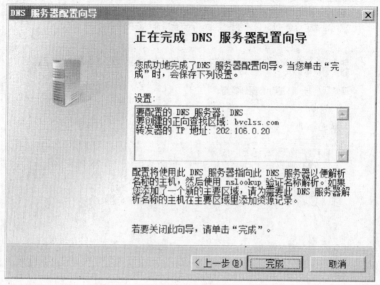

图　5-17

到此就完成了配置 DNS 服务器向导。

这样就建立了名为 bvclss. com 的正向查找区域，在大部分的 DNS 查询中，DNS 客户端一般执行正向查找，即根据计算机的 DNS 域名查询对应的 IP 地址。但在某些特殊的应用场合中（如判断 IP 地址所对应的域名是否合法），也会使用通过 IP 地址查询对应 DNS 域名的情况（也称为反向查找）。

接下来创建反向查找区域，选中 DNS 管理界面中的"反向查找区域"选项，单击右键选择"新建区域"命令，弹出"新建区域向导"对话框，单击"下一步"，如图 5-18 所示。

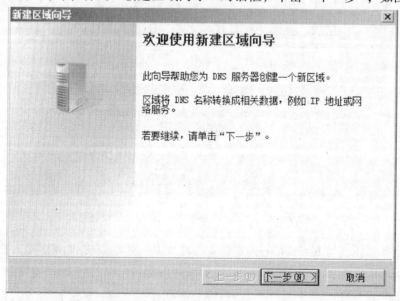

图　5-18

　　进入"区域类型"界面，选择"主要区域"，为了分散管理 DNS 区域，系统将区域划分为三种类型，分别是"主要区域"、"辅助区域"以及"存根区域"，在每一个区域类型下都有简要的文字说明。主要区域包含了该命名空间内所有的资源记录，是该区域内所有域的权威 DNS 服务器，我们可以对此区域内的记录进行增删改等操作。相对的，辅助区域也可以理解为副本区域，我们可以在另一台服务器上增设辅助区域，而区域内的所有记录均来源于主要区域。辅助区域内的记录是只读的，可以响应名称解析请求，这样可以分担一部分主要区域的压力，从而起到冗余的作用。最后一个是存根区域，这个区域只含所管理区域的NS、SOA 以及 A 记录，如图 5-19 所示，单击"下一步"。

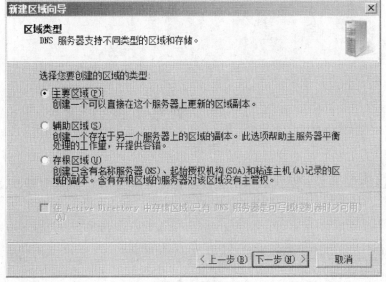

图　5-19

　　在"反向查找区域名称"界面，选择"IPv4 反向查找区域"，如图 5-20 所示，单击"下一步"。

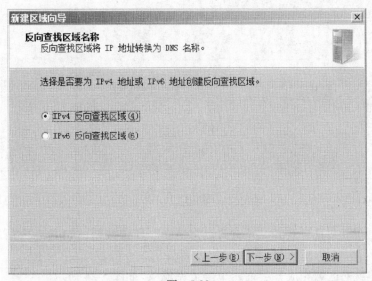

图　5-20

输入"网络 ID",如图 5-21 所示。

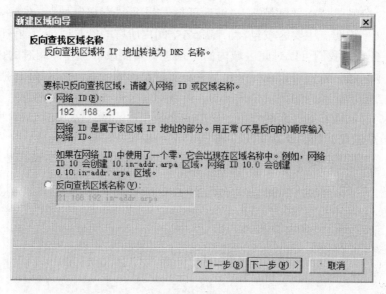

图　5-21

在"区域文件"界面,系统默认的文件名如图 5-22 所示,不需要修改,单击"下一步"。

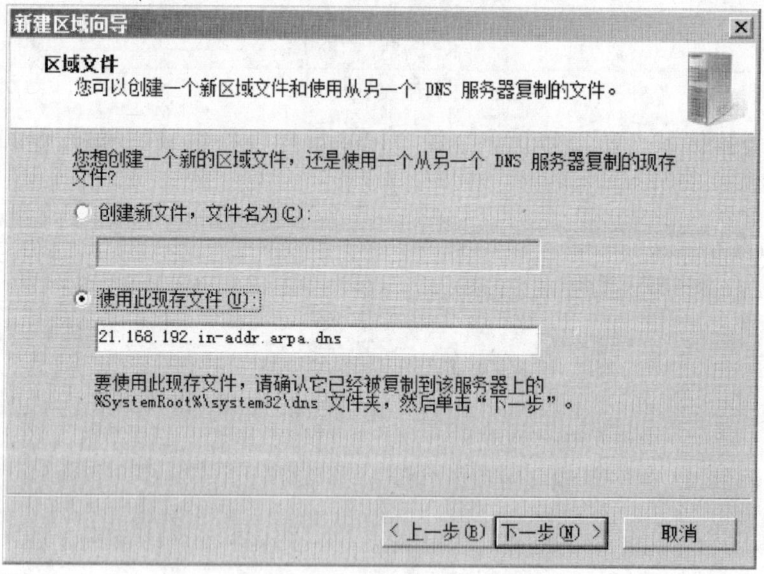

图　5-22

在"动态更新"界面,选择"不允许动态更新"单选按钮,如图 5-23 所示,单击"下一步"。

进入"创建反向区域完成"界面,单击"完成",如图 5-24 所示。

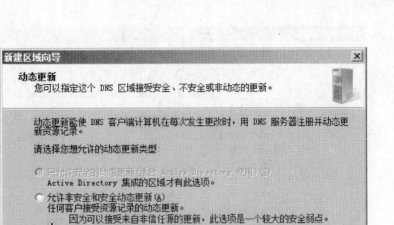

图　5-23

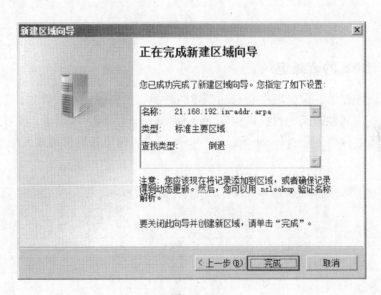

图　5-24

任务 5.3　DNS 管理

步骤 5.3.1　DNS 服务器的停止与启动

右键单击"DNS 服务器",选择"所有任务",在此执行"启动"或"停止"命令,即可完成 DNS 服务器的启动和停止任务,如图 5-25 所示。

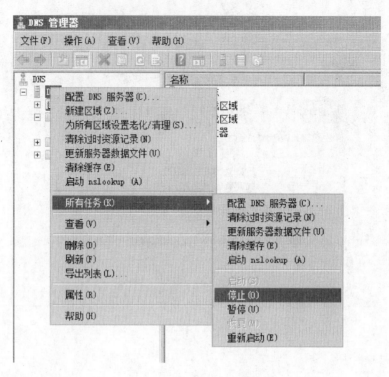

图 5-25

步骤 5.3.2　DNS 的资源记录

在新的区域创建后，该区域中会自动创建两种类型的资源记录。首先，新的区域总是会包含定义区域基本属性的起始授权机构（Start Of Authoriy，SOA）记录；其次，新的区域还至少会包含一条名称服务器（Name Server，NS）记录，用于表明管理该区域的服务器名称，如图 5-26 所示。

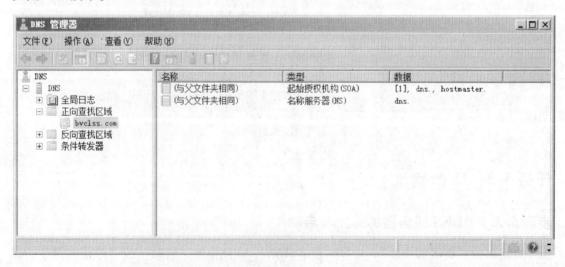

图 5-26

1. SOA 记录

在任何 DNS 记录文件（Zone file）中，都是以 SOA 记录开始。SOA 记录表明此 DNS 名称服务器是为该 DNS 域中的数据的信息的最佳来源。SOA 记录与 NS 记录的区别：简单讲，NS 记录表示域名服务器记录，用来指定该域名由哪个 DNS 服务器来进行解析；SOA 记录设置一些数据版本和更新以及过期时间的信息。

双击 SOA 记录，将打开该区域的属性对话框，如图 5-27 所示。对话框中默认显示的是"起始授权机构"选项卡。

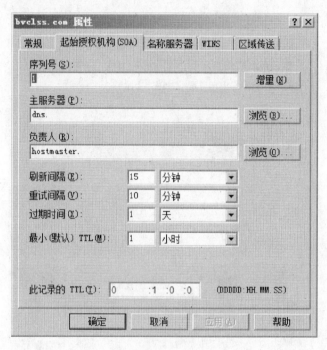

图　5-27

1）序列号：序列号代表了此区域文件的修订号。当区域中任何资源记录被修改或者单击了增量按钮时，此序列号会自动增加。在配置了区域复制时，辅助服务器会间歇地查询主服务器上 DNS 区域的序列号，如果主服务器上 DNS 区域的序列号大于自己的序列号，则辅助 DNS 服务器向主服务器发起区域复制。

2）主服务器：主服务器包含了此 DNS 区域的主服务器的 FQDN，此名字必须使用"."结尾。

3）负责人（Responsible Person，RP）：指定了管理此 DNS 区域的负责人的邮箱，你可以修改为在 DNS 区域中定义的其他负责人资源记录，此名字必须使用"."结尾。

4）刷新间隔：此参数定义了辅助 DNS 服务器查询主服务器以进行区域更新前等待的时间。当刷新时间到期时，辅助服务器从主服务器上获取主 DNS 区域的 SOA 记录，然后和本地辅助区域的 SOA 记录相比较，如果值不相同则进行区域传输。默认情况下，刷新间隔为15 分钟。

5）重试间隔：如果辅助服务器和主服务器失去了联系，那么辅助服务器每隔重试间隔时间联系一下主服务器，在此期间由辅助服务器负责当前区域的域名解析。

6）过期时间：指的是如果辅助服务器过了过期时间还没有联系上主服务器，辅助服务器就会认为主服务器永远不会再回来了，自己的数据也没有保存的意义了，因此会宣布数据过期，并拒绝为用户继续提供解析服务。

7）TTL：指的是记录在 DNS 缓存中的生存时间是 TTL 指定的时间。

2. 名称服务器

名称服务器记录为 DNS 域标识为 DNS 名称服务器，该资源记录在所有 DNS 区域中。创建新区域时，该资源记录将自动创建。同样，双击 NS 记录，则会打开该区域的属性对话框，如图 5-28 所示。

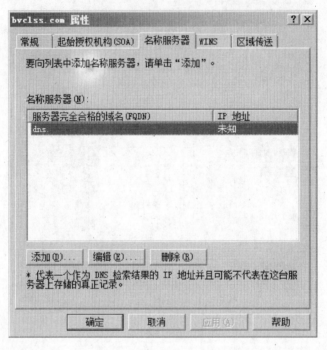

图 5-28

除了自动创建的记录外，管理员还需手动创建一些资源类型，其中包括：

1）主机（A）：用于将 DNS 域名映射到计算机使用的 IP 地址。

2）别名（CNAME）：用于将 DNS 域名的别名映射到另一个主要的或规范的名称。

3）邮件交换器（MX）：用于将 DNS 域名映射为交换或转发邮件的计算机的名称。

4）指针（PTR）：用于映射基于指向其正向 DNS 域名的计算机的 IP 地址的反向 DNS 域名。

3. A 记录

A 记录代表"主机名称"与"IP"地址的对应关系，作用是把名称转换成 IP 地址。DNS 使用 A 记录来回答"某主机名称所对应的 IP 地址是什么？"主机名必须使用 A 记录转译成 IP 地址，网络层才知道如何选择路由，并将数据包送到目的地。

4. CNAME 记录

CNAME 通常用于同时提供 WWW 和 MAIL 服务的计算机。例如，有一台计算机名为"host. bvclss. com"（A 记录）。它同时提供 WWW 和 FTP 服务，为了便于用户访问服务，可

以为该计算机设置两个 CNAME：WWW 和 FTP。这两个 CNAME 的全称就是"www. bvclss. com"和"ftp. bvclss. com"。实际上它们都指向"host. landon. com"。同样的方法可以用于当拥有多个域名需要指向同一服务器 IP 的情况。此时就可以将一个域名作为 A 记录指向服务器 IP，然后将其他的域名作为 CNAME 记录到之前做 A 记录的域名上，那么当服务器 IP 地址变更时就可以不必麻烦地一个一个域名更改指向了只需要更改作为 A 记录的那个域名，其他作为 CNAME 记录的那些域名的指向也将自动更改到新的 IP 地址上了。

5. MX 记录

MX 记录指向一个邮件服务器，用于电子邮件系统发邮件时根据收信人的地址后缀来定位邮件服务器。例如，当 Internet 上的某用户要发一封信给 ming@ bvclss. com 时，该用户的邮件系统通过 DNS 查找 bvclss. com 这个域名的 MX 记录；如果 MX 记录存在，用户计算机就将邮件发送到 MX 记录所指定的邮件服务器上。所以完全合格的域名是 bvclss. com。而邮件完全合格的域名是 mail. bvclss. com。MX 记录可以设置优先级，如果有多个 MX 记录，则在解析时将首先解析优先级高的 MX 记录。

6. PTR 记录

PTR（指针）记录是指针资源记录式在反向查询区域中用到的，主要支持反向查找，将 IP 地址解析成为主机名或完全合格域名。反向查找在以 in-addr. arpa 为根的域中执行。

指针资源记录可以自动添加，也可以手动添加。

7. SRV 资源记录

服务位置（SRV）资源记录用于指定域中特定服务的位置，它记录了哪台计算机提供了何种服务器的简单位置信息，这部分内容将在后面讲解。

步骤5.3.3 DNS 测试

配置好 DNS 服务器，在确认域名解释正常之前，最好是测试一下所有的配置是否正常。管理员最常用的方法是使用 ping 命令和 nslookup 命令。ping 命令只是一个检查网络联通情况的命令，虽然在输入的参数是域名的情况下会通过 DNS 进行查询，但是它只能查询 A 类型和 CNAME 类型的记录，而且只会告诉你域名是否存在，其他的信息无法查询。所以如果需要对 DNS 的故障进行排错就必须熟练使用另一个更强大的工具 nslookup 命令。这个命令可以指定查询的类型，可以查到 DNS 记录的生存时间还可以指定使用那个 DNS 服务器进行解释。

1. ping 命令

ping 命令是用来测试 DNS 能否正常工作的最为简单的工具。如果想测试 DNS 服务器是否能解析 dns. bvclss. com，在命令行直接输入"ping dns. bvclss. com"，如图 5-29 所示。

根据输出结果，可知是否解析成功。

2. nslookup 命令

用了域名服务器后，经常要查询域名的解析情况，nslookup 命令是常用工具之一，无论是 Linux 或者是 Windows 下都有这个工具，用好它对平常的域名解析情况，或者对域名服务器的维护都有帮助。

（1）用途

查询因特网域名服务器。

图 5-29

（2）语法

nslookup [− Option . . .] [Host] [− NameServer]

（3）描述

nslookup 命令以两种方式查询域名服务器。交互式模式允许查询名称服务器获得有关不同主机和域的信息，或打印域中主机列表。在非交互式模式，打印指定的主机或域的名称和请求的信息。

当没有给出参数时进入交互式模式，或者当第一个参数是"−"（减号）并且第二个是主机名或名称服务器的因特网地址时，nslookup 命令进入交互式模式。当没有给出参数时，命令查询默认名称服务器。"−"后调用可选的子命令（−Option... 变量）。除了 set 子命令，这些命令在命令行指定并且必须在 nslookup 命令参数之前。set 子命令选项能在用户主目录下的 .nslookuprc 文件有选择的指定。

当第一个参数是正在搜索的主机的名称或地址时，nslookup 命令在非交互式模式下执行。在此情况下，主机名或名称服务器的因特网地址是可选的。

非交互式命令使用默认名称服务器或由 NameServer 参数指定的名称服务器为指定的主机搜索信息。如果 Host 参数指定因特网地址并且查询类型是 A 或 PTR，则返回主机名称。如果 Host 参数指定名称并且名称没有结尾句点，则默认的域名追加到名称后。不在当前域中查找主机，在名称后追加单一的句点。

在下面实例操作中举例说明该命令的使用。

任务 5.4   操作实例

步骤 5.4.1   配置 DNS 服务器，创建正、反向查找区域及相关资源记录

【例 5.1】 现要为某公司（域名为 bvclss.com）配置一台 DNS 服务器。该服务器的 IP 地址为 192.168.21.23，DNS 服务器的域名为 dns.bvclss.com。同时，这台服务器也做 BBS

服务器,域名为 bbs.bvclss.com。要求为以下域名提供正反向解析服务:

192.168.21.23 —————————dns.bvclss.cn

192.168.21.24 ————————www.bvclss.cn

192.168.21.25 ————————mail.bvclss.cn

192.168.21.23 ————————bbs.bvclss.cn

1. 新建主机的步骤

(1) 在控制台树中,选择"正向查找区域"的 bvclss.cn,单击右键,选择"新建主机"命令,如图 5-30 所示。

图 5-30

(2) 分别建立"dns"、"www"和"mail"主机记录,如图 5-31 所示。

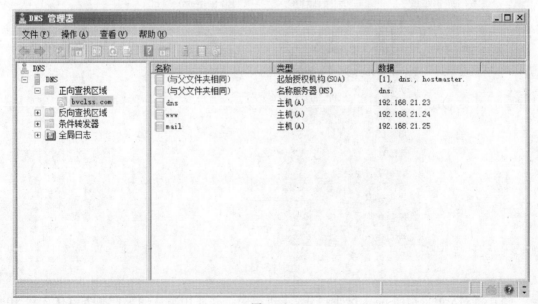

图 5-31

（3）之后建立 CNAME 记录，如图 5-32 所示。

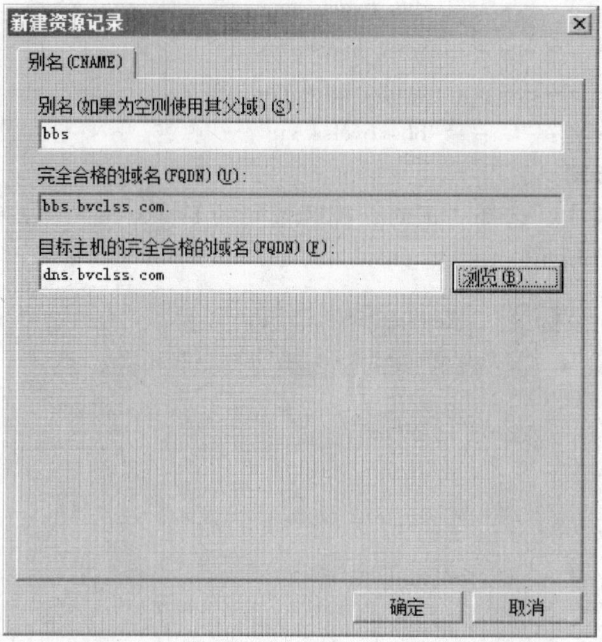

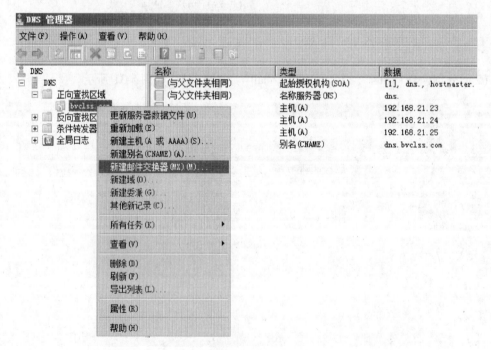

图 5-32

（4）新建 MX 记录，如图 5-33 所示。

图 5-33

（5）将 MX 记录指向 mail. bvclss. com 主机记录，并使用默认的邮件服务器优先级 10，如图 5-34 所示。

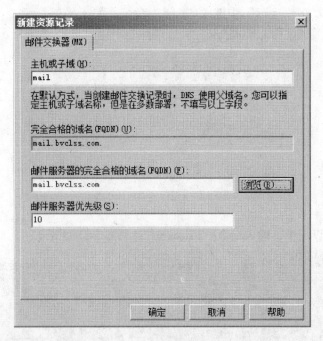

图　5-34

资源记录建立完成，如图 5-35 所示。

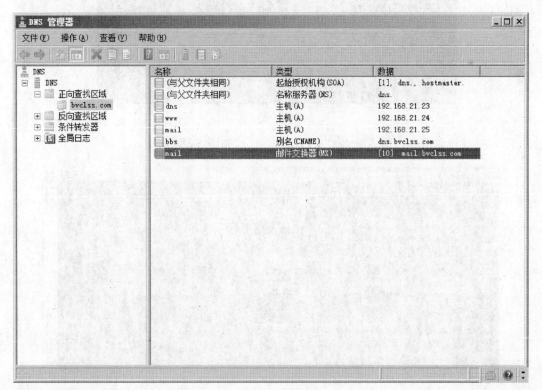

图　5-35

2. 测试 DNS 服务器，使用 nslookup 命令。

（1）查找主机，在"运行"中键入"cmd"命令，如图 5-36 所示。

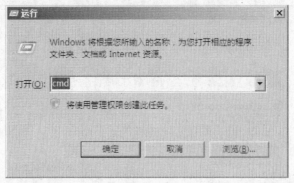

图　5-36

（2）在打开的界面中，输入命令"nslookup"，如图 5-37 所示。

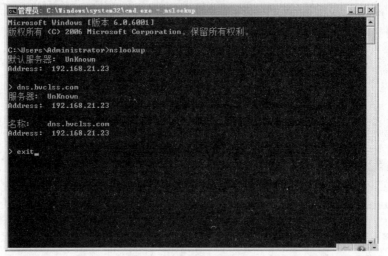

图　5-37

（3）查找域名信息，输入命令"set type = ns"，如图 5-38 所示。

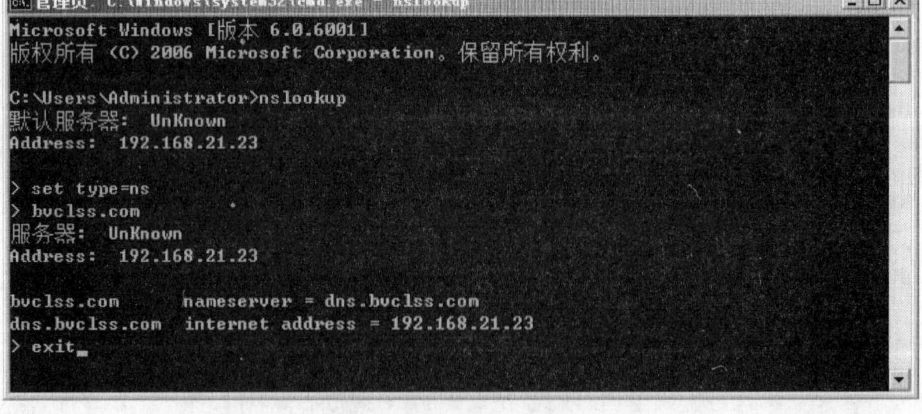

图　5-38

（4）查找 MX 记录。查找域名信息，输入命令"set type = mx"，如图 5-39 所示。

图　5-39

（5）查找 CNAME 信息，输入命令"set type = cname"，如图 5-40 所示。

图　5-40

步骤 5.4.2　添加 DNS 子域

【例 5.2】某公司（域名为 bvclss.com）配置一台 DNS 服务器，公司的网络管理中销售部拥有自己的服务器，但是为了方便管理，还可以为不同地区（如公司在北京和上海有两个分公司）的销售分部设置单独的子域，在这个域下可添加主机记录以及其他资源记录。

DNS 区域（Zone）是 DNS 服务最基本的管理控制单元，同一台 DNS 服务器上可以创建多个区域。如果网络规模比较大，户数量比较多时，可以在 Zone 内划分多个子区域，

在"DNS 管理器"窗口，选择将要建立子域的 bvclss. com 区域，右键单击，选择"新建域"，如图 5-41 所示。

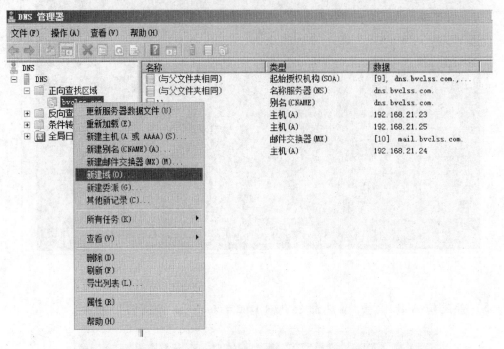

图 5-41

在"新建 DNS 域"对话框中，输入新建子域的名称，单击"确定"，如图 5-42 所示。

子域建立起来后，在 bvclss. com 下出现子域 beijing，可以在子域中添加之前讲到的各种资源记录。如建立主机记录 www，则完全合理的域名为 www. beijing. bvclss. com，如图 5-43 所示。

图 5-42

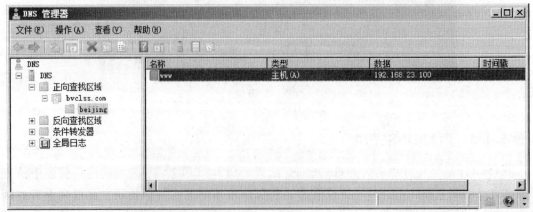

图 5-43

步骤 5.4.3 创建辅助区域

【例5.3】 某公司（域名为 bvclss.com）配置 DNS 服务器，为了避免由于 DNS 服务器软硬件故障导致 DNS 解析失败，安装两台 DNS 服务器，一台作为主服务器，一台作为辅助服务器。当主 DNS 服务器正常运行时，辅助服务器只起备份作用，当主 DNS 服务器发生故障后，辅助 DNS 服务器便立即启动承担 DNS 解析服务，自动从主 DNS 服务器上获取相应的数据，因此，无需在辅助 DNS 服务器中添加各种主机记录。

（1）若欲设置 DNS 辅助区域，应当先在主 DNS 服务器中作如下设置：

打开 DNS 控制台窗口，展开左侧的控制台树，右击欲设置的 DNS 区域名称，在快捷菜单中选择"属性命令"，显示属性对话框。切换至"区域传送"对话框，如图 5-44 所示。选中"允许区域传送"复选框，选择"只允许到下列服务器"单选项，并在"IP 地址"文本框中键入 DNS 辅助服务器的计算机的 IP 地址，单击"添加"。最后，单击"确定"，保存所做的设置即可。

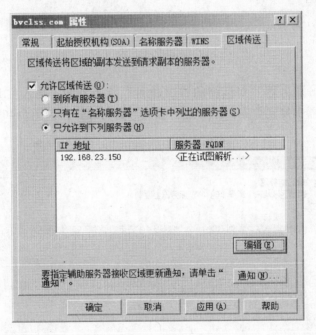

图 5-44

（2）然后，在辅助 DNS 上进行设置

1）安装 DNS 服务。

2）打开"DNS"控制台窗口，右键单击"正向搜索区域"列表项，然后从弹出的快捷菜单中选择"新建区域"选项，即可显示"新建区域向导"。

3）弹出"区域类型"对话框，选择"辅助区域"，将该计算机设置为辅 DNS 服务器，单击"下一步"，如图 5-45 所示。

4）在"区域名称"对话框的"区域名称"文本框中，输入创建辅助区域的域名，如"bvclss.com"，该名称应与"主要区域"中的域名相同。

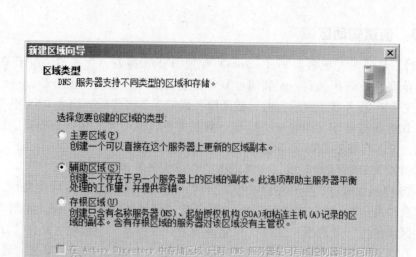

图　5-45

5）在"主 DNS 服务器"对话框的"IP 地址"文本框中，输入主 DNS 服务器的 IP 地址，以便从该服务器中复制数据，并单击"添加"进行确认，如图 5-46 所示。

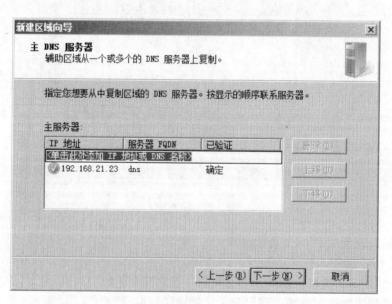

图　5-46

6）设置复制 DNS 服务器之后，辅助服务器将每隔 15 分钟从其主 DNS 服务器执行一次"区域转送"操作，以最大限度地保持辅助服务器中的数据与主要名称服务器数据的一致性。

步骤 5.4.4　委派控制

【例 5.4】　某公司（域名为 bvclss.com）配置一台 DNS 服务器。公司的网络管理中销售
部拥有自己的服务器，但是为了方便管理，还可以为不同地区（如公司在北京和上海有两个分公司）的销售分部设置单独的子域。北京分公司的子域已经在例 5.2 中完成，为了减少总公司网络管理员对名称空间的管理工作，上海分公司的 DNS 维护工作将委派给公司另一个位置或部门。

对于 DNS 来说，委派是指对 DNS 区域的责任分配。当父区域中的名称服务器（NS）资源记录列出了子区域的授权 DNS 服务器时，就产生委派。在名称空间中委派区域时，需要指出新区域的授权 DNS 服务器。

打开"DNS 管理"控制台，新建主机记录，为被委派的 DNS 服务器建立主机记录。"新建主机"页面如图 5-47 所示。

图　5-47

接着右键单击需要委派的作用域，从弹出的快捷菜单中单击"新建委派"，如图 5-48 所示。

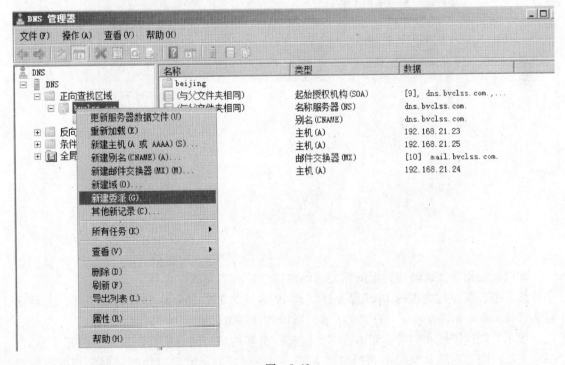

图　5-48

在"新建委派向导"中单击"下一步",如图 5-49 所示。

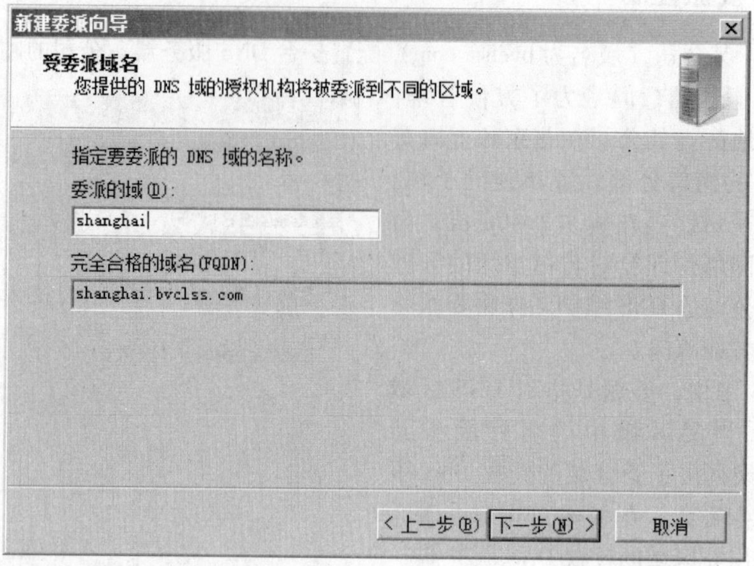

图 5-49

随后,为受委派区域指定授权的名称服务器。之后,单击"确定"即可如图 5-50 所示。

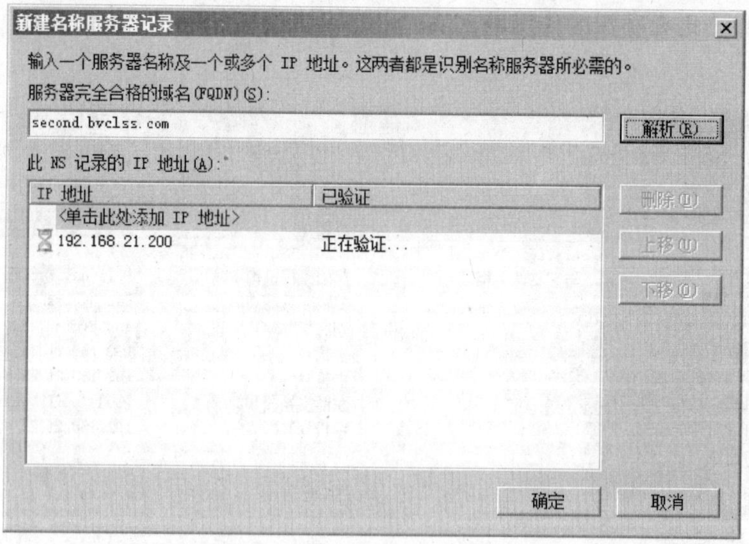

图 5-50

此时,会出现完成新建委派向导完成的窗口,单击"完成"即可。

接下来,要在被委派的 DNS 服务器(即 IP 地址为 192.168.21.200 的服务器)上新建名为"shanghai.bvclss.com"的主要区域,添加各种资源记录。

提示:创建子域和创建委派中,都会创建一个新的域。两者的区别就是,创建子域时,子域的授权服务器就是父域中的授权服务器,而在创建委派时可以给新域制定新的授权服务器。

总结

　　本项目较为详细地介绍了 DNS 服务器的基本原理、DNS 服务器的配置与管理技术。DNS 服务器是一项非常有实用价值的服务，在每个网络中心服务器上，几乎都需要配置 DNS 服务，所以，通过本项目的学习，学员应该掌握 DNS 服务的结构、域名的基本结构，以及在 Windows Server 2008 环境下 DNS 服务器的基本配置方法；具备从事网络中心服务器管理工作的能力。

项目 ⑥

DHCP 服务器搭建

项目目标

- 掌握 DHCP 的概念和作用
- 掌握 DHCP 的工作原理
- 掌握 DHCP 服务器的创建和管理
- 掌握 DHCP 常用参数的设置

任务的提出

在使用 TCP/IP 的网络上，每一台计算机都拥有唯一的计算机名和 IP 地址。IP 地址及其子网掩码是用于鉴别主机及所在子网的，当用户将计算机从一个子网移动到另一个子网的时候，一定要改变计算机的 IP 地址。如果有不同的计算机频繁加入到这个网络来，将增加网络管理员的负担。如何设置才能使新加入的计算机自动连接到某个网络中来呢？这就是 DHCP 服务器要解决的问题。

动态主机分配协议（Dynamic Host Configure Protocol，DHCP）是一个简化主机 IP 地址分配管理的 TCP/IP 的标准协议。DHCP 可以让用户将其中 IP 地址数据库中的 IP 地址动态分配给局域网中的客户机，从而减轻网络管理员的负担。

任务 6.1 了解 DHCP 服务器的工作原理

步骤 6.1.1 什么是 DHCP 服务器

DHCP 能自动地为网络中的客户机分配 IP 地址、子网掩码、默认网关、DNS 服务器的 IP 地址等 TCP/IP 信息。它的目的是减轻 TCP/IP 网络的规划、管理和维护的负担，解决 IP 地址空间缺乏问题。DHCP 基于客户/服务器模式，当 DHCP 客户端启动时，它会自动与 DHCP 服务器通信，由 DHCP 服务器为 DHCP 客户端提供自动分配 IP 地址等信息的服务。安装了 DHCP 服务软件的服务器称为 DHCP 服务器，而启用了 DHCP 功能的客户机称为 DHCP 客户端。DHCP 通过"租约"的概念，有效且动态地分配客户端的 TCP/IP 设定。

步骤 6.1.2 DHCP 服务器的工作流程

1. 发现阶段

DHCP 客户端查找 DHCP 服务器的阶段。客户机以广播方式（因为 DHCP 服务器的 IP 地址对于客户端来说是未知的）发送 DHCP Discover 信息来查找 DHCP 服务器，即向地址

255.255.255.255 发送特定的广播信息。网络上每一台安装了 TCP/IP 的主机都会接收到这种广播信息，但只有 DHCP 服务器才会做出响应。

2. 提供阶段

DHCP 服务器提供 IP 地址的阶段。在网络中接收到 DHCP Discover 信息的 DHCP 服务器都会做出响应，它从尚未出租的 IP 地址中挑选一个分配给 DHCP 客户端，向其发送一个包含出租的 IP 地址和其他设置的 DHCP Offer 信息。

3. 选择阶段

DHCP 客户端选择某台 DHCP 服务器提供的 IP 地址的阶段。如果有多台 DHCP 服务器向 DHCP 客户端发送 DHCP Offer 信息，则 DHCP 客户端只接收到的第 1 个 DHCP Offer 信息。然后它就以广播方式回答一个 DHCP Request 信息，该信息中包含向它所选定的 DHCP 服务器请求 IP 地址的内容。之所以要以广播方式回答，是为了通知所有 DHCP 服务器，它将选择某台 DHCP 服务器所提供的 IP 地址。

4. 确认阶段

DHCP 服务器确认所提供的 IP 地址的阶段。当 DHCP 服务器收到 DHCP 客户端回答的 DHCP Request 信息之后，它向 DHCP 客户端发送一个包含其所提供的 IP 地址和其他设置的 DHCP ACK 信息，告诉 DHCP 客户端可以使用该 IP 地址，然后 DHCP 客户端便将其 TCP/IP 与网卡绑定。另外，除 DHCP 客户端选中的服务器外，其他的 DHCP 服务器都将收回曾提供的 IP 地址。

DHCP 客户机向 DHCP 服务器申请 IP 地址的流程，如图 6-1 所示。

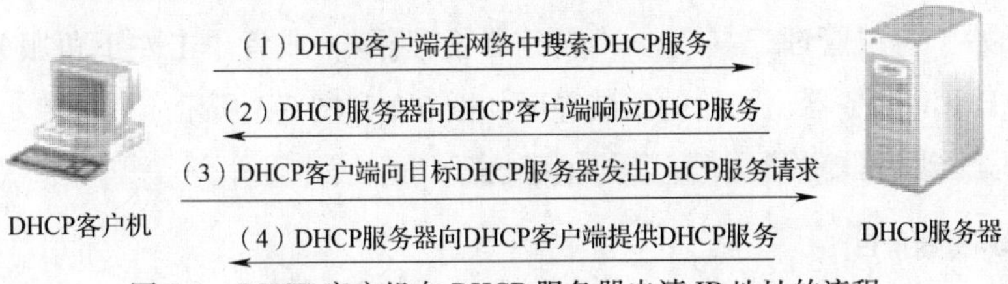

（1）DHCP客户端在网络中搜索DHCP服务
（2）DHCP服务器向DHCP客户端响应DHCP服务
（3）DHCP客户端向目标DHCP服务器发出DHCP服务请求
（4）DHCP服务器向DHCP客户端提供DHCP服务

DHCP客户机　　　　　　　　　　　　DHCP服务器

图 6-1　DHCP 客户机向 DHCP 服务器申请 IP 地址的流程

5. 重新登录

DHCP 客户端再次重新登录网络时，不需要发送 DHCP Discover 信息，而是直接发送包含前一次所分配的 IP 地址的 DHCP Request 信息。当 DHCP 服务器收到这一信息后，它会尝试让 DHCP 客户端继续使用原来的 IP 地址，并回答一个 DHCP ACK 信息。如果此 IP 地址已无法再分配给原来的 DHCP 客户端使用（如此 IP 地址已分配给其他 DHCP 客户端使用），则 DHCP 服务器给 DHCP 客户端回答一个 DHCP ACK 信息。当原来的 DHCP 客户端收到此信息后，必须重新发送 DHCP Discover 信息来请求新的 IP 地址。

6. 更新租约

DHCP 服务器向 DHCP 客户端出租的 IP 地址一般都有一个租借期限，期满后 DHCP 服务器便会收回该 IP 地址。如果 DHCP 客户端要延长 IP 租约，则必须更新其 IP 租约。DHCP 客户端启动时和 IP 租约期限过一半时，DHCP 客户端都会自动向 DHCP 服务器发送更新其 IP 租约的信息。

步骤 6.1.3　为什么要用 DHCP 服务器

DHCP 在快速发送客户网络配置方面很有用，当配置客户端系统时，若管理员选择 DH-

CP, 则不必输入 IP 地址、子网掩码、网关或 DNS 服务器, 客户端从 DHCP 服务器中检索这些信息。在网络管理员想改变大量系统的 IP 地址时 DHCP 也很有用, 与其重新配置所有系统, 不如编辑服务器中的一个用于新 IP 地址集合的 DHCP 配置文件。如果某机构的 DNS 服务器改变, 这种改变只需在 DHCP 服务器中进行, 而不必在 DHCP 客户端上进行。一旦客户端的网络重新启动 (或客户端重新引导系统), 改变就会生效。除此之外, 如果便携电脑或任何类型的可移动计算机被配置使用 DHCP, 只要每个办公室都有一个允许联网的 DHCP 服务器, 它就可以不必重新配置而在办公室间自由移动。

配置 DHCP 有以下优点:

- 减小管理员的工作量。
- 减小输入错误的可能。
- 避免 IP 冲突。
- 当网络更改 IP 地址段时, 不需要重新配置每台计算机的 IP 地址。
- 计算机移动不必要重新配置 IP 地址。
- 提高了 IP 地址的利用率。

任务 6.2　DHCP 服务器的安装与测试

步骤 6.2.1　安装 DHCP 服务器

选择 "开始" → "管理工具" → "服务器管理器", 或者单击左下角服务器管理器图标 , 选择 DHCP 服务器, 初始的安装界面如图 6-2 和图 6-3 所示。

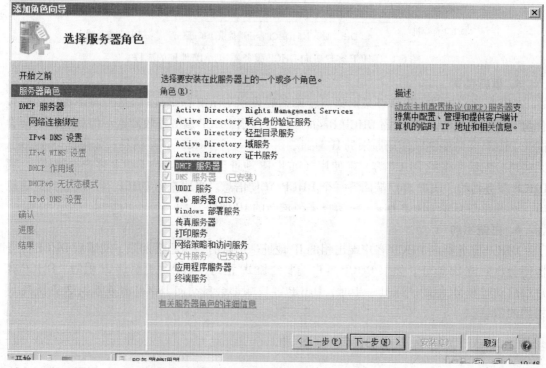

图　6-2

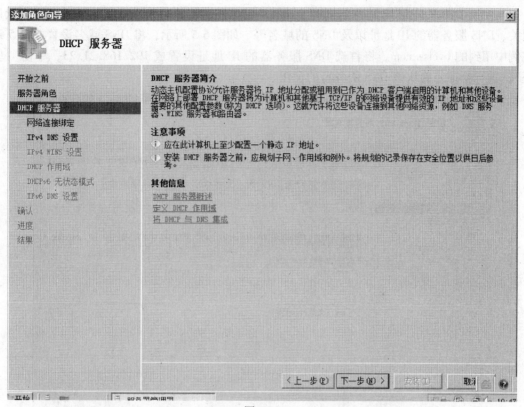

图 6-3

系统会自动检测静态 IP 地址的网络连接，如图 6-4 所示。

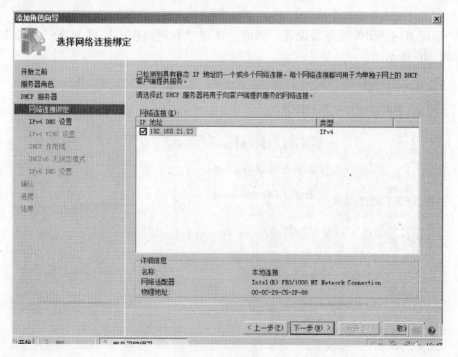

图 6-4

在使用 DHCP 分配 IP 地址的同时，DHCP 服务器还将给客户端提供其他选项，如默认网关、DNS 服务器的 IP 地址以及 DNS 的域名等。如图 6-5 所示，将 DNS 域名设置成第 5 章实例中用到的 bvclss. com，将首选 DNS 服务器的 IP 地址设置成 192.168.21.23，单击"验证"，进行验证来确认该 DNS 服务器的存在。

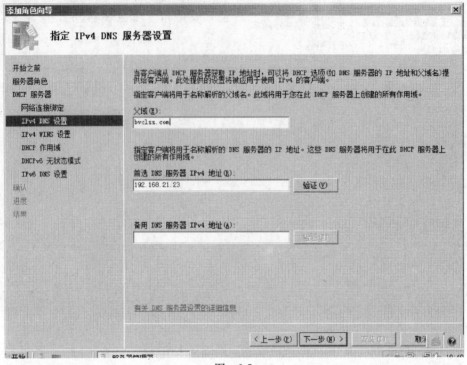

图　6-5

在"指定 IPv4 WINS 服务器设置"界面，选择"此网络中不需要 WINS"，单击"下一步"，如图 6-6 所示。

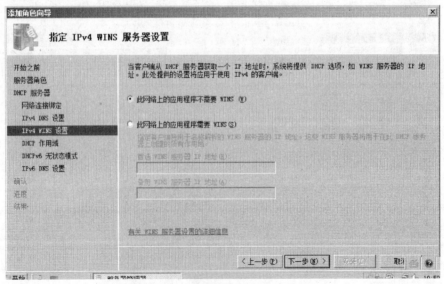

图　6-6

接下来要设置 DHCP 作用域，在出现的"添加或编辑 DHCP 作用域"界面中单击"添加"，如图6-7 所示，之后输入作用域名称、起始 IP 地址、结束 IP 地址、子网掩码、默认网关，选择租约期限，选中"激活作用域"，单击"确定"，如图6-8 所示。这里设置可租给客户端的可用的 IP 地址范围。

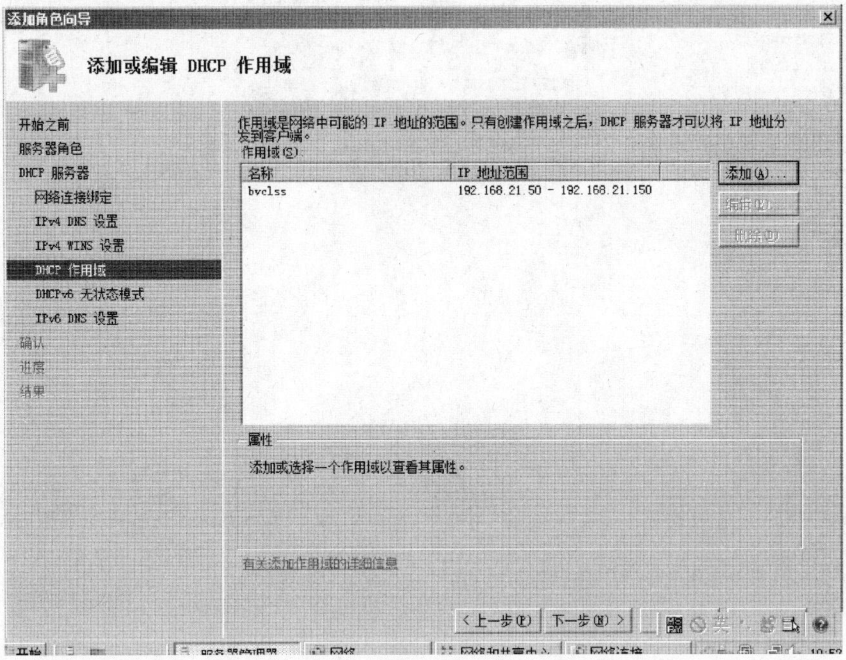

图 6-7

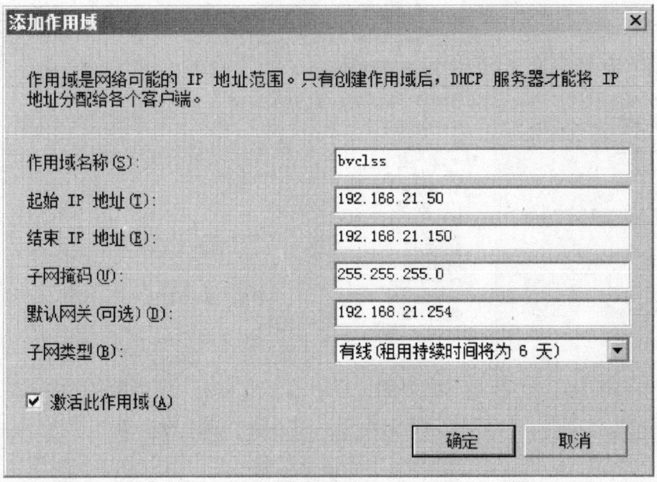

图 6-8

之后"配置 DHCPv6 无状态模式"界面，选择"对此服务器禁用 DHCPv6 无状态模式"，单击"下一步"，如图6-9 所示。

在图6-10 所示的"确认安装选择"界面，单击"安装"，系统开始安装 DHCP 服务器。

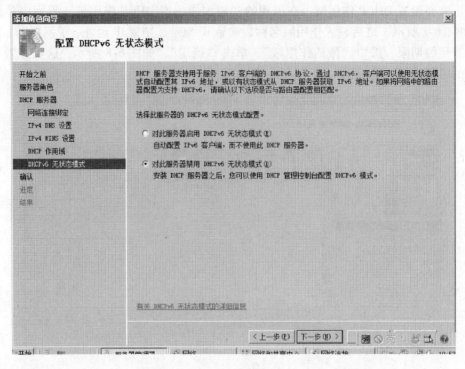

图 6-9

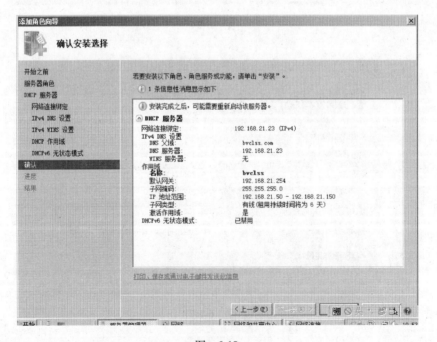

图 6-10

在图 6-11 所示的安装结果界面单击"关闭"。

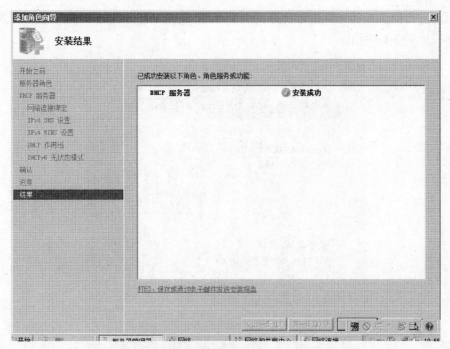

图　6-11

在角色中增加了新安装的 DHCP 服务器，如图 6-12 所示。

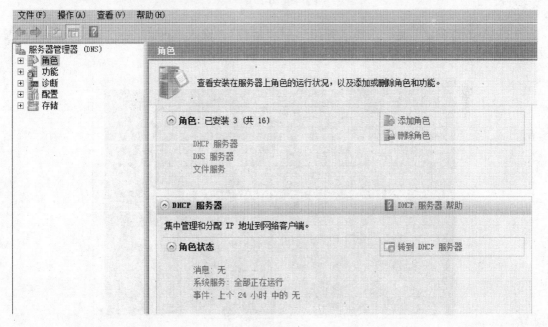

图　6-12

步骤 6.2.2　测试 DHCP 服务器

（1）在虚拟机中，打开一个 Windows Server 2008 系统（其他 NOS 也可以），对刚才配置的 DHCP 进行测试，首先将这台计算机的 TCP/IP 属性中计算机的 IP 地址获得方式设置成自动获得，如图 6-13 所示。

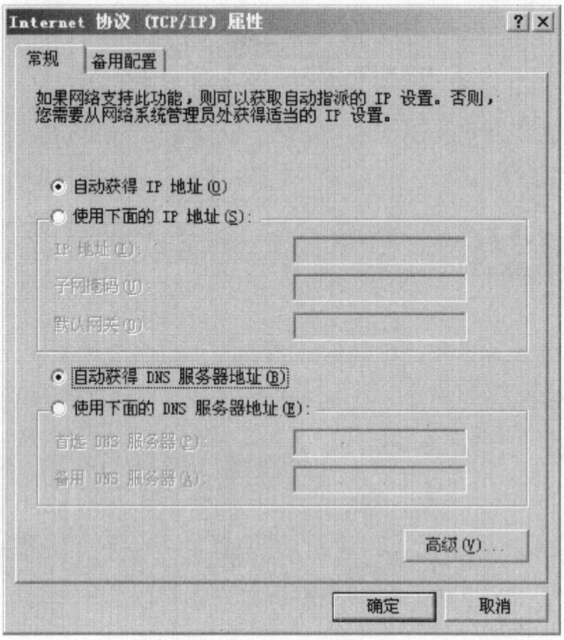

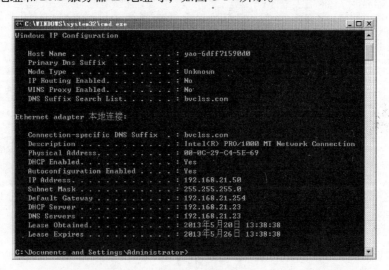

图　6-13

（2）单击"确定"后，选择"开始"→"运行"，输入"cmd"→"ipconfig/all"，查看获得的 IP 地址和 DNS 服务器 IP 地址等，如图 6-14 所示。

图　6-14

（3）当 DHCP 服务器端出现问题，客户端无法向 DHCP 服务器租到 IP 地址的话，客户端会每隔 5 分钟自动再去找 DHCP 服务器来租用 IP 地址；在未租到 IP 地址之前，客户端可以暂时使用其他 IP 地址。此 IP 地址可以通过"备用配置"选项卡来配置，如图 6-15 所示。

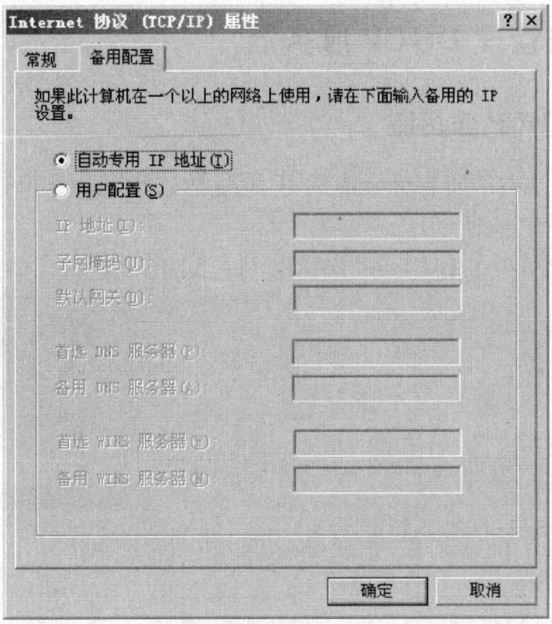

图　6-15

1）自动专用 IP 地址：此项为默认值，当客户端无法从 DHCP 服务器租用到 IP 地址时，选择此项会自动获得微软预留的 169.254.0.0/16 格式的专用 IP 地址。

2）用户配置：当用户端无法从 DHCP 服务器租用到 IP 地址时，它们会自动使用此处的 IP 地址与设置值。它特别适用于客户端需要在不同网络使用的情况。如果使用笔记本在家上网用静态 IP 地址，而在工作单位用自动获得 IP 地址，这样就可以设置当没有 DHCP 服务器分配地址时使用的地址，如图 6-16 所示。

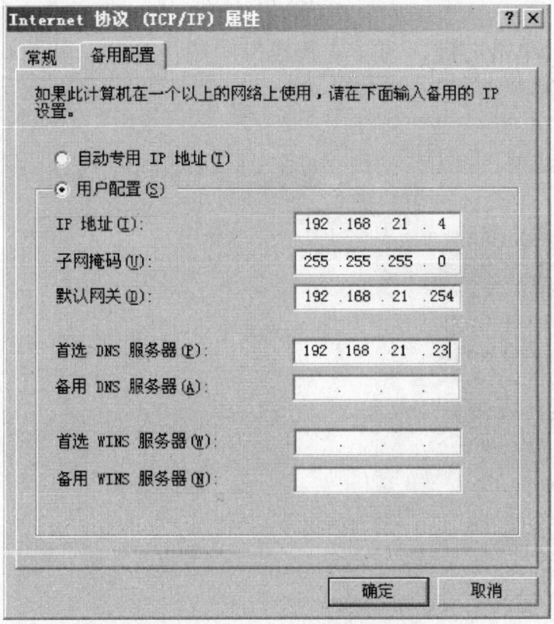

图　6-16

任务 6.3   配置与管理 DHCP 服务器

步骤 6.3.1   创建 DHCP 作用域

作用域是在一个网络中的所有可分配的 IP 地址的连续范围，所以必须创建并配置一个作用域后才能分配动态 IP 地址。

选择"开始"→"管理工具"→"DHCP"打开 DHCP 窗口，如图 6-17 所示。

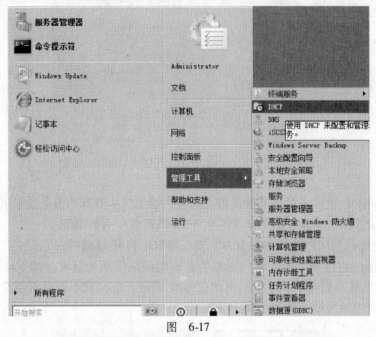

图   6-17

再选中 IPv4 选项，单击右键，选择"新建作用域"命令，如图 6-18 所示。

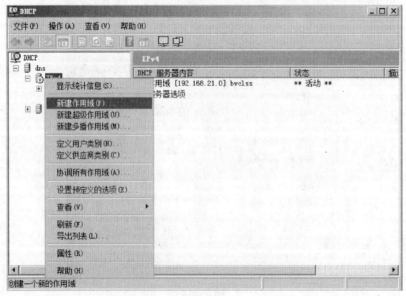

图   6-18

在"作用域名称"页面中，输入作用域可以识别的名称及对作用域的描述内容，如图 6-19 所示。

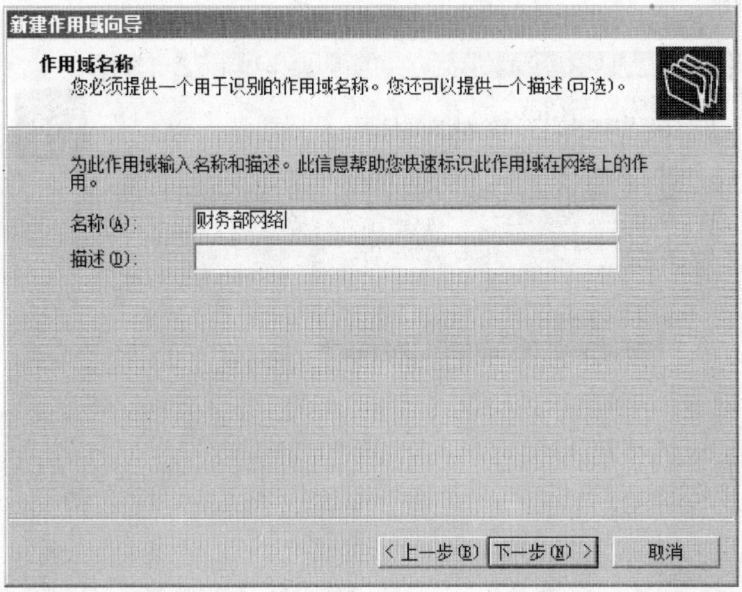

图　6-19

在"IP 地址范围"页面中，输入一组连续的 IP 地址范围来建立作用域，如图 6-20 所示。

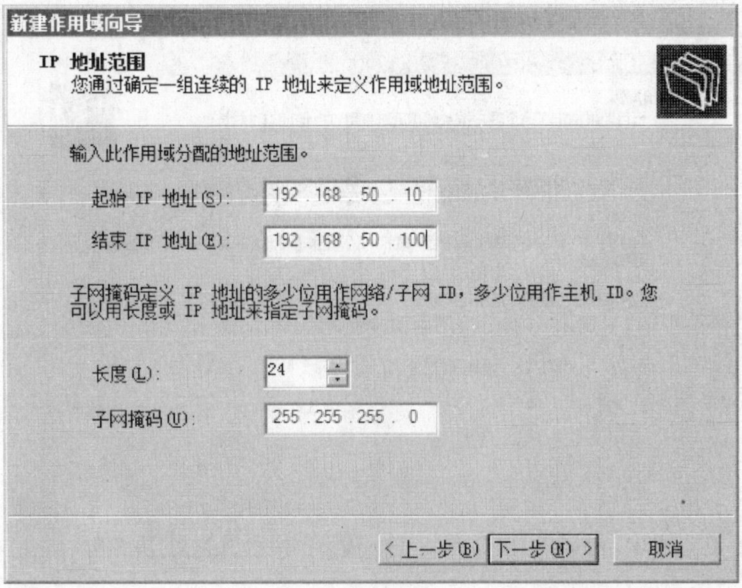

图　6-20

起始 IP 地址代表一个作用域地址范围的第一个 IP 地址，结束 IP 地址代表定义的作用域地址范围中最后一个 IP 地址，长度代表子网掩码的长度。单击"下一步"，出现"添加排除"页面，如图 6-21 所示，可以通过输入想排除的 IP 地址范围来排除作用域动态分配的 IP 地址段中不分配的 IP 地址。这些被排除的 IP 地址可以用于客户端使用静态 IP 地址配置 TCP/IP 属性来用。

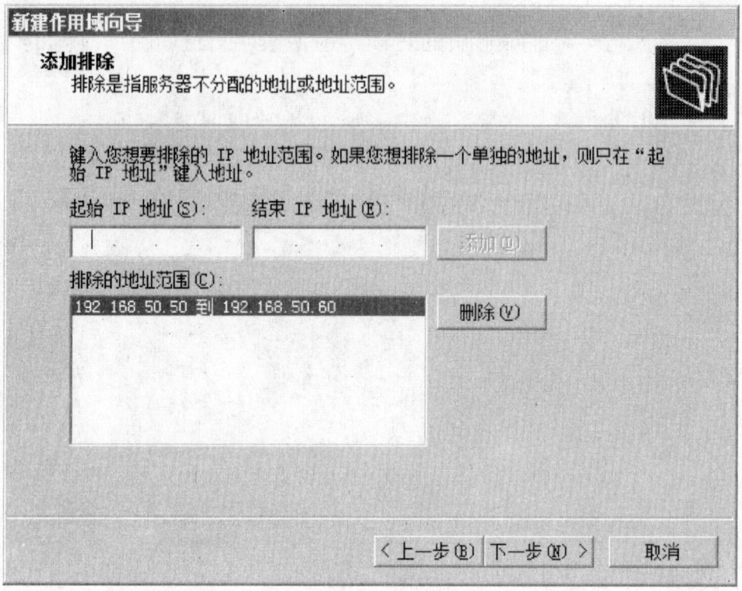

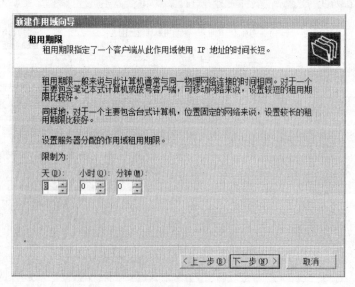

图 6-21

租用期限可以用于修改分配的 IP 地址的租用期限。默认的租用期限为 8 天，如图 6-22 所示。

图 6-22

配置 DHCP 选项，可以配置如 DNS 服务器 IP 地址，默认网关等选项，这里选择"否，稍后配置这些选项"，如图 6-23 所示。

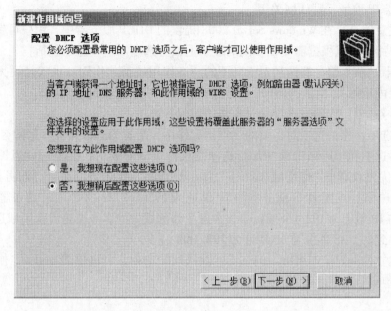

图　6-23

单击"下一步",完成新建作用域。这时看到新建的作用域带有红色的叹号,这是因为 DHCP 作用域创建完成后,默认是禁用的,要想 DHCP 新建的作用域正常工作还要执行"激活"操作,右键单击新建的作用域,选择"激活",如图 6-24 所示。

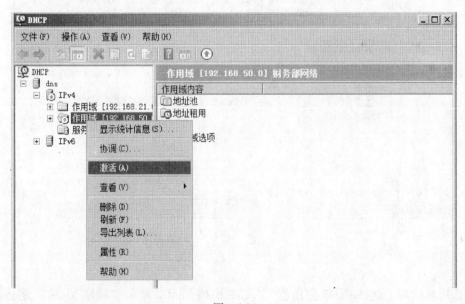

图　6-24

步骤 6.3.2　DHCP 配置选项

DHCP 服务器除了可以动态分配 IP 地址之外,还可以同时给客户端分配其他的选项,如 DNS 服务器 IP 地址、默认网关等。

这里要注意的是，在 Windows Server 2008 提供的 DHCP 服务器中，用户可针对不同的对象设置选项，用户可以根据需要在不同的级别上设置选项。这些选项包括：

1）服务器选项：服务器选项对于其下的所有作用域都起作用，也就是说无论客户端从哪一个作用域内租用 IP 地址，DHCP 服务器都会替客户端配置这些选项。

2）作用域选项：作用域选项只对本作用域配置选项。

3）保留选项：保留选项对保留的客户端起作用，配置的选项只针对保留客户。

当服务器选项和作用域选项与保留选项发生冲突的时候，我们采用就近原则，也就是"保留选项"优先级高于"作用域选项"，"作用域选项"优先级别高于"服务器选项"。例如，"作用域选项"设置 DNS 服务器的 IP 地址为 192.168.21.30，而"服务器选项"设置 DNS 服务器的 IP 地址为 192.168.21.45，在这个作用域中的客户端是以作用域选项设置的为准，也就是得到的 DNS 服务器 IP 地址为 192.168.21.30。

以我们建立的 bvclss 作用域为例来设置默认网关选项，右键单击 bvclss "作用域选项"，选择"配置选项"，如图 6-25 所示。

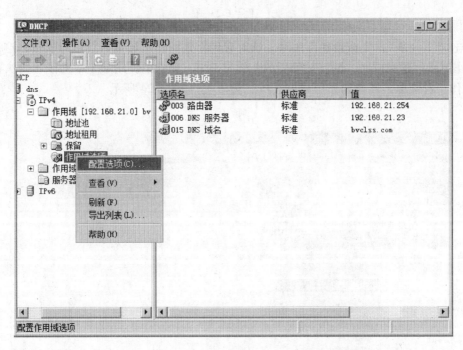

图　6-25

在作用域选项上选择"003 路由器"，如图 6-26 所示。单击"确定"，输入默认网关的地址为 192.18.21.254，如图 6-27 所示。

完成后，请到 DHCP 客户端使用命令"ipconfig/release"和"ipconfig/renew"来重新获得 IP 地址，通过"ipconfig/all"命令来发现客户端的默认网关的设置是 192.168.21.254。

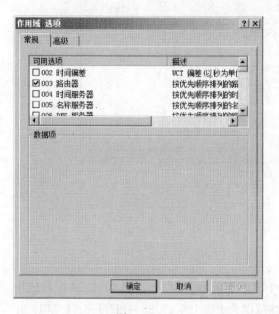

图 6-26

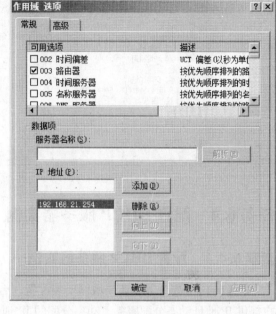

图 6-27

步骤 6.3.3　保留的设定

可以根据要求将某些地址保留给指定的客户端，虽然分配给指定客户端的还是动态的 IP 地址，但能够保证每次分配的地址不会变，这与静态地址还是不同的。在 DHCP 控制台窗口中，展开 IPv4 目录下的 bvclss 作用域，右键单击"保留"选项，并执行"新建保留"命令进行特定 IP 地址的保留，如图 6-28 所示。

1）保留名称：识别 DHCP 客户端的名称，名称只用于识别，没有限制。

2）IP 地址：要保留给客户端的 IP 地址。

3）MAC 地址：要保留的 IP 地址对应的客户端的物理地址。

4）支持类型：用来设置客户端是 DHCP 客户端，还是较旧版的 BOOTP 客户端，或者两者

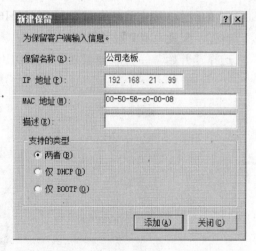

图 6-28

都支持。BOOTP 是针对早期那些没有磁盘的客户端来设计的，而 DHCP 则是 BOOTP 的改进版。

在 DHCP 保留选项中就可以看到已经保留的项目，如图 6-29 所示。

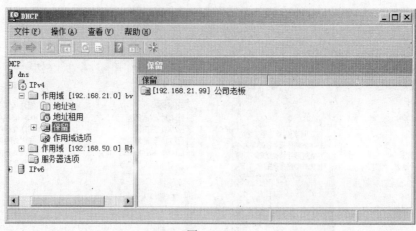

图　6-29

任务 6.4　配置 DHCP 服务器实例

步骤 6.4.1　配置 DHCP 服务器实例一

【例 6.1】　要为某企业局域网安装配置一台 DHCP 服务器，为 192.168.21.0/24 网段的用户提供 IP 地址动态分配服务。动态分配的 IP 地址范围为 192.168.21.50～192.168.21.240，并且将 192.168.21.90～192.168.21.100 的地址排除，默认网关为 192.168.21.254，域名服务器的 IP 地址为 202.116.0.25，该网段的其余地址用于静态分配。另外，物理地址为 00：0C：D9：04：FB：E2 的网卡，固定分配的 IP 地址为 192.168.21.150；物理地址为 00：0C：29：04：ED：35 的网卡，固定分配的 IP 地址为 192.168.21.200。

首先，配置 DHCP 服务器端。

选择"开始"→"管理工具"→"DHCP"打开 DHCP 窗口，如图 6-30 所示。

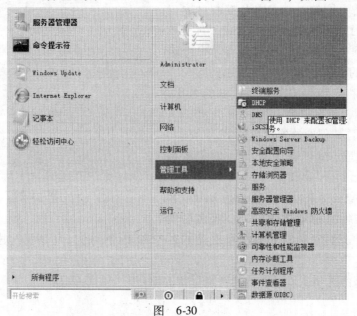

图　6-30

再选中 IPv4 选项，单击右键，选择"新建作用域"命令，如图 6-31 所示。

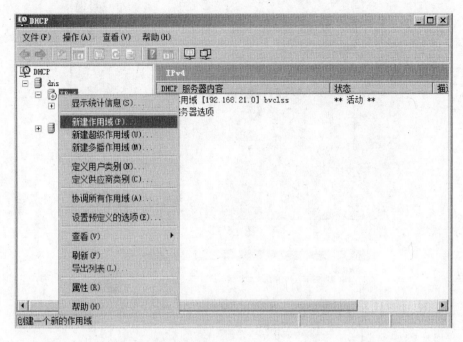

图　6-31

在"作用域名称"页面，输入作用域可以识别的名称，以及对作用域的描述内容，如图 6-32 ~ 图 6-44 所示。

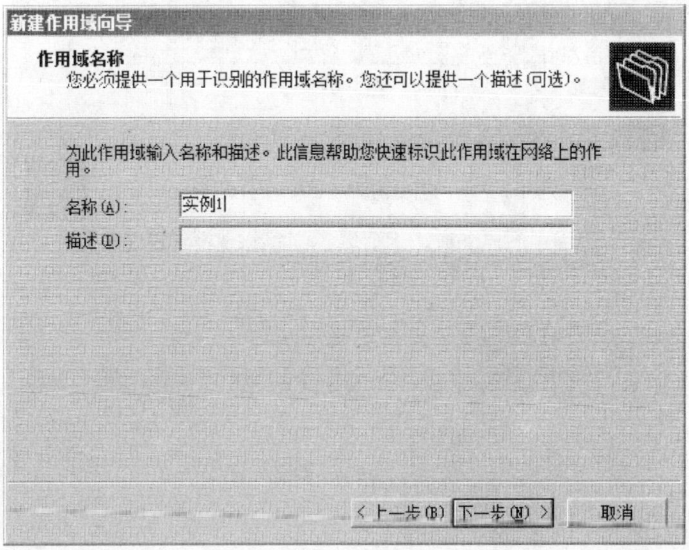

图　6-32

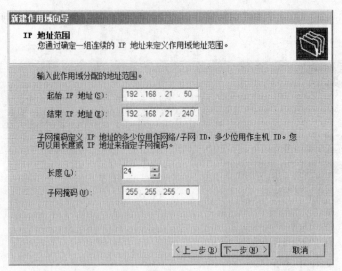

图　6-33

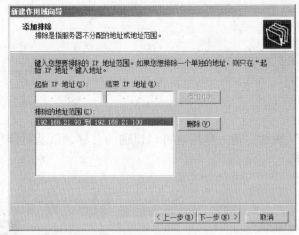

图　6-34

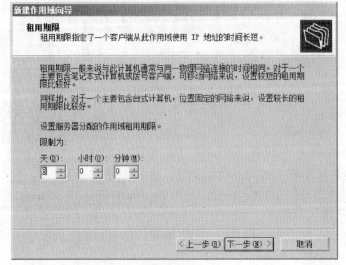

图　6-35

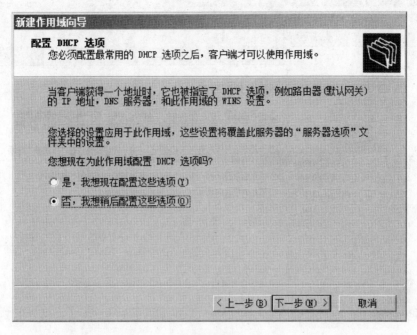

图 6-36

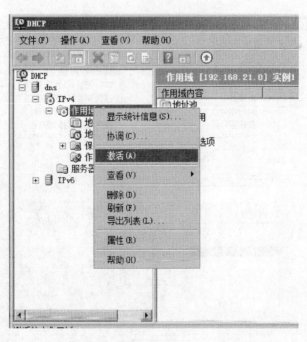

图 6-37

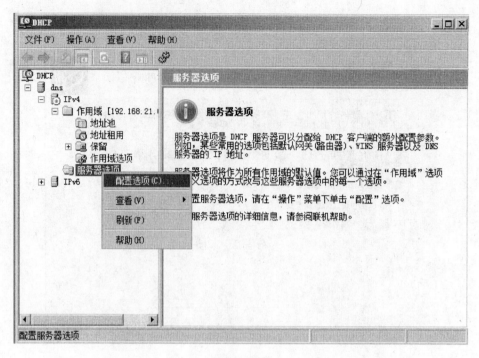

图　6-38

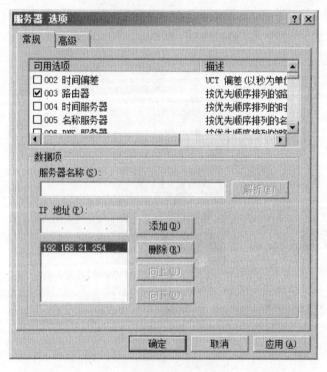

图　6-39

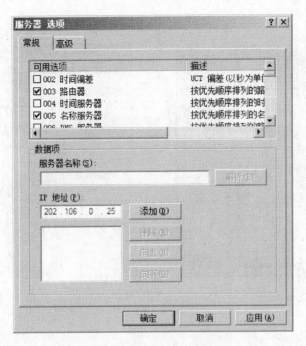

图 6-40

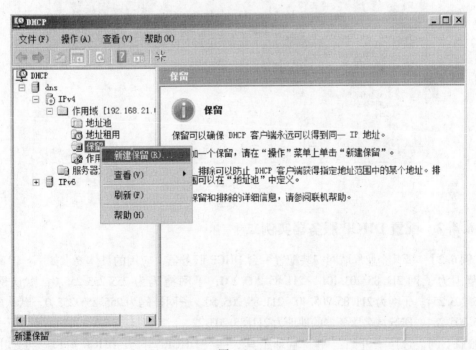

图 6-41

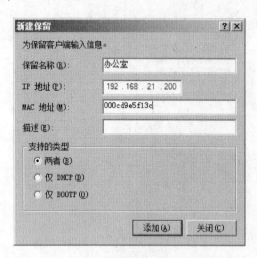

图　6-42

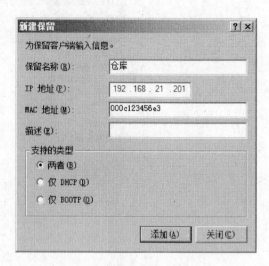

图　6-43

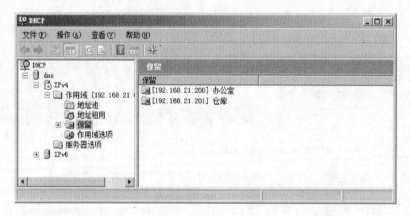

图　6-44

步骤 6.4.2　配置 DHCP 服务器实例二

【例 6.2】　要某企业局域网安装配置一台 DHCP 服务器，应用的具体要求如下：IP 地址的使用范围为子网 211.85.203.101 ~ 211.85.203.200；子网掩码为 255.255.255.0；默认网关为 211.85.203.254。子网为 211.85.205.40 ~ 211.85.205.50，子网掩码为 255.255.255.0。默认网关为 211.85.205.254。DNS 域名服务器的地址为 211.85.203.22。

　　按照上例，选择"开始"→"管理工具"→"DHCP"打开 DHCP 窗口。再选中 IPv4 选项，单击右键，选择"新建作用域"命令，如图 6-45 所示。在 IP 地址范围中输入地址段，如图 6-46 所示。

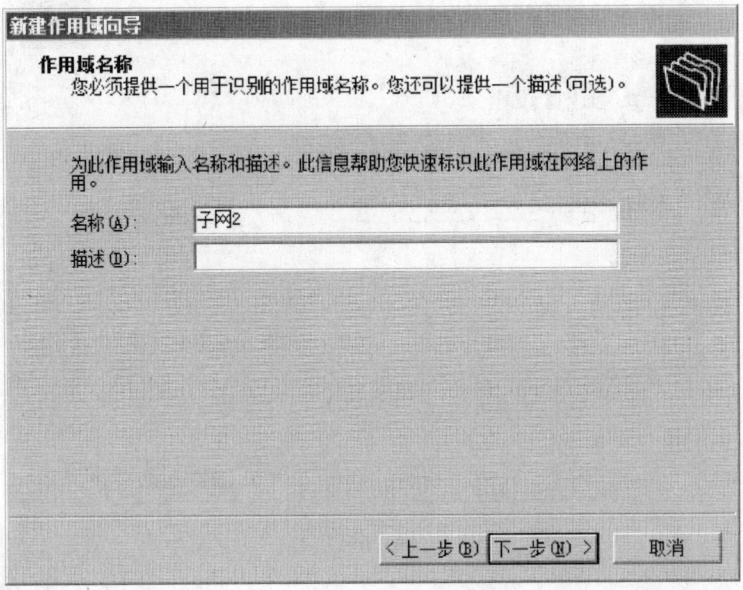
新建作用域向导
作用域名称
您必须提供一个用于识别的作用域名称。您还可以提供一个描述(可选)。
为此作用域输入名称和描述。此信息帮助您快速标识此作用域在网络上的作用。
名称(A): 子网2
描述(D):
< 上一步(B)
下一步(N) >
取消

图 6-45

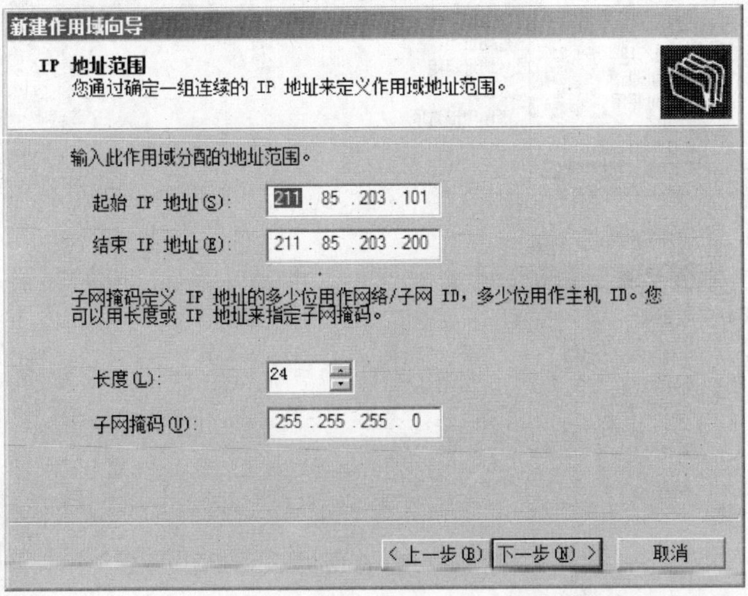
新建作用域向导
IP 地址范围
您通过确定一组连续的 IP 地址来定义作用域地址范围。
输入此作用域分配的地址范围。
起始 IP 地址(S): 211 . 85 . 203 . 101
结束 IP 地址(E): 211 . 85 . 203 . 200
子网掩码定义 IP 地址的多少位用作网络/子网 ID，多少位用作主机 ID。您可以用长度或 IP 地址来指定子网掩码。
长度(L): 24
子网掩码(U): 255 . 255 . 255 . 0
< 上一步(B)
下一步(N) >
取消

图 6-46

本例题没有需要排除的 IP，所以此处不填写任何 IP，如图 6-47 所示。

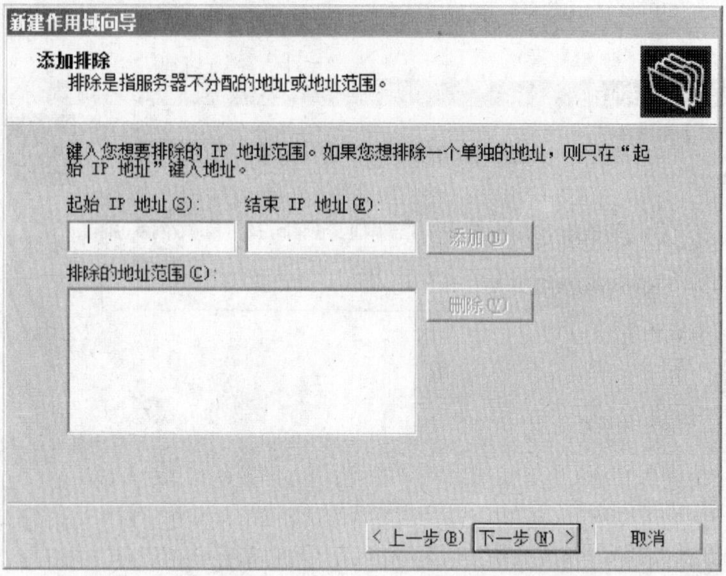

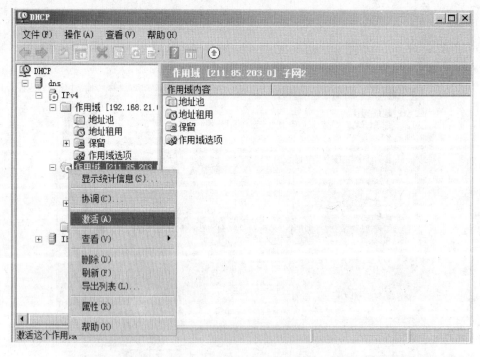

图　6-47

新建作用域后"激活"，如图 6-48 所示。

图　6-48

建立本例的第三个作用域，如图 6-49 所示。

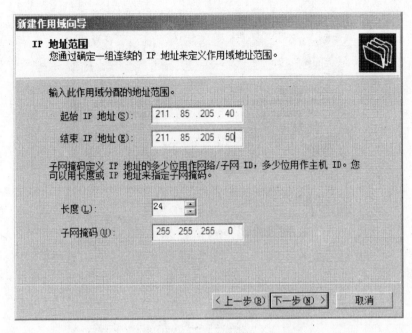

图 6-49

建立完成后的 DHCP 服务器界面，如图 6-50 所示。

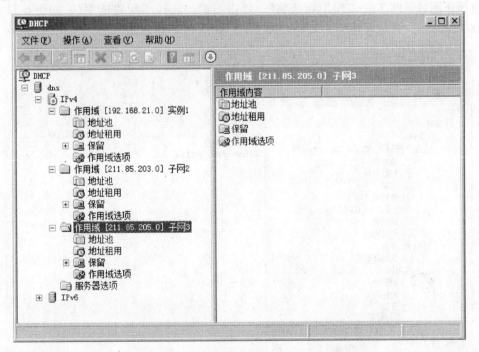

图 6-50

根据例题要求，在子网 2"作用域选项"上选择 003 路由器，并输入网关
211.85.203.254，如图 6-51 所示。

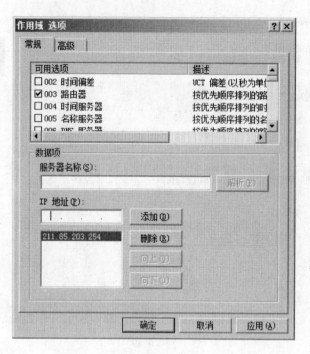

图 6-51

选择作用域子网 3 的"作用域选项",单击右键,选择"配置选项",如图 6-52 所示;选择 003 路由器,并输入网关 211.85.205.254,如图 6-53 所示。

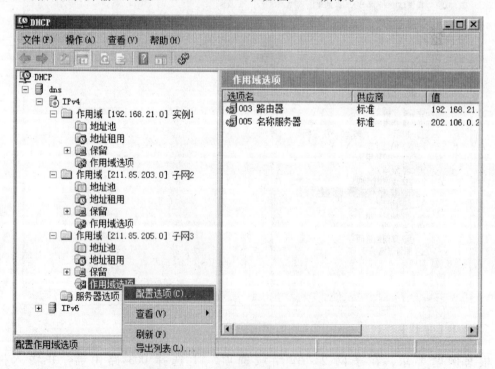

图 6-52

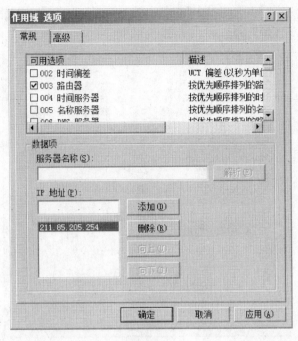

图 6-53

由于本例中 DNS 服务器的 IP 地址对于所有作用域（实例 1、子网 2、子网 3）都起作用，所以在服务器选项上选择配置选项，如图 6-54 所示。

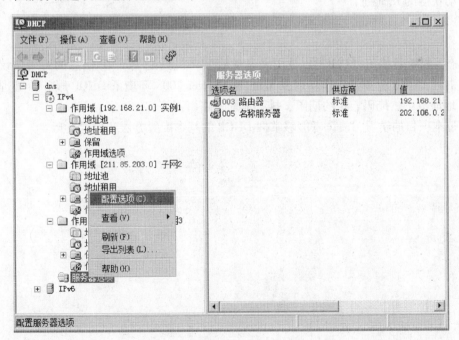

图 6-54

选择 005 名称服务器，设置成 211.85.203.22，如图 6-55 所示。

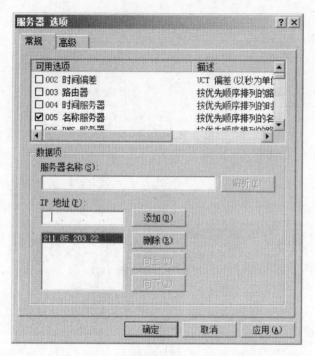

图　6-55

本例配置完成，客户端通过"ipconfig/release；ipconfig/renew；ipconfig/all"等命令来查询自动获得的 IP 地址。

总结

动态主机配置协议（DHCP）是用来自动给客户机分配 TCP/IP 信息的网络协议。本项目主要讲解 DHCP 服务器的作用以及 Windows Server 2008 环境下 DHCP 服务器管理中的细节：IP 地址范围、掩码、租约期限、排除地址、路由器等。

通过本项目的学习，使读者能够掌握 DHCP 的基本配置方法和配置技巧。

项目 ⑦

Web 服务器的配置和管理

项目目标

本项目主要讲解利用 Windows Server 2008 操作系统进行 Web 服务器的基本知识及相关配置应用。通过本项目的学习，读者应该掌握以下内容：

- Web 服务器的安装
- Web 服务器的相关配置
- Web 站点和虚拟目录的区别
- 网站环境的搭建

任务的提出

Web 服务是网络中应用最为广泛的服务，主要用来搭建 Web 网站，向网络发布各种信息。使用 Windows Server 2008 可以轻松、方便地搭建 Web 网站。

任务 7.1 了解 IIS

互联网信息服务（Internet Information Services，IIS），是由美国微软公司提供的，用于配置应用程序池或 Web 网站、FTP 站点、SMTP 或 NNTP 站点的，基于微软管理控制台（Microsoft Management Console，MMC）的管理程序。IIS 是 Windows Server 2008 操作系统自带的组件，无需第三方程序，即可用来搭建基于各种主流技术的网站，并能管理 Web 服务器中的所有站点。

IIS 是 Windows Server 2008 操作系统集成的服务，通过该服务可以搭建 Web 网站，与 Internet、Intranet 或 Extranet 上的用户共享信息。Windows Server 2008 系统的 IIS 是一个集成了 IIS、ASP. NET、Windows Communication Foundation 的统一的 Web 平台，可以运行当前流行的、具有动态交互功能的 ASP. NET 网页，支持使用任何与 . NET 兼容的语言编写的 Web 应用程序。

IIS 提供了基于任务的全新用户界面并新增了功能强大的命令行工具，借助这些工具可以方便地实现对 IIS 和 Web 站点的管理。同时，ISS 还引入了新的配置存储和故障诊断与排除功能。

任务 7.2 安装与配置 IIS

在 Windows Server 2008 系统中，IIS 角色为可选组件，默认安装的情况下，Windows Server 2008 不安装 IIS。为了能够清晰地说明问题，本项目讲解内容建立在 Web 服务器只向局域网提供服务的基础之上。

步骤 7.2.1　安装 IIS

在 Windows Server 2008 系统中，选择"开始"→"管理工具"→"服务器管理器"，打开服务器管理器窗口，单击窗口左侧的"角色"，如图 7-1 所示。

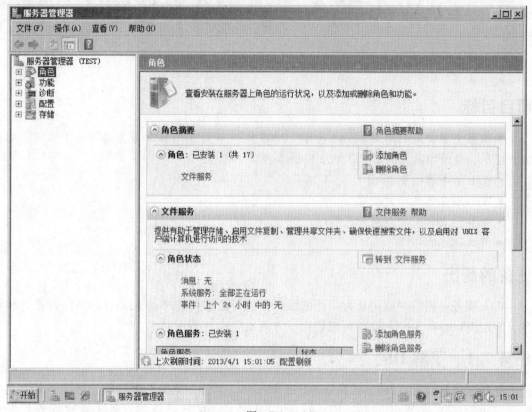

图　7-1

单击"添加角色"，显示"添加角色向导"的第一步"选择服务器角色"界面，选择"Web 服务器（IIS）"复选框，如图 7-2 所示。

单击"下一步"，显示图 7-3 所示的"Web 服务器（IIS）"界面，其中列出了 Web 服务器（IIS）的简要介绍及注意事项。

单击"下一步"，显示图 7-4 所示的"选择角色服务"界面，列出了 Web 服务器（IIS）所包含的所有组件，用户可以手动选择。此处需要注意的是，"应用程序开发"角色服务中的几项要尽量都选中，这样配置的 Web 服务器将可以支持相应技术开发的 Web 应用程序。FTP 服务器选项是配置 FTP 服务器需要安装的组件，在本书第 8 章做详细介绍。

单击"下一步"，显示图 7-5 所示的"确认安装选择"界面。列出了前面选择的角色服务和功能，以供核对。

单击"安装"，即可开始安装 Web 服务器（IIS）。安装完成后，显示"安装结果"界面，如图 7-6 所示。

单击"关闭"，Web 服务器（IIS）安装完成。

选择"开始"→"管理工具"→"Internet 信息服务（IIS）管理器"，打开 IIS 管理器窗口即可看到已安装的 Web 服务器。Web 服务器安装完成后，默认会创建一个名称为"De-fault Web Site"的站点，如图 7-7 所示。

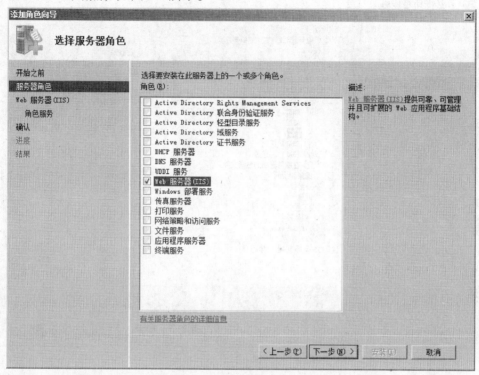

图　7-2

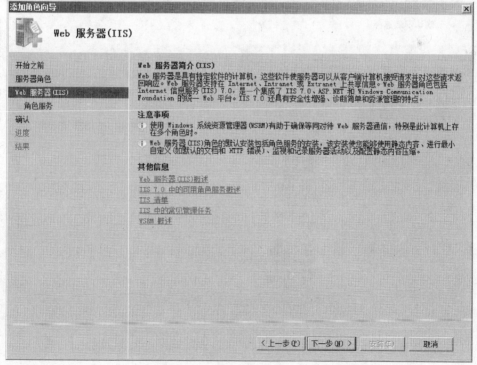

图　7-3

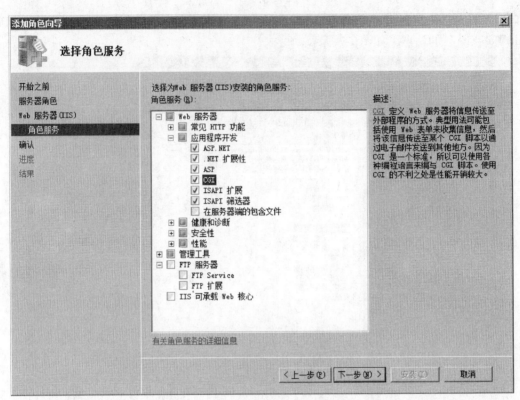

图 7-4

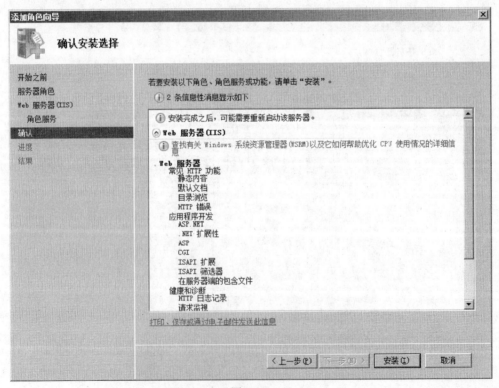

图 7-5

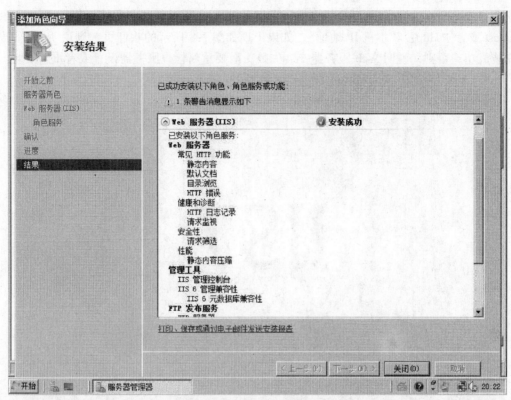

图 7-6

图 7-7

　　为了验证 Web 服务器是否安装成功，在服务器上打开浏览器，在地址栏输入 Http：//localhost 或者"Http：//本机 IP 地址"，如果出现如图 7-8 所示的欢迎页，则说明 Web 服务器安装成功；否则，说明 Web 服务器安装失败，需要重新检查服务器设置或者重新安装。

图　7-8

步骤 7.2.2　配置 IP 地址和端口

　　Web 服务器安装好之后，系统默认创建一个名称为"Defalut Web Site"的站点，使用该站点即可创建网站。默认情况下，Web 站点会自动绑定计算机中配置的所有 IP 地址，端口默认为 70。也就是说，如果一台计算机有多个 IP，那么客户端通过任何一个 IP 地址都可以访问该站点。但是一般情况下，一个站点只能对应一个 IP 地址，因此需要为 Web 站点指定唯一的 IP 地址和端口。

　　在 IIS 管理器中，选择默认站点（Default Web Site）后，即可对 Web 站点进行各种配置。在右侧的"操作"栏中，可以对 Web 站点进行相关的操作，如图 7-9 所示。

　　单击 IIS 管理器窗口右侧"操作"栏中的"绑定"超链接，打开图 7-10 所示的"网站绑定"对话框，可以看到 IP 地址下有一个"＊"号，说明现在的 Web 站点绑定了本机的所有 IP 地址。

　　单击"添加"，打开"添加网站绑定"对话框，如图 7-11 所示。

　　单击"全部未分配"后边的下拉箭头，选择要绑定的 IP 地址即可。这样，就可以通过这个指定的 IP 地址访问 Web 网站了。端口栏表示访问该 Web 服务器要使用的端口号。

　　提示：Web 服务器默认的端口号是 70，因此访问 Web 服务器时就可以省略默认端口；如果设置的端口号不是 70，比如是 7000，那么访问 Web 服务器就需要使用"http：//192.167.0.3：7000"来访问。

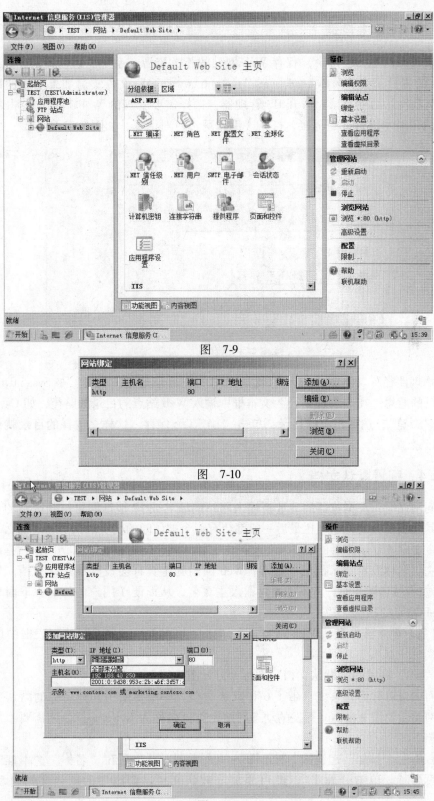

图　7-9

图　7-10

图　7-11

步骤 7.2.3　配置主目录

主目录（即网站的根目录）保存 Web 网站的相关资源，系统默认创建的站点 "Default Web Site" 的主目录为 "% SystemDrive% \inetpub\wwwroot" 文件夹。如果不想使用默认路径，可以更改网站的主目录。打开 IIS 管理器，选择需要管理的 Web 站点，单击右侧 "操作" 栏中的 "基本设置" 超链接，打开 "编辑网站" 对话框，如图 7-12 所示。

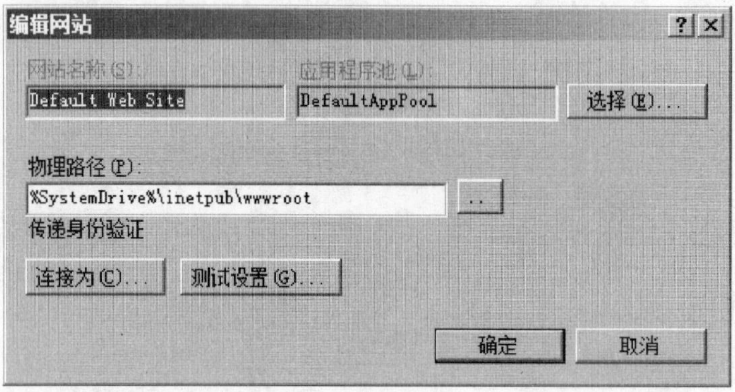

图　7-12

在 "物理路径" 文本框中显示的就是网站的主目录地址。此处 "% SystemDrive% \" 代表系统盘的意思。在 "物理路径" 文本框中输入 Web 站点的目录的路径，如 C：\ WEB，或者单击 "浏览"，选择相应的目录；单击 "确定"，保存。这样，选择的目录就作为了该站点的根目录。

步骤 7.2.4　配置默认文档

在访问网站时，在浏览器的地址栏输入网站的域名或 IP 地址即可打开网站的主页，而继续访问其他页面会发现地址栏最后一般都会有一个被访问的网页的网页名。那么，为什么打开网站主页时不显示主页的名称呢？实际上，输入网址的时候，默认访问的就是网站的主页，只是主页名称没有显示而已。通常，Web 网站的主页都会设置成默认文档，当用户使用 IP 地址或者域名访问时，就不需要再输入主页名，从而便于用户的访问。下面来演示如何配置 Web 站点的默认文档。

在 IIS 管理器中选择默认 Web 站点，在 "Default Web Site 主页" 的列表框中选择 "默认文档" 图标，如图 7-13 所示。

双击 "IIS" 区域的 "默认文档" 图标，打开图 7-14 所示界面。

在界面中可以看到，系统自带了 6 种默认文档。如果要使用其他名称的默认文档，例如，当前网站是使用 Asp. Net 开发的动态网站，首页名称为 Index. aspx，则需要添加该名称的默认文档。

单击右侧的 "添加" 超链接，显示图 7-15 所示的对话框，在 "名称" 文本框中输入要使用的主页名称，单击 "确定"，即可添加该默认文档。新添加的默认文档自动排在最上面。

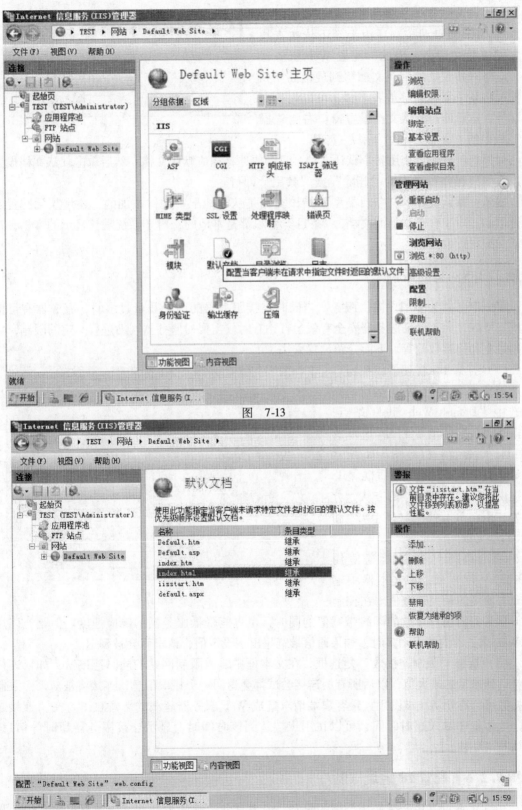

图 7-13

图 7-14

当用户访问 Web 服务器时，输入域名或 IP 地址后，IIS 会自动按顺序由上至下依次查找与之相应的文件名。因此，配置 Web 服务器时，应将网站主页的默认文档移到最上面。如果需要将某个文件上移或者下移，可以先选中该文件，然后使用默认文档设置窗口右侧"操作"栏中的"上移"和"下移"实现。

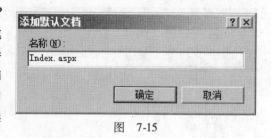

图　7-15

如果想删除或者禁用某个默认文档，只需要选择相应默认文档，然后单击默认文档设置窗口右侧"操作"栏中的"删除"或"禁用"即可。

提示：默认文档的"条目类型"指该文档是从本地配置文件添加的，还是从父配置文件读取的。对于自己添加的文档，"条目类型"都是本地的；对于系统默认显示的文档，都是从父配置读取的。

步骤 7.2.5　访问限制

Web 服务器为多用户提供服务，当同时连接服务器的用户数量过多时，服务器有可能死机。所以，为了保证服务器安全有效运行，有时候需要对服务器网站进行一定的限制，如限制带宽和连接数量等。下面介绍设置方法。

（1）打开 IIS 管理器，在窗口中选择需要管理的 Web 站点，在此选中"Default Web Site"站点，单击右侧"操作"栏中下方的"限制"超链接，打开图 7-16 所示的"编辑网站限制"对话框。IIS 中提供了两种限制连接的方法，分别为"限制带宽使用（字节）"和"限制连接数"。

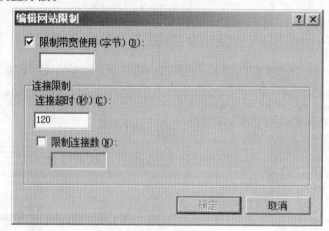

（2）选择"限制带宽使用（字节）"复选框，在文本框中输入允许使用的最大带宽值。在控制

图　7-16

Web 服务器向用户开放的网络带宽值的同时，也可能降低服务器的响应速度。但是，当用户 Web 服务器的请求增多时，如果通信带宽超出了设定值，请求就会被延迟。

（3）选择"限制连接数"复选框，在文本框中输入限制网站的同时连接数。如果连接数量达到指定的最大值，以后所有的连接尝试都会返回一个错误信息，连接将被断开。限制连接数可以有效防止试图用大量客户端请求造成 Web 服务器超载的恶意攻击。在"连接超时"文本框中输入超时时间，可以在用户端达到该时间时，显示连接服务器超时等信息，默认是 120 秒。

步骤 7.2.6　配置 IP 地址限制

有些 Web 网站由于其使用范围的限制，或者其私密性的限制，可能需要只向特定用户

公开，而不是向所有用户公开。此时，就需要拒绝所有 IP 地址访问，然后添加允许访问的 IP 地址（段）或者拒绝的 IP 地址（段）。需要注意的是，要使用"IP 地址限制"功能，必须安装 IIS 的"IP 和域限制"组件。

安装 IIS 的"IP 和域限制"组件的操作如下：

选择"开始"→"程序"→"管理工具"→"服务器管理器"，在"服务器管理器"窗口左侧选择"角色"选项，在其子菜单中选择"Web 服务器（IIS）"选项，如图 7-17 所示。

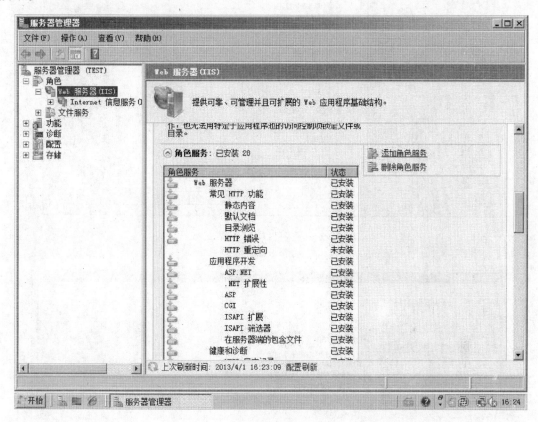

图 7-17

单击图 7-17 所示窗口右侧的"添加角色服务"功能后，会显示系统成功安装的 IIS 组件列表。组件名称前的复选框中有对钩则表示已经安装了该组件，否则没有安装，"角色服务"列表如图 7-18 所示。

单击安装"IP 和域限制"组件，单击"下一步"，显示图 7-19 所示的确认安装选择界面。

单击"安装"，安装该模块，提示成功安装界面如图 7-20 所示。

1. 设置允许访问的 IP 地址

选择"开始"→"程序"→"管理工具"→"Internet 信息服务（IIS）管理器"，打开 IIS 管理器，选择需要管理的 Web 站点，在窗口中部找到"IPv4 地址和域限制"图标，如图 7-21 所示。

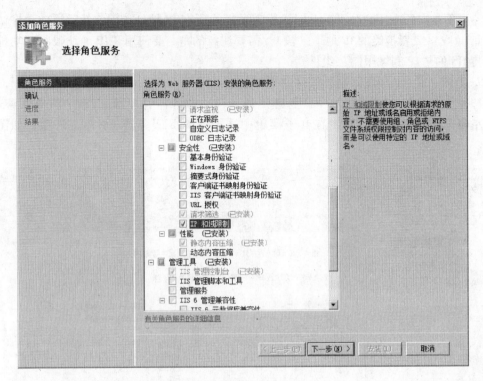

图　7-18

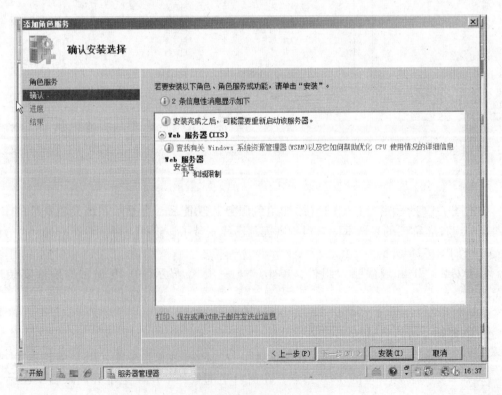

图　7-19

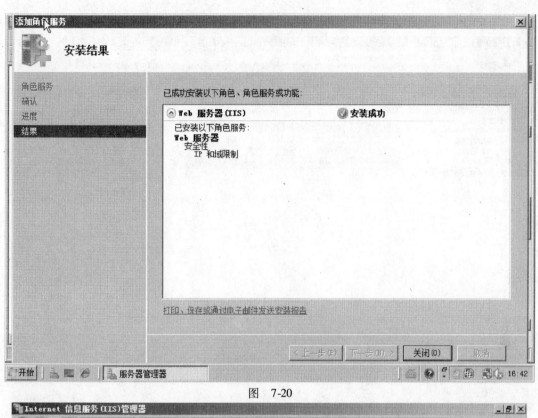

图 7-20

图 7-21

双击"IPv4 地址和域限制"图标,"IPv4 地址和域限制"界面如图 7-22 所示。

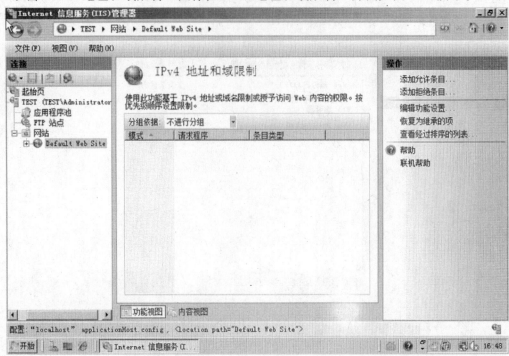

图　7-22

单击右侧"操作"栏中的"编辑功能设置"链接,"编辑 IP 和域限制设置"对话框如图 7-23 所示。在下拉列表中选择"拒绝"选项,此时所有的 IP 地址都将无法访问站点。如果访问,将会出现"403.6"的错误信息。

在右侧"操作"栏中,单击"添加允许条目",显示"添加允许限制规则"对话框,如图 7-24 所示。如果要添加允许某个 IP 地址访问,可选择"特定 IPv4 地址"单选框,输入允许访问的 IP 地址。

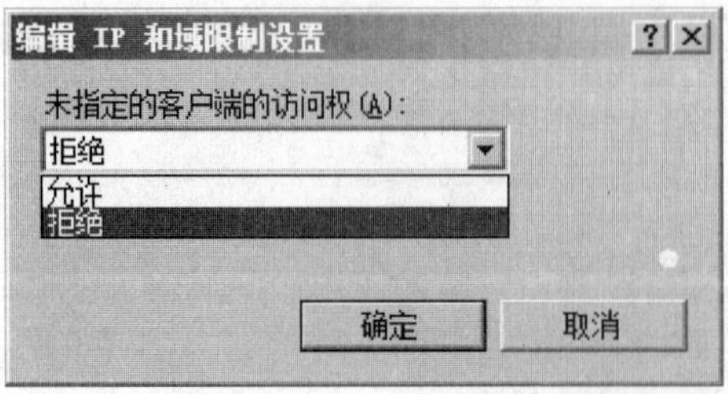

图　7-23 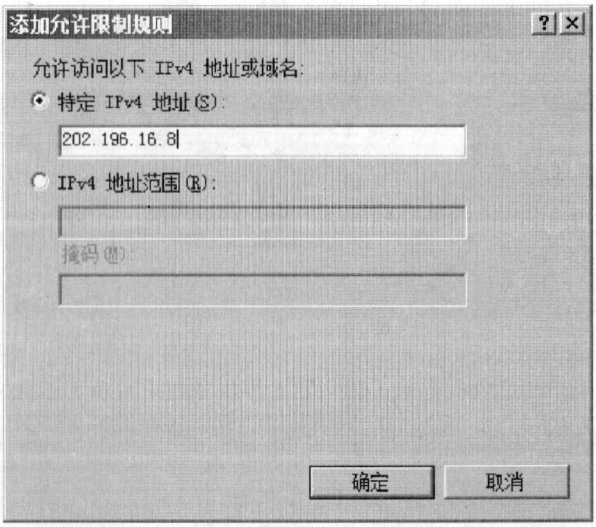　　　　　　　　　　　图　7-24

一般来说，设置一个站点是要多个人访问的，所以大多情况下要添加一个 IP 地址段，可以选择"IPv4 地址范围"单选按钮，并输入 IP 地址及子网掩码或前缀即可，如图 7-25 所示。需要说明的是，此处输入的是 IPv4 地址范围中的最低值，然后输入子网掩码，当 IIS 将此子网掩码与"IPv4 地址范围"文本框中输入的 IPv4 地址一起计算时，就确定了 IPv4 地址空间的上边界和下边界。

经过以上设置后，只有添加到允许限制规则列表中的 IP 地址才可以访问 Web 网站，使用其他 IP 地址都不能访问，从而保证了站点的安全。

2. 设置拒绝访问的计算机

"拒绝访问"和"允许访问"正好相反。"拒绝访问"将拒绝一个特定 IP 地址或者拒绝一个 IP 地址段访问 Web 站点。比如，Web 站点对于一般的 IP 都可以访问，只是针对某些 IP 地址或 IP 地址段不开放，就可以使用该功能。

按照上述方法找到"IP 地址和域限制"图标并双击，显示图 7-26 所示的"编辑 IP 和域限制设置"对话框，选择"允许"，使未指定的 IP 地址允许访问 Web 站点。

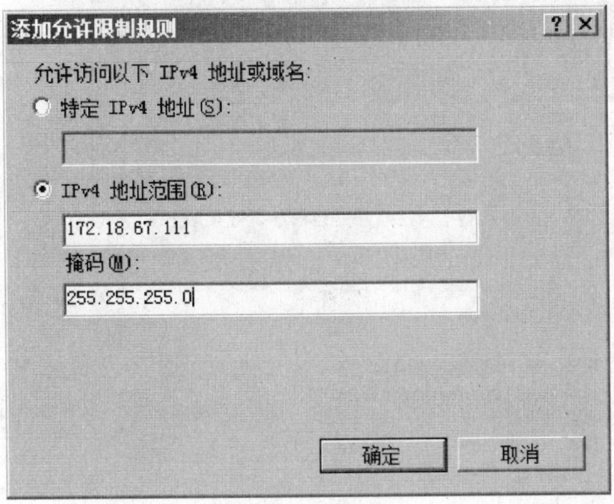

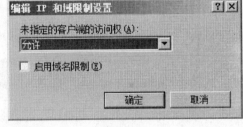

图　7-25　　　　　　　　　　　　　　　图　7-26

单击右侧栏目的"添加拒绝条目"超链接，显示图 7-27 所示的对话框，添加拒绝访问的 IP 地址或者 IP 地址段即可。操作步骤和原理与"添加允许条目"相同，这里不再重复。

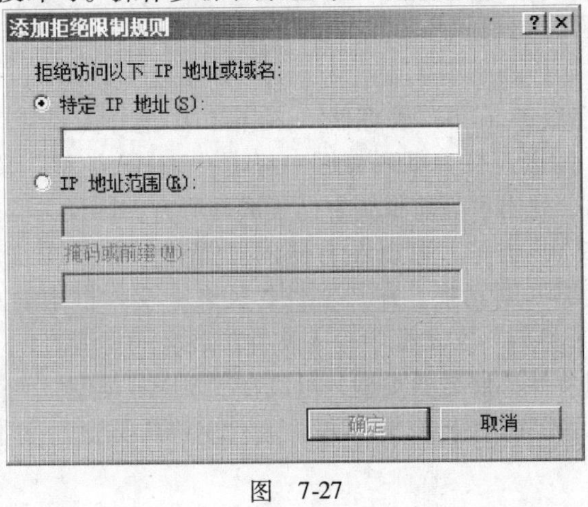

图　7-27

步骤 7.2.7　配置 MIME 类型

IIS 中 Web 站点默认不仅支持像 .htm、.html 等这些网页文件类型，还支持大部分的文件类型，如 .avi、.jpg 等。如果文件类型不为 Web 网站所支持，在网页中运行该类型的程序或者从 Web 网站下载该类型的文件时，将会提示无法访问。此时，需要在 Web 网站添加相应的多功能因特网邮件扩充服务（Multipurpose Internet Mail Extension，MIME）类型。MIME 可以定义 Web 服务器中利用文件扩展所关联的程序。

如果 Web 网站中没有包含某种 MIME 类型文件所关联的程序，则用户访问该类型的文件时就会出现图 7-28 所示的错误提示信息。

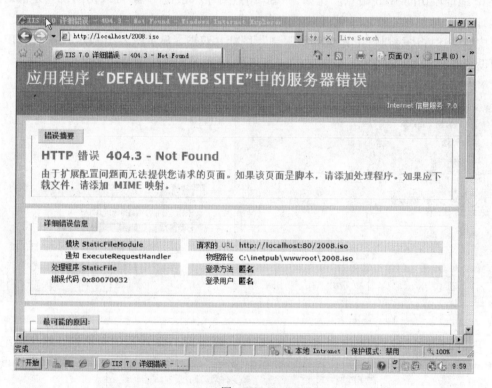

图　7-28

打开"Internet 信息服务（IIS）管理器"，在窗口中选择需要管理的 Web 站点，在此选中"Default Web Site"站点，在主页列表框中双击"MIME 类型"图标，显示图 7-29 所示的"MIME 类型"界面，列出了当前系统中已集成的所有 MIME 类型。

如果想添加新的 MIME 类型，可以在右侧的"操作"栏中单击"添加"，显示图 7-30所示的"添加 MIME 类型"对话框。在"文件扩展名"文本框中输入想要添加的 MIME 类型，如".iso"；"MIME 类型"文本框中输入文件扩展名的类型。

提示：如果不知道文件扩展名的类型，可以在"MIME 类型"列表中选择相同类型的扩展名，双击打开"编辑 MIME 类型"对话框。在"MIME 类型"文本框中复制相应的类型即可。

按照同样的步骤，可以继续添加其他 MIME 类型。这样，用户就可以正常访问 Web 网站的相应类型的文件了。当然，如果需要修改 MIME 类型，可以双击打开进行编辑；如果要删除 MIME 类型，可以选中相应的 MIME 类型，单击"操作"栏中的"删除"即可。

图　7-29

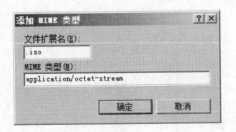

图　7-30

任务 7.3　创建和管理虚拟目录

虚拟目录技术可以实现对 Web 站点的扩展。虚拟目录其实是 Web 站点的子目录，和 Web 网站的主站点一样，保存各种网页和数据，用户可以像访问 Web 站点一样访问虚拟目录中的内容。一个 Web 站点可以拥有多个虚拟目录，这样就可以实现一台服务器发布多个网站的目的。虚拟目录也可以设置主目录、默认文档、身份验证等，访问时和主网站使用相同的 IP 和端口。

步骤 7.3.1　创建虚拟目录

在"Internet 信息服务（IIS）管理器"中，选择欲创建虚拟目录的 Web 站点，右键单击默认站点"Default Web Site"，选择快捷菜单中的"添加虚拟目录"选项，显示图 7-31 所示的"添加虚拟目录"对话框。在"别名"文本框中输入虚拟目录的名称，在"物理路径"文本框中选择该虚拟目录所在的物理路径。虚拟目录的物理路径可以是本地计算机的物理路径，也可以是网络中其他计算机的物理路径。

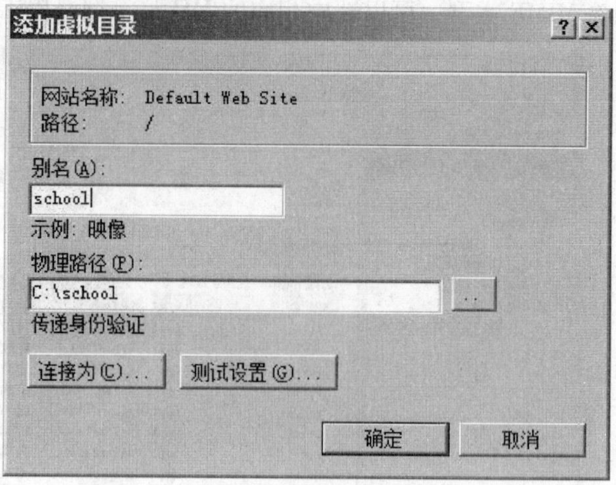

图　7-31

单击"确定"，虚拟目录添加成功，并显示在 Web 站点下方作为子目录。按照同样的步骤，可以继续添加多个虚拟目录。另外，在添加的虚拟目录下还可以添加虚拟目录。这里成功添加了虚拟目录"school"，如图 7-32 所示。

图　7-32

选中 Web 站点，在 Web 网站主页窗口中，单击右侧"操作"栏中的"查看虚拟目录"，可以查看 Web 站点中的所有虚拟目录。虚拟目录"school"的列表，如图 7-33 所示。

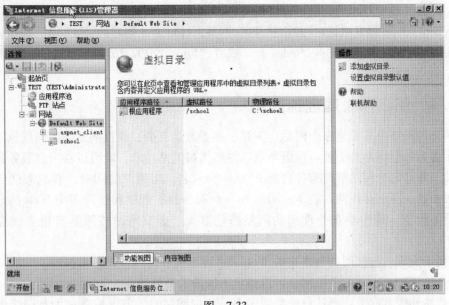

图　7-33

步骤 7.3.2　管理配置虚拟目录

虚拟目录和主网站一样，可以在管理主页中进行各种配置管理和配置，如图 7-34 所示。

图　7-34

可以和主网站一样配置主目录、默认文档、MIME 类型及身份验证等，操作方法和主网站的操作完全一样。唯一不同的是，不能为虚拟目录指定 IP 地址、端口和 ISAPI 筛选。

成功配置过虚拟目录后，就可以访问虚拟目录中的网页文件，访问的方法如下：

输入 http：//ip 地址或域名/虚拟目录名/网页，针对刚才创建的"school"虚拟目录，就可以使用 http：//localhost/school/index. htm 或者"http：//192. 167. 40. 250/school/index. htm"访问。

任务 7.4 创建和管理虚拟网站

如果公司网络中需要建多个网站，但是服务器数量又少，而且网站的访问量也不是很大的话，无需为每个网站都配置一台服务器，使用虚拟网站技术，就可以在一台服务器上搭建多个网站，并且每个网站都拥有各自的 IP 地址和域名。当用户访问时，看起来就像是在访问多个服务器。利用虚拟网站技术，可以在一台服务器上创建和管理多个 Web 站点，从而节省了设备投资，是中小企业理想的网站搭建方式。虚拟网站技术具有很多优点，简述如下：

1）便于管理：虚拟网站和真正的 Web 服务器配置和管理方式基本相同。

2）分级管理：不同的虚拟网站可以指定不同的人员管理。

3）性能和带宽调节：当计算机配置了多个虚拟网站时，可以按需求为每一个虚拟站点分配性能和带宽。

4）创建虚拟目录：在虚拟 Web 站点同样可以创建虚拟目录。

步骤 7.4.1 创建虚拟网站的方式介绍

在一台服务器上创建多个虚拟站点，一般有三种方式：IP 地址法、端口法和主机头法。

1）IP 地址法：可以为服务器绑定多个 IP 地址，这样就可以为每个虚拟网站都分配一个独立的 IP 地址，用户可以通过访问 IP 地址来访问相应的网站。

2）端口法：端口法指的是使用相同的 IP 地址，不同的端口号来创建虚拟网站，这样在访问的时候就需要加上端口号。

3）主机头法：主机头法是最常用的创建虚拟 Web 网站的方法。每一个虚拟 Web 网站对应一个主机头，用户访问时使用 DNS 域名访问。主机头法其实就是我们经常见到的"虚拟主机"技术。

步骤 7.4.2 使用 IP 地址创建

如果服务器的网卡绑定了多个 IP 地址，就可以为新建的虚拟网站分配一个 IP 地址，用户利用 IP 地址就可以访问该站点。首先，为服务器添加多个 IP，打开"本地连接属性"窗口，选中"Internet 协议版本 4"，选择"属性"→高级→添加，即可为服务器再添加 IP 地址。

在"Internet 信息服务（IIS）管理器"的"网站"窗口中，右键单击"网站"并选择快捷菜单中的"添加网站"选项，或者单击右侧"操作"栏中的"添加网站"，显示图 7-35 所示的"添加网站"对话框。

1）网站名称：要创建的虚拟网站的名称。

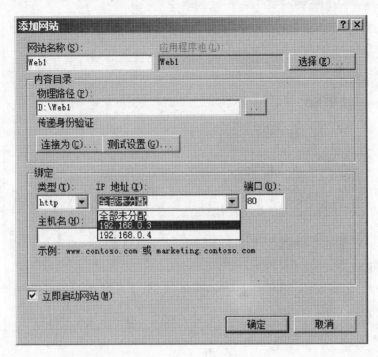

图　7-35

2）物理路径：虚拟网站的主目录。

3）IP 地址：为虚拟网站配置的 IP 地址，图 7-35 所示 IP 地址 192.168.0.4 是我们后来添加的 IP。

设置完成后单击"确定"，一个新的虚拟网站创建完成。使用分配的 IP 地址就可以访问 Web 网站了。

用同样的方法可以添加 Web2 站点，IP 地址使用后来添加的 IP 地址 192.167.0.4。这样，一台服务器使用不同的 IP 地址创建了多个虚拟网站。需要说明的是，使用多 IP 地址创建 Web 网站，在实际应用中存在很多问题，不是最好的解决方案。

步骤 7.4.3　使用端口号创建

如果服务器只有一个 IP 地址，就可以通过指定不同的端口号的方式创建 Web 网站，实现一台服务器搭建多个虚拟网站的目的。用户访问此方式创建的网站时就必须加上端口号，如"http：//192.167.40.250：75"。

用同样的方法，在 IIS 管理器中选择"添加网站"选项，在"添加网站"对话框中输入网站名称，设定主目录，IP 地址选择默认，"端口"处填写要使用的端口号，图 7-36 所示。

单击"确定"，一个新的虚拟网站创建成功。如果需要再创建多个网站，只需设置不同的端口即可。

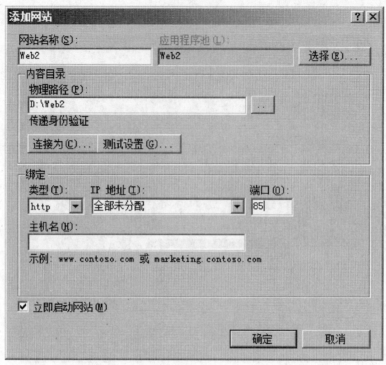

图 7-36

步骤 7.4.4 使用主机头创建虚拟网站

使用主机头法来创建虚拟网站是目前使用最多的方法，它可以很方便地实现在一台服务器上架设多个网站。使用主机头法创建网站时，应事先注册域名或在内部局域网中的 DNS 服务器中创建相应的 DNS 名称，而用户在访问时只要使用相应的域名即可访问。在 DNS 控制台中，需先将 IP 地址和域名注册到 DNS 服务器中。在 DNS 服务器中设置域名如图 7-37 所示。需先安装 DNS 服务，然后添加域名和 IP 地址的绑定。具体操作请参考本书第 5 章 DNS 服务器配置的相关内容。

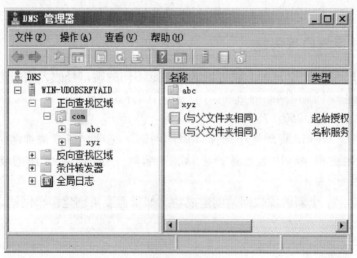

图 7-37

图 7-37 中，添加了两个域名，www. abc. com 和 www. xyz. com。

在"Internet 信息服务（IIS）管理器"的"网站"窗口中，右键单击"网站"并选择快捷菜单中的"添加网站"选项，显示"添加网站"对话框，如图 7-38 所示。设置网站名称、物理路径、IP 地址默认，在"主机名"文本框中输入规划好的主机头名即可。

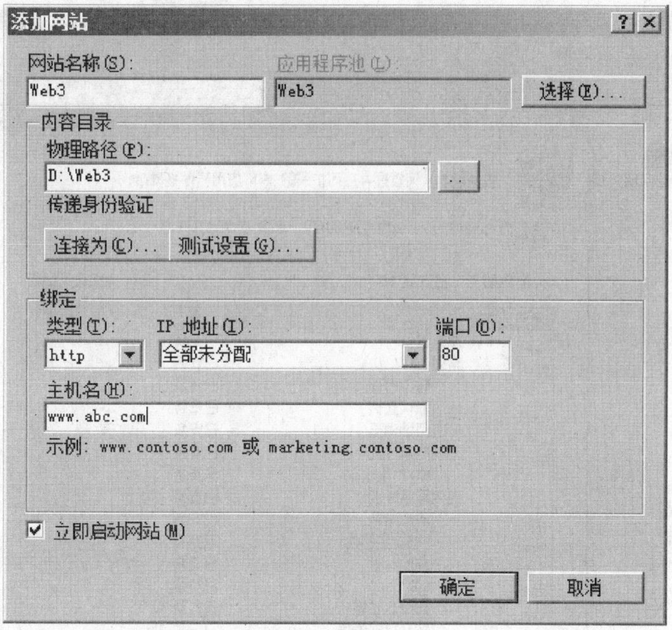

图　7-38

单击"确定"，网站创建成功。用同样的方法，创建 Web4 站点，物理路径对应 D：\ Web4 目录，绑定 www. xyz. com 主机名。这样，就可以通过域名访问相应的站点。

说明：虚拟目录和虚拟网站是有区别的。利用虚拟目录和虚拟网站都可以创建 Web 站点，但是，虚拟网站是一个独立的网站，可以拥有独立的 DNS 域名、IP 地址和端口号；而虚拟目录则需要挂在某个虚拟网站下，没有独立的 DNS 域名、IP 地址和端口号，用户访问时必须带上主网站名。

任务 7.5　搭建动态网站环境

默认情况下，IIS 中的 Web 网站只支持运行静态 HTML 页面，但现在的网站一般都采用动态技术实现，这就需要在 IIS 中搭建动态网站环境。在 IIS 中可以配置多种动态网站技术环境，如 ASP、PHP 等。下面对如何搭建 ASP 环境和 PHP 环境做具体介绍。

步骤 7.5.1　搭建 ASP 环境

动态服务器页面（Active Server Pages，ASP）是美国微软公司提供的动态网站技术，可以用来创建和运行动态交互式网页，使用 IIS 架设的 Web 服务器可以运行 ASP 网页。要搭建 ASP 运行环境，首先要确保安装了 ASP 组件，下面先介绍如何检查安装 ASP 组件，然后再介绍如何搭建 ASP 环境。

检查安装 ASP 组件的过程如下：

（1）选择"开始"→"程序"→"管理工具"→"服务器管理器"，在"服务器管理器"窗口左侧选择"角色"→"Web 服务器（IIS）"，操作窗口界面如图 7-39 所示。

图　7-39

（2）单击窗口右侧的"添加角色服务"后显示系统成功安装的 IIS 组件列表，组件名称前的复选框中有对钩则表示已经安装了该组件；否则没有安装，如图 7-40 所示。

如图 7-40 所示，ASP 组件已经安装，如果未安装则单击"安装"，根据安装向导的提示完成安装操作。

（3）在"Internet 信息服务（IIS）管理器"中选择 Web 站点，在主页列表框中双击"ASP"图标，显示图 7-41 所示的界面，可以设置 ASP 属性，包括编译、服务和行为等设置。此处需要将"启用父路径"的属性设置为 True。

需要说明的是，在 64 位的 Windows Server 2008 系统中没有 Jet 4.0 驱动程序，而 IIS 7 应用程序池默认没有启用 32 位程序，所以需要在 IIS 7 中启用 32 位程序。方法如下：在"Internet 信息服务（IIS）管理器"里选中"应用程序池"，单击右侧操作栏的"设置应用程序池默认设置"，将"启用 32 位应用程序"设置为 True 即可。

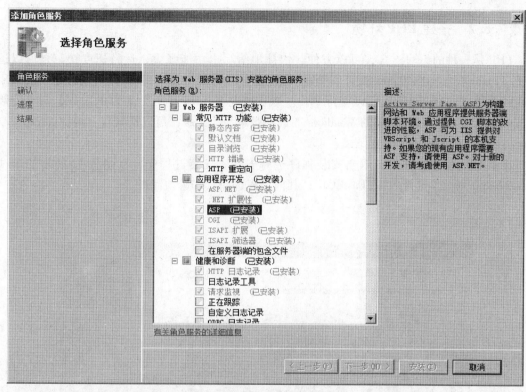

图 7-40

图 7-41

步骤 7.5.2 搭建 PHP 环境

PHP 是一种的编写语言，可以方便、快捷地编写出功能强大，运行速度快，是可以运行于 Windows、UNIX、Linux 操作系统的 Web 程序。用 PHP 编写的 Web 应用程序一般采用 Apache 服务器，但是 IIS 也可以支持 PHP。默认情况下，IIS 并不支持 PHP 程序，需要安装相应的 PHP 程序。PHP 目前的 Windows 的最新版本为 5.3 版，可以从其官方网站（http://windows.php.net/download/）下载。

下载 PHP 安装程序后，双击安装程序进行安装。安装过程中，在图 7-42 所示的 Web Server Setup 页面，选择"IIS FastCGI"；其他过程选择默认选项即可。

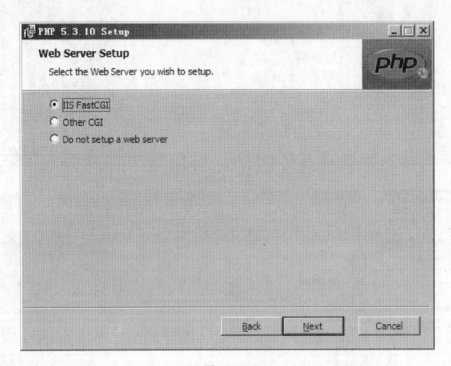

图　7-42

安装完成后，打开"Internet 信息服务（IIS）管理器"，选择默认网站，双击"处理应用程序映射"图标，会看到一个名为"Php_via_FastCGI"的程序映射名称。该映射说明对于 *.php 的应用程序，都将使用 FastCgiMoudle 处理程序来处理。至此，PHP 环境已经搭建完毕。

在默认网站下添加一个 index.php 的测试页面，输入"<? php phpinfo ();? >"，保存并退出。

在浏览器中输入"http://localhost/index.php"，如果配置正确的话，将会出现图 7-43 所示的 PHP 配置信息；否则，说明 PHP 配置不成功，需要检查并重新设置。

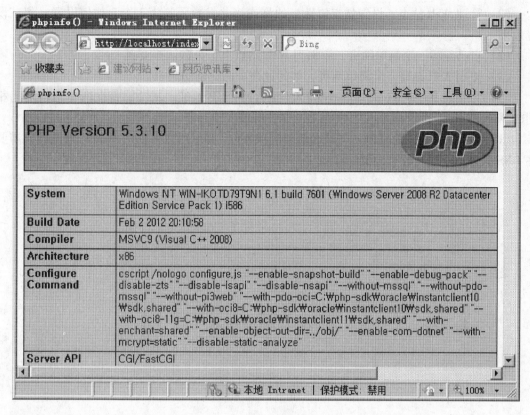

图 7-43

总结

Web 服务是最广泛的网络应用服务,实现信息浏览和存取。本项目介绍了 Web 服务的工作原理、安装步骤、配置及维护等,最后介绍了如何在 IIS 中搭建常见的动态网站环境。

习题

1. 练习安装 IIS,启动、暂停 WWW 服务。如何测试 Web 服务是否正常工作?
2. Web 服务默认端口号是多少? 如何访问 Web 服务?
3. 创建虚拟网站的方式有哪几种?
4. 简要说明虚拟网站和虚拟目录的区别?
5. 若需要 Web 站点支持 ASP,应做哪些设置?

实训

题目:WWW 服务器配置与管理
内容与要求:
1. 在 Windows Server 2008 服务器上安装 IIS 服务。
2. 配置与管理 WWW 服务器。
(1) 添加新的 Web 站点。

（2）管理 Web 站点，设置站点属性。如将连接并发数限制为 3 个，如何设置？测试设置效果。

（3）自己编写一个简单网页，添加到 Web 站点上作为默认首页面。

（4）使用 ASP 编写一个简单网页，如何让该页面正常访问？

（5）为安装 IIS 的 Windows Server 2008 配置两个 IP 地址，试验能否在两个网段访问相同的 Web 站点？

思考：WWW 服务的原理（与域名解析的关系），要想用域名访问 WWW 服务器，需要在 DNS 服务器上进行什么设置？

项目 (8)

FTP 服务器

项目目标

- 了解 FTP 的基本概念
- FTP 服务器的配置
- FTP 客户端的操作
- 配置案例

任务的提出

文件传输协议（File Transfer Protocol，FTP）是 Internet 上使用非常广泛的一种协议，主要完成与远程计算机的文件传输。FTP 采用客户/服务器模式，客户机与服务器之间利用 TCP 建立连接，客户可以从服务器上下载文件，也可以把本地文件上传至服务器。FTP 服务器有匿名的和授权的两种登录方式。匿名的 FTP 服务器向公众开放，通常匿名的用户权限较低，只能下载文件，不能上传文件；授权的 FTP 服务器必须用管理员授权的账户名和密码才能登录服务器。本项目讲述 FTP 服务器的安装、配置及客户端如何访问 FTP 服务器。

任务 8.1 创建 FTP 站点

步骤 8.1.1 安装 FTP 服务

在 Windows Server 2008 系统中，将服务器的主要功能划分为角色，服务器管理员可以选择整个计算机专用于一个服务器角色；或在单台计算机上安装多个服务器角色，每个角色可以包括一个或多个角色服务。Windows Server 2008 系统中包括三种主要类别的角色：标识和访问管理（作为 Active Directory®一部分的角色）、基础结构（包括文件服务器、打印服务器、DNS 等）以及应用程序（如 Web 服务器角色和终端服务）。FTP 服务是包含在 Web 服务角色下的一个角色服务，因此安装 FTP 服务前必须安装 Web 服务角色，下面演示 FTP 服务的安装过程。

利用"服务器管理器"工具安装 FTP 服务，按照图 8-1 所示的方式启动"服务器管理器"。单击图 8-2 所示界面左侧目录树中的"角色"；右侧窗口显示了当前系统中已经安装的角色，并提供添加"角色"的功能。

单击"添加角色"，运行"添加角色向导"，在选择服务器角色对话框中选中"Web 服务器（IIS）"复选框，如图 8-3 所示。

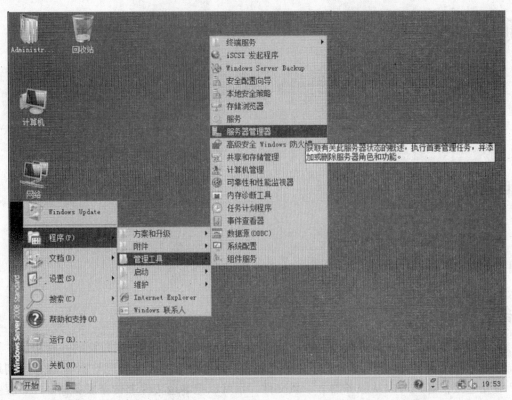

图　8-1

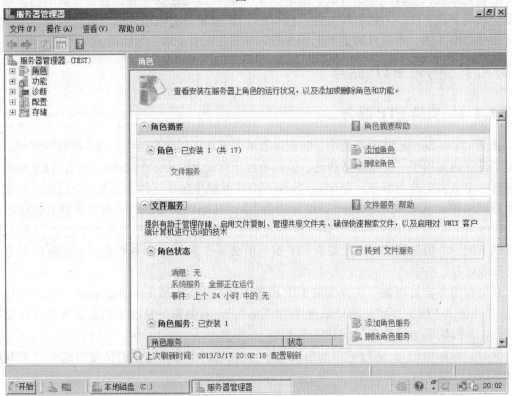

图　8-2

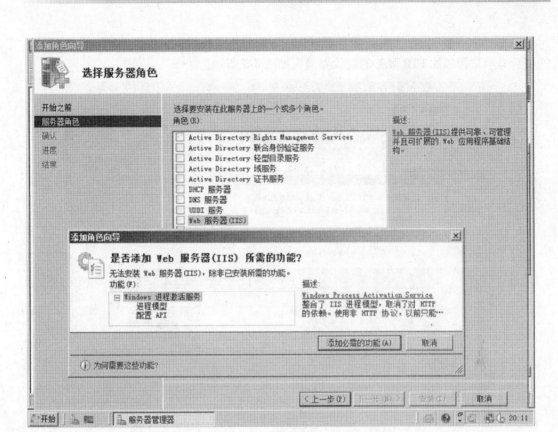

图　8-3

单击"添加必需的功能", 显示"Web 服务器简介（IIS）", 如图 8-4 所示。

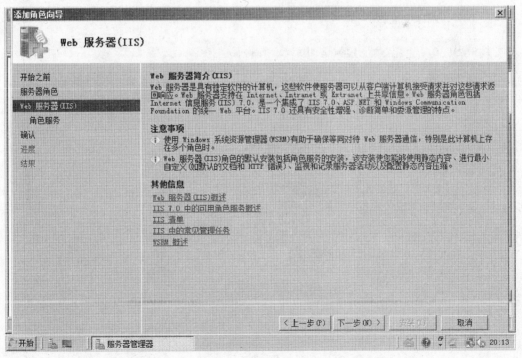

图　8-4

单击"下一步",在"Web 服务器(IIS)"的角色服务列表中单击"FTP 发布服务"复选框后显示是否添加 FTP 服务的确认界面,如图 8-5 所示。

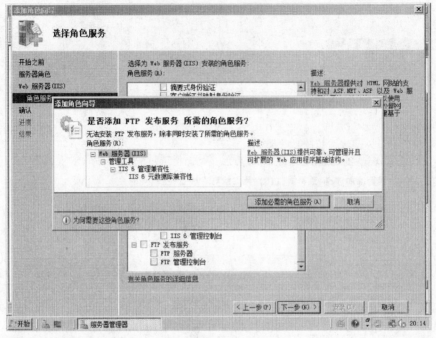

图 8-5

单击"添加必需的角色服务",如图 8-6 所示。

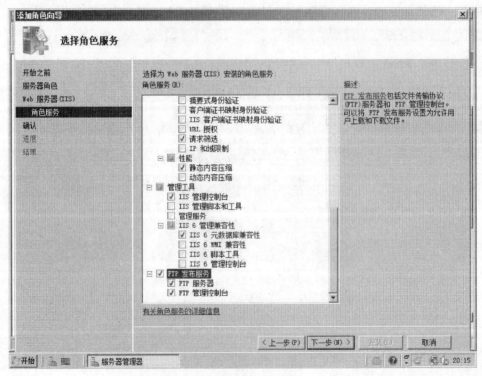

图 8-6

添加 FTP 服务角色，单击"下一步"，显示安装信息确认界面，如图 8-7 所示。

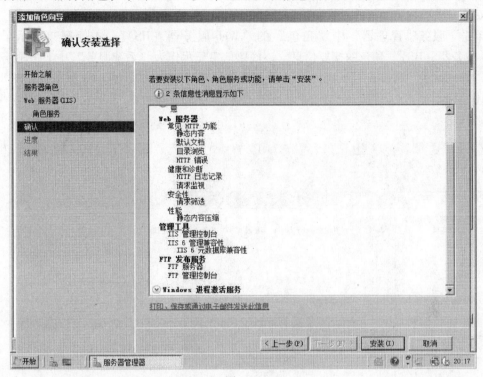

图　8-7

单击"安装"执行安装操作。安装结果如图 8-8 所示。

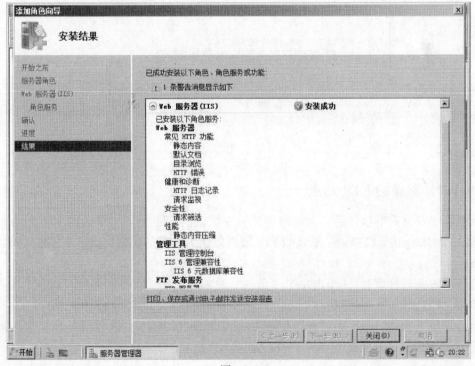

图　8-8

系统安装"Web 服务器（IIS）"及"FTP 发布服务"成功。

安装完成后按照如下的方式确认服务是否安装、启动成功：

单击"服务器管理器"中"角色"的"Web 服务器（IIS）"，右侧窗口显示了本机"Web 服务器（IIS）"角色的摘要信息。该摘要信息显示作为"系统服务"中 FTP 服务已经安装，但是处于"已停止"状态，可以通过单击右侧的"启动"，启动该服务，如图 8-9 和图 8-10 所示。

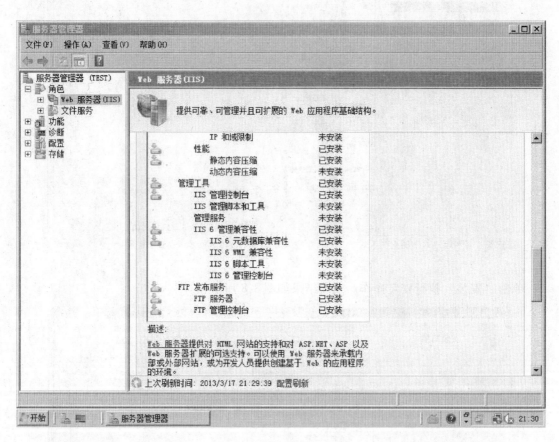

图　8-9

步骤 8.1.2　创建的 FTP 站点

系统成功安装 FTP 服务后，系统将创建一个默认的 FTP 站点，默认的 FTP 服务目录为系统中 C：\ Inetpub \ FTProot，默认的 FTP 服务默认为未启动状态，通过下述方式可以启动该服务。

打开"服务器管理器"，单击左侧"角色"选项后选择"Web 服务器（IIS）"在右侧窗口中单击"FTP 站点"，如图 8-11 所示。

单击"单击此处启动"后打开"Internet 信息服务（IIS）6.0 管理器"窗口显示当前默认的 FTP 站点为"停止状态"，如图 8-12 所示。

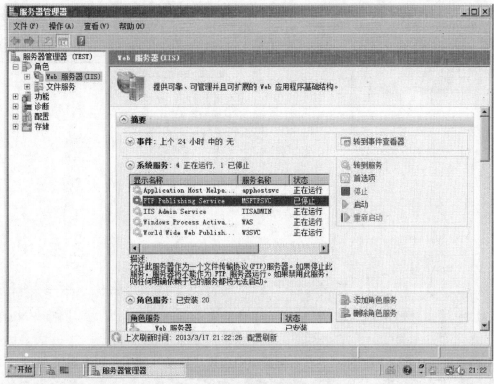

图 8-10

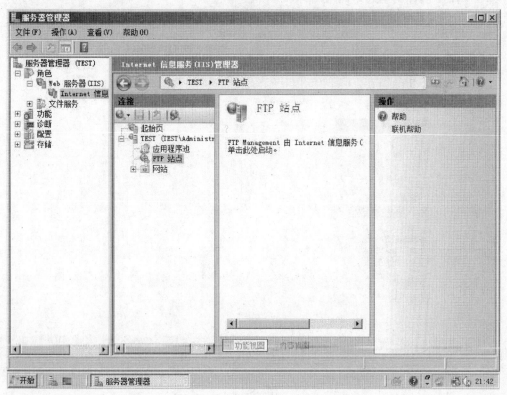

图 8-11

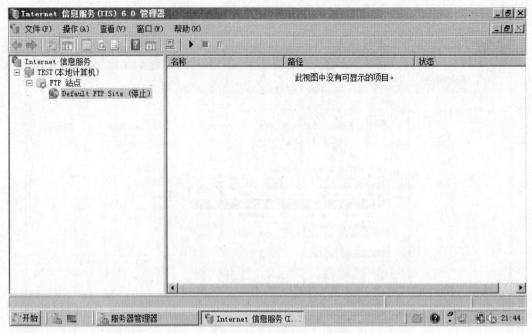

图 8-12

右键单击"Default FTP Site",在右侧菜单中选择"启动"选项,如图8-13所示。

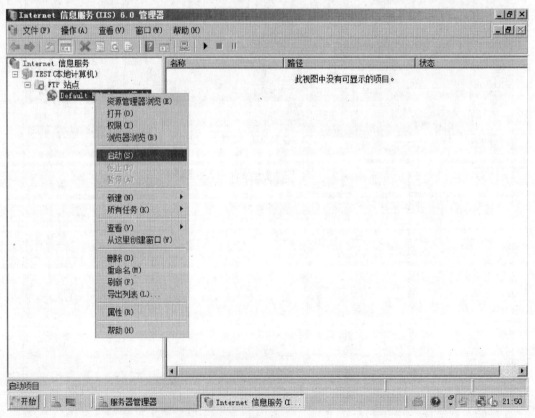

图 8-13

启动"FTP Publishing Service 服务"和默认 FTP 站点时出现图 8-14 所示的启动提示窗口，单击"是"即可。

图 8-14

从安全角度出发，服务器管理员一般停用系统默认创建的 FTP 站点，服务器管理员可以根据业务需求创建符合需要的 FTP 站点，下面演示创建 FTP 站点的过程。

右键单击"Default FTP Site"，在右侧菜单中选择"新建"选项，建立"FTP 站点"，如图 8-15 所示。

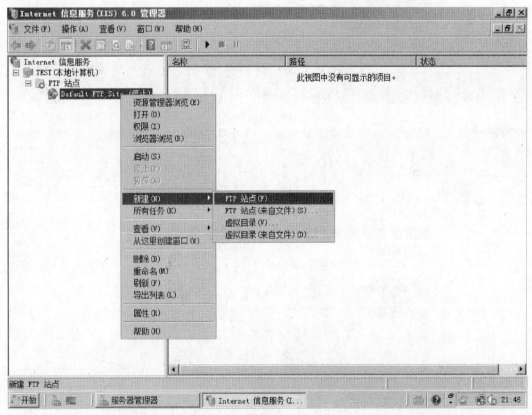

图 8-15

单击"FTP 站点"菜单项，显示"FTP 站点创建向导"界面，如图 8-16 所示。

单击"下一步"，显示输入"FTP 站点描述"窗口，在文本框中输入 FTP 站点的描述符，该描述符最好能够描述 FTP 站点内容，以便于管理，在此处站点描述符为"FILESERV-ER"，如图 8-17 所示。

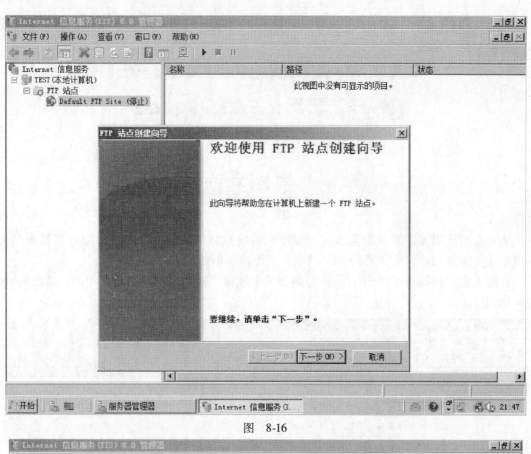

图　8-16

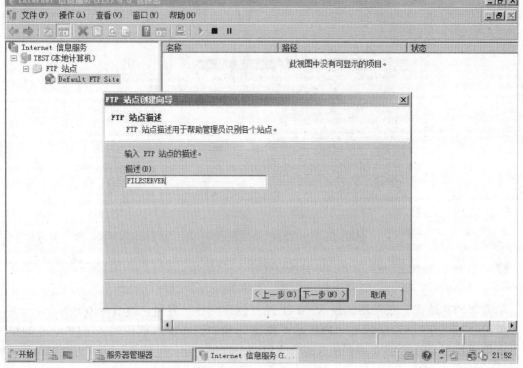

图　8-17

输入"FTP 站点描述"后单击"下一步",显示设定"IP 地址和端口设置"的界面,如图 8-18 所示。

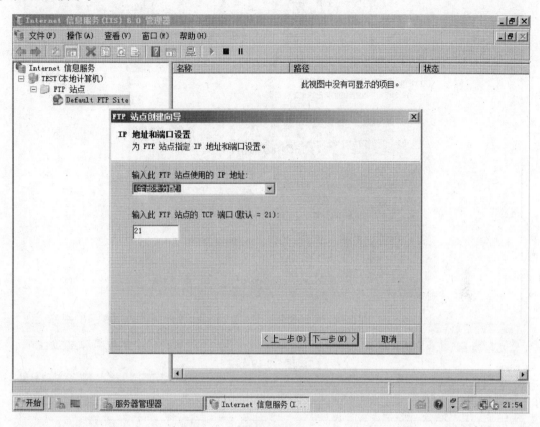

图　8-18

FTP 站点使用的 IP 地址在默认情况下,显示的是"全部未分配",在此处选择网卡上绑定的 FTP 地址也就是服务器地址,FTP 服务的默认端口号是 21 在此处不必修改。如果服务器中只有一个 IP 地址,却要实现多个不同的 FTP 站点,则可以通过修改端口来实现一个 IP 地址多站点的共存。如果 FTP 服务器使用默认端口 21,那么客户端不必输入端口号,系统会自动使用默认的 21 端口。如果在此处修改了默认端口(如 30),那么客户端必须输入相应的端口号(如"IP 地址:30")。注意,如果系统中的防火墙禁用了 FTP 站点设定的端口,为正常启动服务请开启该端口。

设点 FTP 站点的 IP 地址和端口后单击"下一步",出现设定"FTP 用户隔离"的设定界面,如图 8-19 所示。

该窗口设定 FTP 客户端访问 FTP 站点的访问权限,"FTP 用户隔离"的概念我们在后面管理 FTP 服务器中的隔离用户的内容中有详细说明,此处选定默认选项"不隔离用户"。另外,在此设定 FTP 站点允许用户匿名连接,用户无需输入用户名和密码就可访问 FTP 服务器中的文件。设定完成后单击"下一步",显示设定"FTP 站点主目录"的窗口如图 8-20所示。

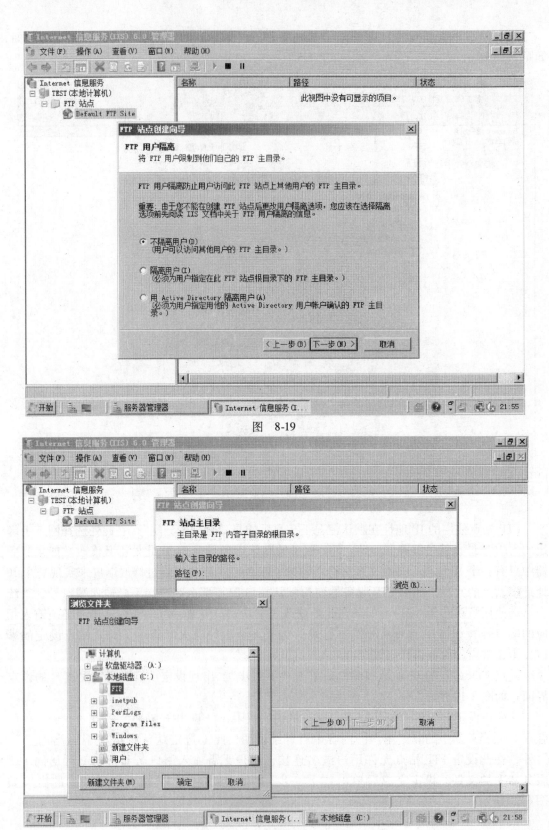

图　8-19

图　8-20

　　FTP 服务器的主目录也就是 FTP 站点的根目录，其中保存了 FTP 站点中所有文件的文件夹。当 FTP 客户端访问该 FTP 站点时，即访问主目录文件夹。在示例中，将 FTP 站点的主目录设定为 C 盘下的 FTP 目录，如图 8-21 所示。

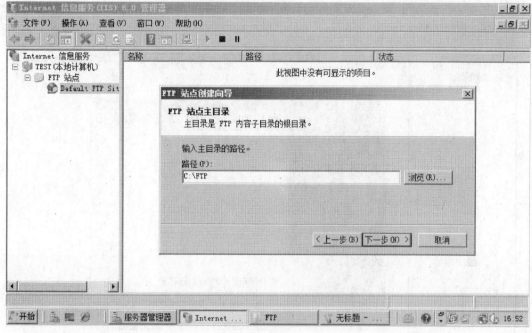

图　8-21

　　单击"下一步"，显示设定"FTP 站点访问权限"窗口，如图 8-22 所示。

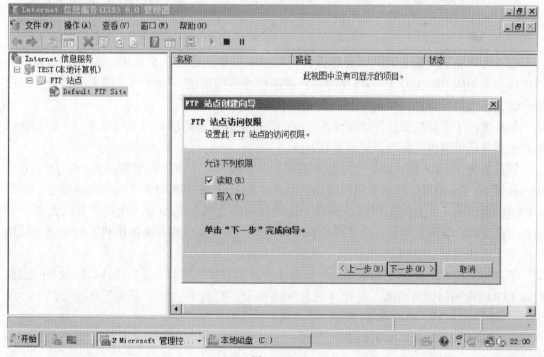

图　8-22

在该窗口中设置 FTP 客户端是否具有可以上传文件的权限，如果允许上传文件则选择"写入"权限，否则选择"读取"权限。设定后单击"下一步"，完成 FTP 站点设定，设定成功窗口如图 8-23 所示。

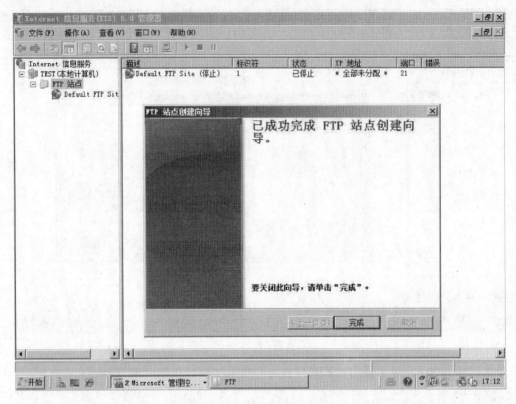

图 8-23

第一次建立 FTP 服务时，需要先设置全局 FTP 设置，然后是默认 FTP 站点的设置，最后将内容添加到 FTP 站点上。IIS 使用一种继承模型，即低层自动继承高层上的设置，可以单独编辑低级别的设置以覆盖从上一级别继承的设置。

如果更改了低层的设置，后来又在更高的层上更改了与低层有冲突的设置，系统会提示是否更改低层设置以与新的高层设置相匹配。

默认情况下，IIS FTP 服务会向客户端发送一个标识 FTP 服务的标题消息，以及 FTP 在 IIS 下运行的真实情况。该消息可以是用户登录时的欢迎用户到 FTP 站点的问候消息，用户注销时的退出消息，通知用户已达到最大连接数的消息或标题消息，此外还可以发送有关 FTP 站点的客户端信息消息。消息可以是问候消息、退出消息或有关连接状态的信息。默认情况下，这些消息是空的。

不过为了使 FTP 网站更加人性化，也为了企业的宣传，可以为 FTP 网站设置欢迎消息。打开 FTP 站点的属性对话框，打开"消息"选项卡，在其中设置"横幅"、"欢迎"、"退出"、"最大连接数"，如图 8-24 所示。

默认情况下，IP 地址显示的是"全部未分配"，这里选择 192.168.1.12，这是 FTP 服务器的 IP 地址；FTP 服务当中默认是 21，如果服务器中只有一个 IP 地址，却要实现多个不通

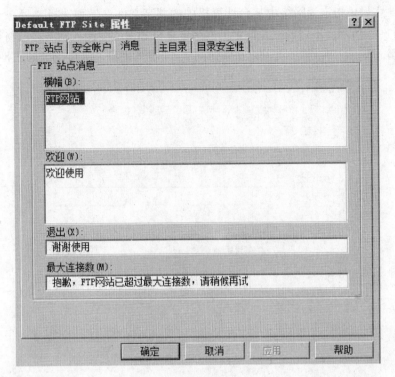

图　8-24

的 FTP 站点，就可以通过修改端口来实现一个 IP 多站点的共存。如果 FTP 服务器使用端口
21，那么客户端不必输入端口号，系统会自动使用默认的 21 端口，如 192.168.1.12。如果
改了端口，那么客户端必须输入相应的端口号，如 192.168.1.12：30.

当并发访问数量较多时，会因带宽被大量占用造成服务中断或超时，因此应对 FTP 连
接数量进行一定的限制。

很简单，Windows Server 2008 中自带一个 FTP 服务器端，通过功能安装它就可以了，如
果防火墙禁用了 21 号端口，请开启。

这里要介绍两个重要设置。

（1）设置访问安全

在默认状态下，FTP 站点允许用户匿名连接，用户无需输入用户名和密码就可访问 FTP
服务器中的文件，这样就远远降低了 FTP 服务器的安全性，所以为了安全起见，应当禁用
匿名访问。

打开 FTP 站点属性对话框，打开"安全账户"选项卡，单击"允许匿名连接"复选框，
单击"是"，清楚该复选框。

当然除了禁用匿名访问这样的方式外，还可以通过限制 IP 地址访问、设置用户访问权
限等方式来提高 FTP 服务器的安全性。

（2）设置 FTP 访问用户的访问目录权限

指定 FTP 服务器的主目录：FTP 服务器的主目录也就是 FTP 站点的根目录，其中保存
了 FTP 站点中所有文件的文件夹。当 FTP 客户端访问该 FTP 站点时，即访问主目录文件夹。

如果要将 FTP 主目录指定为网络中某台计算机中的共享文件夹，则选择"另一台计算机上的目录"，如图 8-25 所示。不过前提是指定的网络计算机必须已经连入网络并已将待使用的文件夹设置为共享，单击"确定"，就可以正常访问了。"输入主目录的路径"如图 8-26 所示。

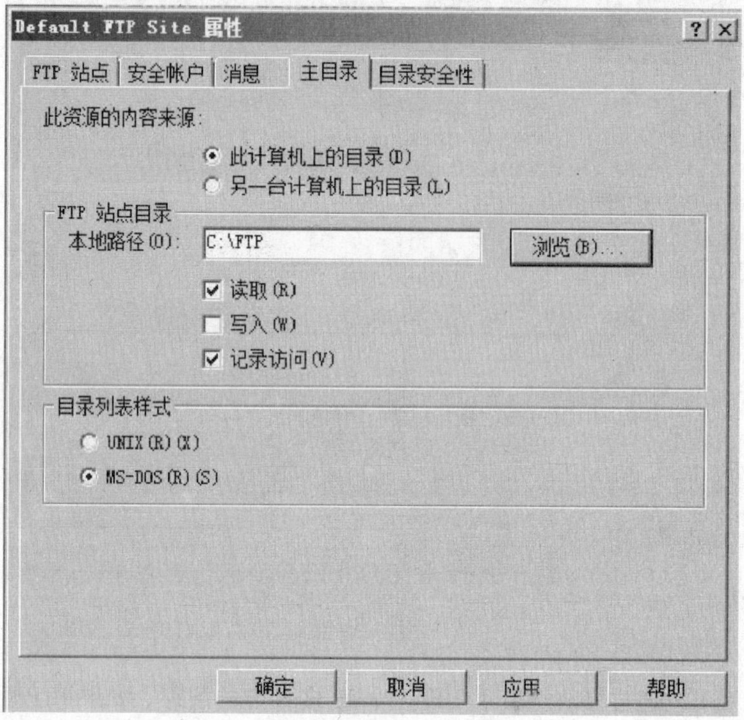

图　8-25

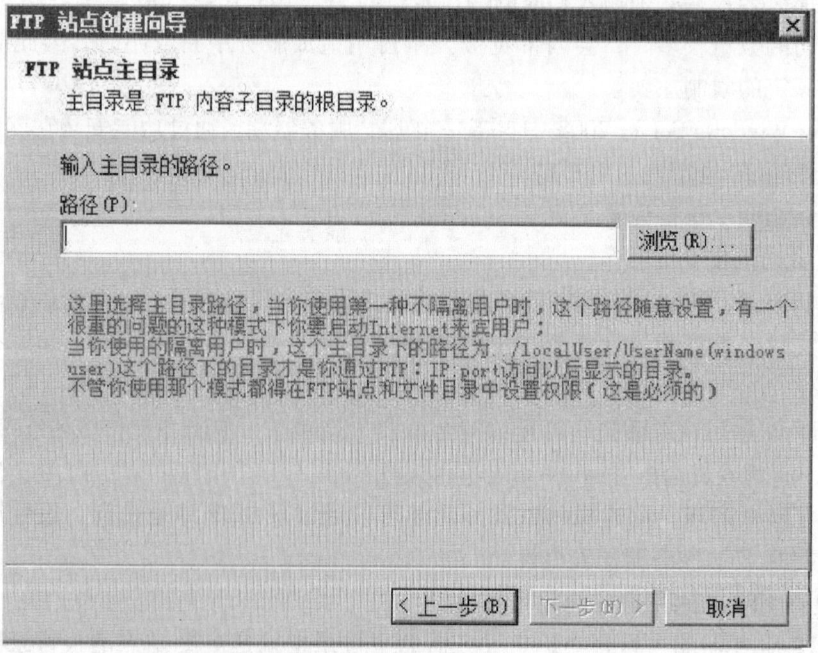

图　8-26

大家对 FTP 的认知已经不少，但对 IIS FTP 是否也很熟悉呢？下面就会对 IIS FTP 进行一下讲解。提到 FTP 服务器，可能大家都会想到 Serv-U、vs-FTP 等软件，其实微软内置在 IIS 里的 IIS FTP 服务已经够用，请往下看。

实现对多用户的管理

首先需要取消"默认 FTP 站点属性"→"安全帐号"→"允许匿名连接"，如图 8-27所示。

接着进入"计算机管理"→"本地用户和组"，新建立一个组，这里建立为 IIS FTPuser，然后新建立一个用户 ftp01，然后修改 ftp01 的属性，把它加入 IIS FTPuser 组，去掉系统默认的 users 组。在 NTFS 格式分区下（这里为 D 盘）创建文件夹 ftp01 和 ftp02，然后设置安全权限，如图 8-28 所示。

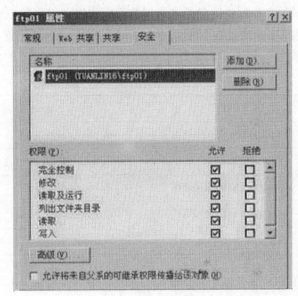

图 8-27   图 8-28

同样设置文件夹 ftp02 的权限为 ftp02 完全控制，当然这里可以按照实际情况分配不同用户不同的权限。回到 IIS 管理器，选择一个 IIS FTP 站点，选择"新建"→"虚拟目录"→"下一步"，在别名处输入 ftp01，单击"下一步"，路径选择刚刚创建的 ftp01 目录，单击"下一步"。同样新建一个虚拟目录 ftp02，路径指向 ftp02 目录。

这里注意的是，别名和目录名以及用户名 3 个必须完全一致。

测试一下。这里以 IP 地址为 192.168.0.16 为例，输入 IIS FTP：//192.168.0.16，回车，提示输入用户和密码，输入 ftp01 及其密码，顺利进入，这时进入的只能是 ftp01 虚拟目录，可以上传一个文件，然后在服务器上查看一下是放置在哪个目录下就可判定了。

同样，以 ftp02 登入，就进入了 ftp02 目录，用户被限制在自己的目录内不能进入他人目录，安全性还是有保障。如果用户需要能自己更改密码，则只需要在创建用户的时候，不选中图 8-29 所示的选项即可。

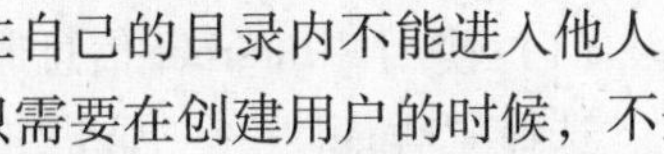

提示：客户端修改 IIS FTP 账户密码的方法。

□ 用户不能更改密码(S)

在命令提示符下输入"FTP 192.168.0.16"，之后输入

图 8-29

用户名、输入密码，输入 quote "site pswd 旧密码新密码"。

本方法优点：结合 NTFS 权限以及磁盘限额能很好地实现多用户的多样化管理。

本方法缺点：由于 IIS FTP 用户密码是以明文的方式在网络上传输，所以不太安全，遗憾的是，内置的 IIS FTP 服务并不支持 SSL，这一点不如 Serv-U。

步骤 8.1.3 添加 FTP 虚拟目录

1. 虚拟目录概念

虚拟目录是指不位于 FTP 站点主目录下的物理目录的友好名称或别名。如果 FTP 站点包含的文件位于主目录以外的某个目录或在其他计算机上，必须创建虚拟目录将这些文件包含到的 FTP 站点中。注意，要创建指向另一台计算机上的物理目录的虚拟目录，必须指定该目录的完整网络路径，并为用户设定权限并提供用户名和密码。

表 8-1 给出了在 FTP 站点中如何在文件的物理位置与访问这些文件的 URL 之间建立映射关系。

表 8-1

URL	物 理 位 置	别 名
ftp：//SampleFTPSite	C：\Inetpub\Ftproot	主目录
ftp：//SampleFTPSite/PR	C：\Marketing\PublicRel	PR
ftp：//SampleFTPSite/PR/OldPR	C：\Documents\Old	OldPR
ftp：//SampleFTPSite/PRPublic	C：\Documents\Public	PRPublic
ftp：//SampleWebSite/Customers	//Server2/SalesData	Customers

在 FTP 服务器中建立虚拟目录时，建议采用表 8-1 示例中的做法，使用别名。使用别名比较安全，FTP 站点访问用户不知道文件在服务器上相对于 FTP 站点主目录的物理位置，无法使用这些信息来修改文件。使用别名也可以更方便地移动站点中的目录而无需更改目录的 URL，而只需更改别名与目录物理位置之间的映射。使用别名的另一个好处在于可以发布多个目录下的内容以供所有用户访问，单独控制每个虚拟目录的读/写权限。即使启用用户隔离模式，也可以通过创建所有用户均具有访问权限的虚拟目录来共享公共内容。

2. 管理虚拟目录

在 Windows Server 2008 系统中用 "Internet 信息服务（IIS）6.0 管理器" 管理 FTP 站点中的虚拟目录。在虚拟目录和物理目录（不带别名的目录）都在 IIS 管理器中显示。用已修改文件夹图标表示虚拟目录。图 8-30 给出了一个 FTP 站点示例，其中 "Share" 为虚拟目录。

（1）使用 "Internet 信息服务（IIS）6.0 管理器" 添加虚拟目录

选择 "程序" → "管理工具" → "Internet 信息服务（IIS）6.0 管理器"，右键单击 "FILSERVER"，选择 "新建"，如图 8-31 所示。

单击 "虚拟目录" 后，启动创建虚拟目录的向导界面，如图 8-32 所示。

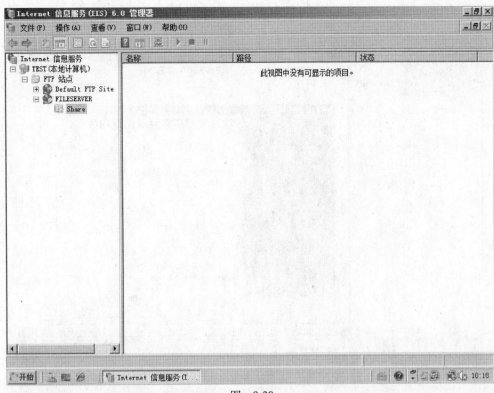

图 8-30

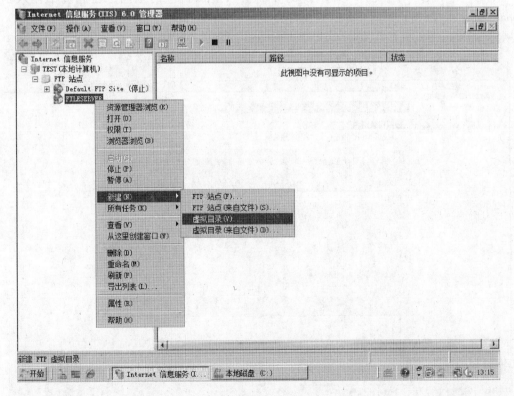

图 8-31

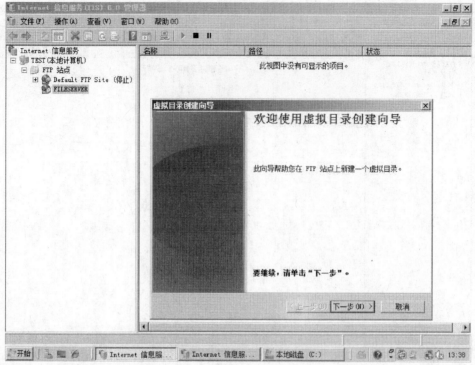

图 8-32

单击"下一步",在图 8-33 所示的界面输入虚拟目录的别名,在此例中输入别名"Share"。

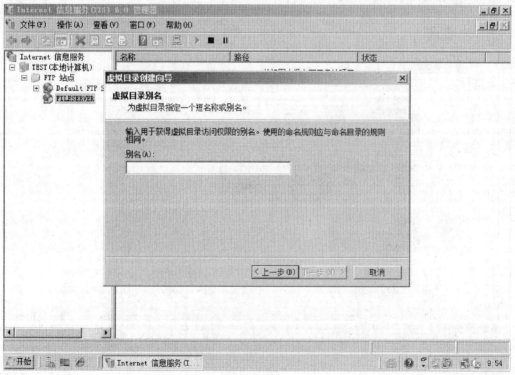

图 8-33

输入虚拟目录别名后单击"下一步",选择虚拟目录对应的物理目录,此例中虚拟目录"Share"对应物理目录"C:\ Public",如图 8-34 所示。

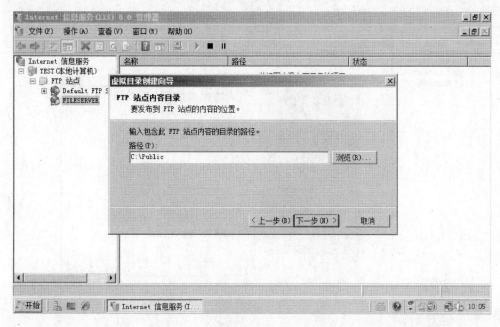

图　8-34

选择路径后单击"下一步",显示设定"虚拟目录访问权限"设置界面,如图 8-35 所示。

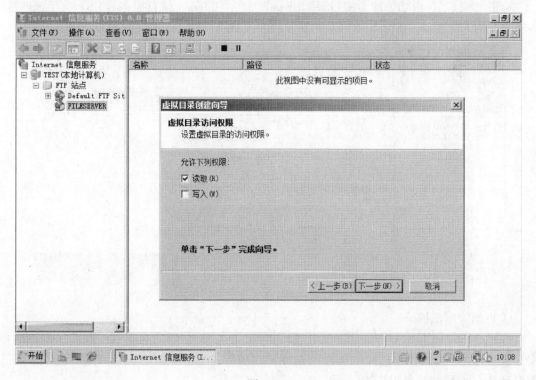

图　8-35

设定虚拟目录的读写权限后，单击"下一步"，完成虚拟目录设定，如图 8-36 所示。

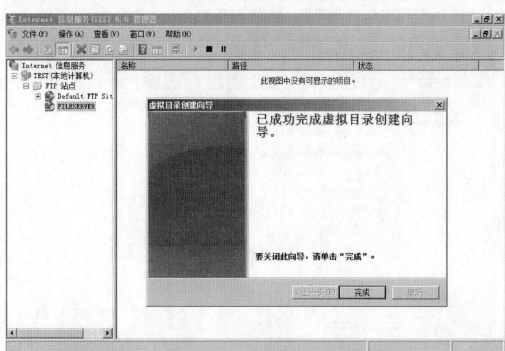

图　8-36

单击"完成"，成功创建虚拟目录"Share"，在"Internet 信息服务（IIS）6.0 管理器"界面左侧的 FTP 站点"FILESERVER"下显示虚拟目录"Share"，如图 8-37 所示。

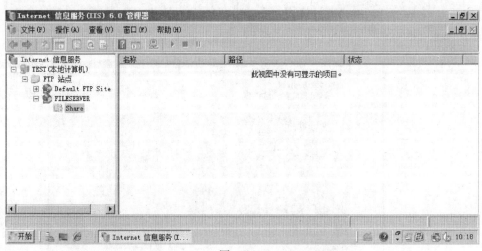

图　8-37

（2）删除虚拟目录

打开"Internet 信息服务（IIS）6.0 管理器"，在左侧的 FTP 站点中找到需要删除的虚拟目录，右键单击该目录选择"删除"选项，在随后弹出的界面中选择"是"选项，删除虚拟目录，如图 8-38 和图 8-39 所示。

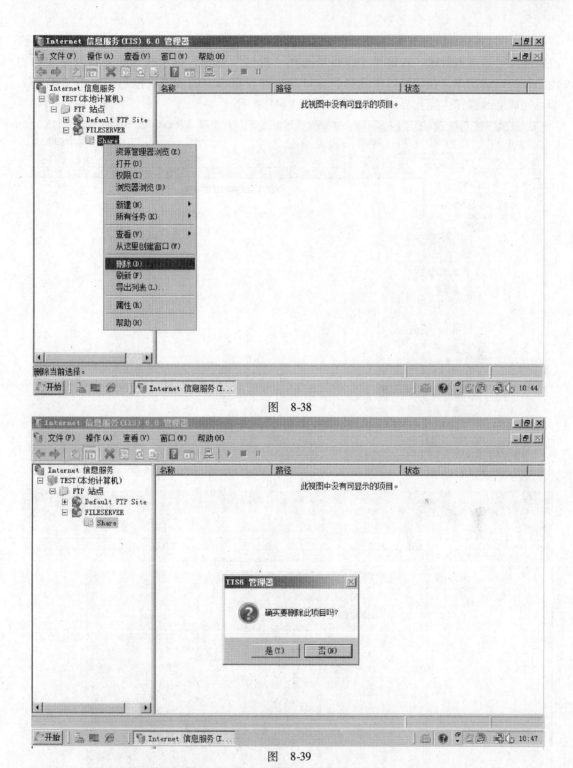

图　8-38

图　8-39

备注：在 IIS 中删除虚拟目录时，并不会将相应的物理内容从 Windows 文件系统中删除，它只删除了该内容作为应用程序下的虚拟目录这种关系。

（3）更改虚拟目录内容的物理路径

打开"Internet 信息服务（IIS）6.0 管理器"，在左侧窗口中的 FTP 站点中找到需要修改物理路径的虚拟目录，右键单击该目录选择"属性"选项，显示选择虚拟目录对应的物理路径的对话窗口，在该窗口中选择物理目录后并设定相应的读写权限后，单击"确定"，即可完成修改操作。操作界面如图 8-40 和图 8-41 所示。

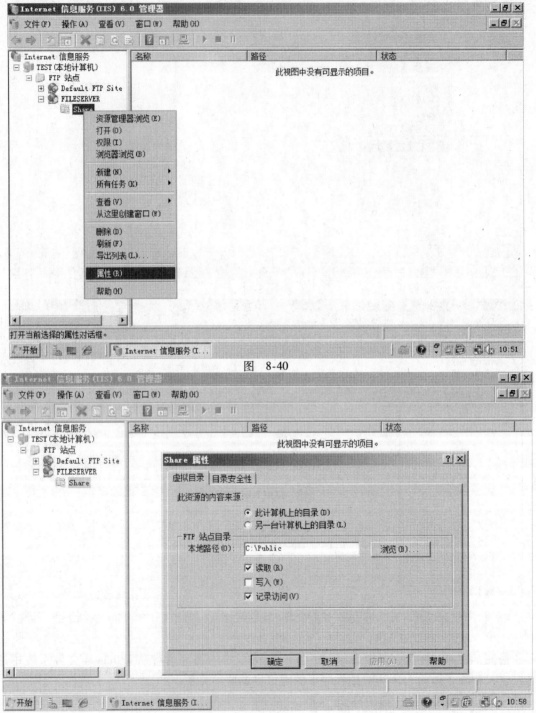

图　8-40

图　8-41

任务 8.2　管理 FTP 服务器

对于 FTP 服务器的功能需求主要体现在以下几个方面:为用户共享和存储资料;默认情况下,每个用户登录到 FTP 时只能访问自己的个人目录;建立公共文件夹,放置共享文件,公共文件夹能被多人访问;不同级别的用户的权限不同;限制用户的存储空间。

总结以上的描述,FTP 服务器需要以下基本要求:

- 使用 FTP 账户认证登录 FTP 服务器。
- 登录 FTP 后,只能进入指定的个人目录。
- 实现多个用户同时访问某一公共目录。
- 根据不同用户设置不同权限。
- 设置空间限制。

对应上面的要求,FTP 服务器需要做如下配置:

- 创建 FTP 账户
- 配置用户隔离
- 配置公共目录
- 配置权限
- 配置空间限制

下面我们对上述配置逐一进行阐述。

步骤 8.2.1　创建 FTP 账户

当 FTP 服务器安装完成后,默认状态下是"允许匿名连接"访问模式,即 FTP 客户端访问 FTP 服务器时不必提供用户名和密码即可访问 FTP 服务器中的资源。在 FTP 服务器中,在安装 IIS 角色时创建的用户"IUSR_机器名称",在"允许匿名连接"模式下所有客户端的连接通过该用户访问 FTP 服务器。"允许匿名连接"这种管理方式简单但是不安全,一般情况下应禁止"允许匿名连接"模式,建立账户认证的方式管理 FTP 服务器。下面演示用 FTP 用户认证方式访问 FTP 服务器,并在此过程增加安全设置。

第一步:取消"站点属性/允许匿名连接"。

选择"程序"→"管理工具"→"Internet 信息服务 (IIS) 6.0 管理器",右键单击需要管理的 FTP 站点,单击"属性"→"安全账户",将"允许匿名连接"前的钩删除,如图 8-42 和图 8-43 所示。

第二步:建立 FTP 用户。

在 Windows Server 2008 系统的 FTP 服务中,FTP 用户就是 Windows Server 2008 系统用户,添加一个 FTP 用户,必须添加一个 Windows Server 2008 系统用户,然后为其设置权限。Windows Server 2008 系统账户的创建按照前面的章节的描述实现。为了管理 FTP 用户和系统安全的需要,在创建 FTP 账户之前建立一个用户组,在此将该组命名为 FTPUSER。新建立两个用户 FTP01、FTP02,然后修改两个用户的属性,把它们加入 FTPUSER 组,去掉系统默认的 users 组。

第三步:测试。

这里以 FTP 服务器的 IP 地址为 192.168.1.103 为例,输入"FTP://192.168.1.103",

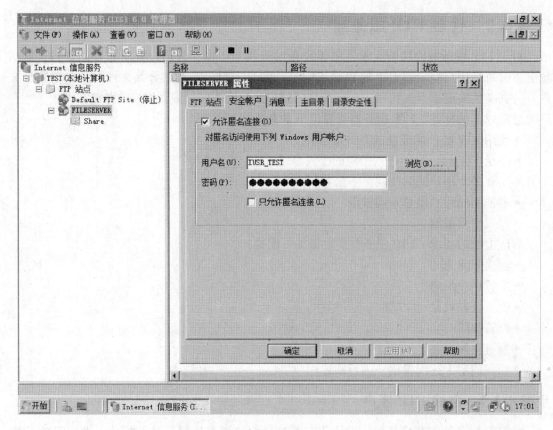

图 8-42

回车，提示输入用户和密码，输入用户名"FTP01"及其密码，
顺利进入。如果用户需要能自己更改密码，则只需要在创建用户
的时候，选择"用户下次登录时须修改密码"选项。

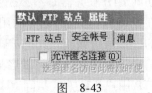

图 8-43

步骤 8.2.2   配置隔离用户

当用户登录未使用"FTP 用户隔离"设置的 FTP 站点时，不论他们是利用匿名账户，
还是利用正式的账户来登录 FTP 站点，都将被直接转向到 FTP 站点的主文件夹，访问主文
件夹内的文件。Windows Server 2008 的 IIS 中添加了"FTP 用户隔离"的功能。该功能将
FTP 用户限制在自己的目录中，防止用户查看或覆盖其他用户的 Web 内容。通过该功能可
以让每一个用户都各自拥有专用的文件夹，当用户登录 FTP 站点时，会被导向到其所属的
文件夹，而且不可以切换到其他用户的文件夹。FTP 用户在自己的文件夹中可以创建、修改
或删除文件和文件夹。

"FTP 用户隔离"是站点属性，而不是服务器属性。可以为每个 FTP 站点启动或关闭该
属性。在创建 FTP 站点时就决定是否要启用"FTP 用户隔离"功能，因为 FTP 站点创建完
成后就不能更改了。

在创建 FTP 站点时，IIS 允许选用以下 3 种模式之一创建 FTP 站点，每种模式启用不同
级别的隔离和身份验证：

1）不隔离用户：此模式不启用 FTP 用户隔离。该模式的工作方式与以前版本的 IIS 类似。由于在登录到 FTP 站点的不同用户间的隔离尚未实施，该模式最适合于只提供共享内容下载功能的站点或不需要在用户间进行数据访问保护的站点。当用户访问此类型的 FTP 站点时，他们都将被直接导向到同一个文件夹，也就是被导向到整个 FTP 站点的主目录。

2）隔离用户：此模式在用户可以访问与其用户名匹配的主目录前，根据本机或域账户对用户进行身份验证，所有用户的主目录都在单一 FTP 主目录下，每个用户均被安放和限制在自己的主目录中，不允许用户浏览自己主目录外的内容。如果用户需要访问特定的共享文件夹，您可以再建立一个虚拟根目录。该模式不使用活动目录（Active Directory）服务进行验证。下面的演示中采用此模式。注意，当使用该模式创建了较多个主目录时，服务器性能会下降

3）用 Active Directory 隔离用户：此模式根据相应的 Active Directory 容器验证用户凭据，而不是搜索整个 Active Directory，因为这样做需要大量的处理时间，本书暂不涉及此部分。

配置用户隔离模式的 FTP 站点的步骤如下：

第一步：创建采用"用户隔离模式"的 FTP 站点。

采用"用户隔离模式"的 FTP 站点的创建过程与前面讲述的"创建 FTP 站点"的过程相同，仅在"FTP 站点创建向导"提示"FTP 用户隔离"方式的界面中选择"隔离用户"选项即可，选择界面如图 8-44 所示。

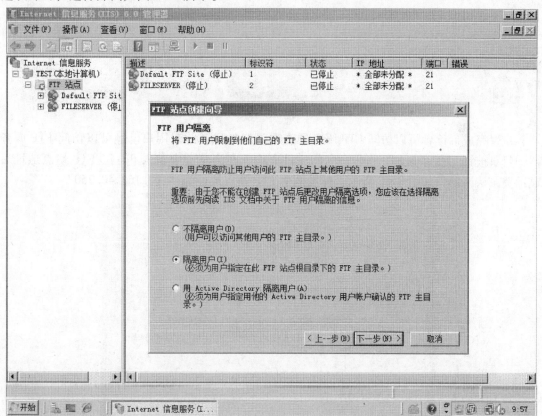

图 8-44

　　第二步：规划目录结构。

　　隔离用户模式站点对目录的名称和结构有一定的要求。首先 FTP 站点主目录必须在 NT-FS 分区中；然后在 FTP 站点主目录中创建一个名为"LocalUser"的子目录；最后在"LocalUser"文件夹下创建和用户账户名称一致的文件夹，也就是说在 LocalUser 文件夹中每一个用户对应一个与用户名相同的文件夹。在示例中创建 FTP 站点"FTPUSER"，该站点配置为隔离用户模式，访问该站点的用户为"FTP01"和"FTP02"，站点的主目录位于服务器的 D 盘"FTPUSER"下，在主目录下建立文件夹"LocalUser"，在"LocalUser"文件夹中对应于用户"FTP01"和"FTP02"分别建立文件夹"FTP01"和"FTP02"，文件夹结构如图 8-45 所示。

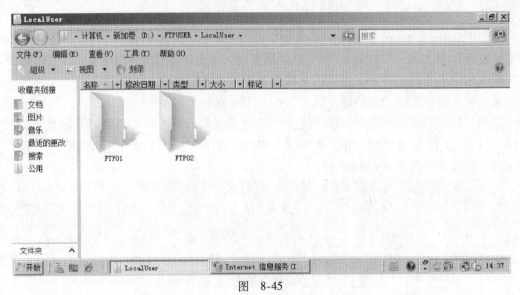

图　8-45

　　设置完成后读者可以访问 FTP 服务器查看设置效果，此时用户已经可以访问 FTP 服务器，目录被锁定在以他 FTP 账号命名的文件夹中。在浏览器中输入 ftp：//FTP 站点地址后显示登录认证窗口如图 8-46 所示，在示例中 FTP 站点地址为"192.168.40.250"。

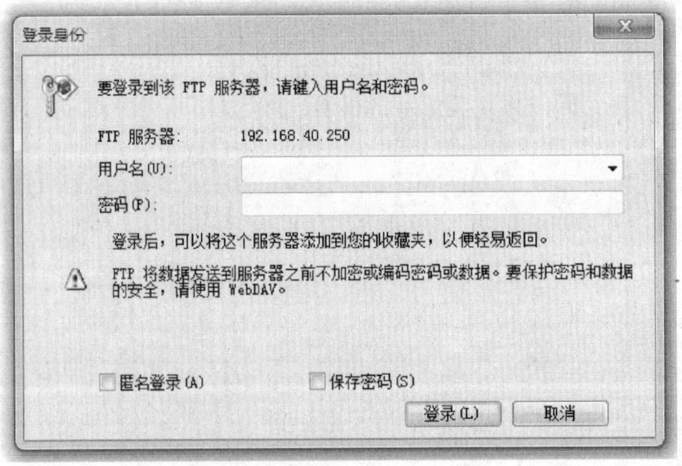

图　8-46

步骤 8.2.3　配置公共文件夹

配置公共文件夹的目的在于，可实现隔离用户模式的 FTP 站点多个用户同时访问某一公共目录的需求，可按照如下方式实现站点的设置和访问。

在采用隔离用户模式的 FTP 站点的主目录下创建文件夹"PUBLIC"，该目录将是匿名用户的主目录。目录结构如图 8-47 所示。

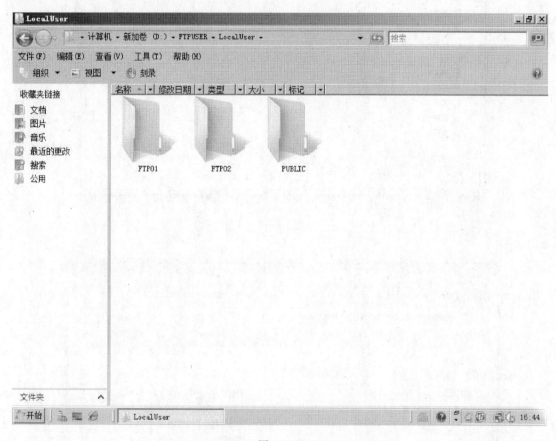

图　8-47

FTP 用户登录分为两种情况：如果以匿名用户的身份登录，则登录成功以后只能在PUBLIC 目录中进行读写操作；如果是以某一有效用户的身份登录，则该用户只能在属于自己的目录中进行读写操作，且无法看到其他用户的目录和 PUBLIC 目录。

用户访问 FTP 站点时在浏览器地址栏输入 ftp：//FTP 站点地址，则默认以匿名方式访问"PUBLIC"文件夹中的内容，结果如图 8-48 所示。示例中 FTP 站点地址为"192.168.40.250"，在地址栏输入"ftp：//192.168.40.250"。

当用户需要访问自己的私有文件夹时在上图的空白处单击鼠标右键，在右键菜单中选择"登录"，如图 8-49 所示。

"登录"选项，显示图 8-50 所示"登录身份"认证界面，用合法的 FTP 用户名和口令认证成功后即可访问用户私有的文件夹的内容。

图　8-48

图　8-49

图　8-50

步骤8.2.4　设置空间限制

FTP 服务器用于为多个用户提供服务，但是如果每个用户都可以无限制地往 FTP 服务器上传文件，而又不及时清理的话，这台 FTP 服务器的硬盘空间很快就会被占满。针对这种情况，在部署 FTP 服务器的时候，要给用户设置一个最大空间的限额，强制用户及时清理过期的文件。

设置 FTP 空间限制可以通过启用"磁盘配额"功能来实现，"磁盘配额"是磁盘属性的一个选项，启用"磁盘配额"功能的磁盘必须是 NTFS 格式的。下面介绍如何启用设置"磁盘配额"功能，配置步骤如下：

右键单击 FTP 目录所在的磁盘（分区），单击"属性"选项，单击"配额"的选项卡，如图 8-51 所示。

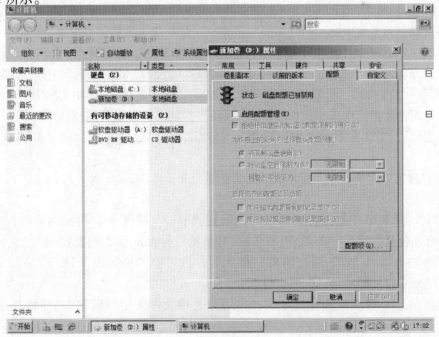

图　8-51

选择"启用配额管理",然后单击"配额"选项卡,如图 8-52 所示。

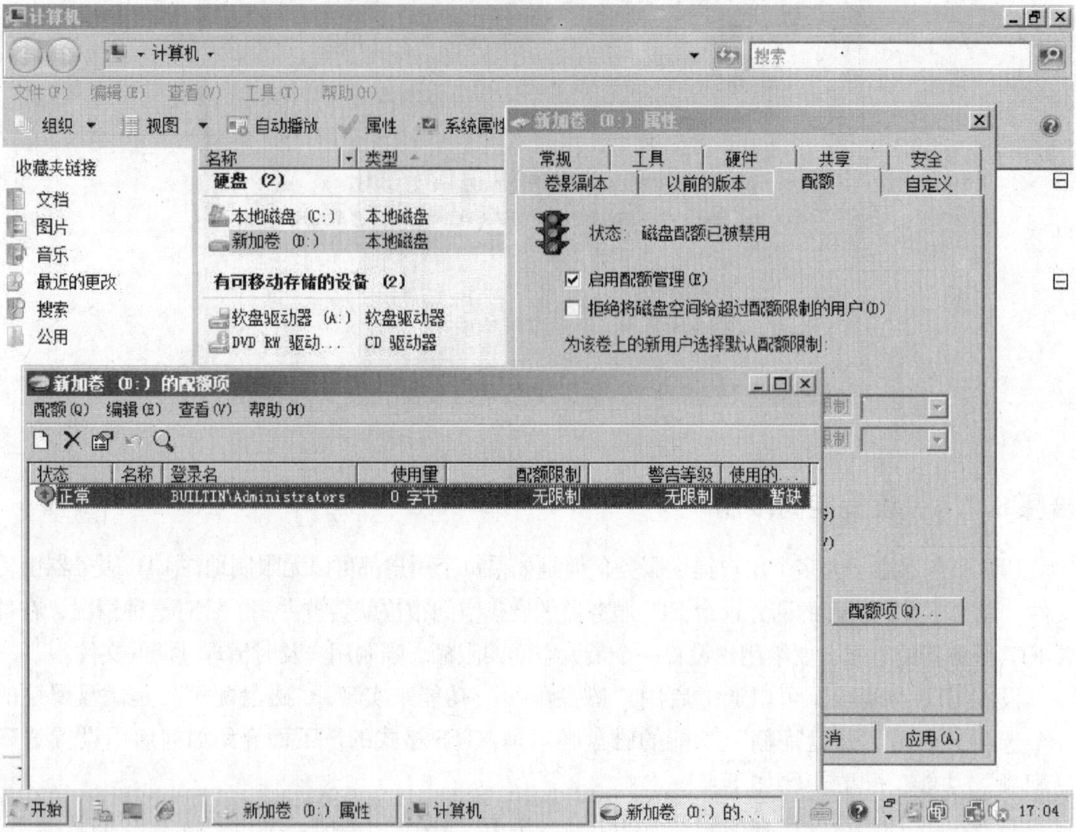

图　8-52

上面窗口显示本机中的用户"Administrators"在 D 盘未设置磁盘配额。

在配额项对话框中"配额"菜单下,选项"新建配额",如图 8-53 所示。

单击"新建配额"选项,显示选择用户的窗口,"配额管理"是针对用户管理的,在示例中选择用户"FTP01",针对用户"FTP01"建立"配额管理",如图 8-54 所示。

在选择用户的窗口中选择用户后单击"确定",显示"添加新配额选项"界面。在此界面中,将用户"FTP01"的磁盘空间限制为 500MB,将"报警等级"设为 400MB,如图 8-55 所示。

单击"确定"完成设定。设定成功后的配置结果,如图 8-56 所示。

说明:

当 FTP 站点采用"允许匿名连接"访问模式时,且需要"启用配额管理"时,则对 FTP 服务自动创建的用户"IUSR_机器名称"(该用户前面介绍过)建立配额。

当 FTP 站点采用"FTP 用户隔离"模式时,且需要"启用配额管理"时,则对访问 FTP 站点的每个合法用户建立配额。

对用户设定"启用配额管理"后,当用户上传文件大于所限制的空间时,将会无法上传。

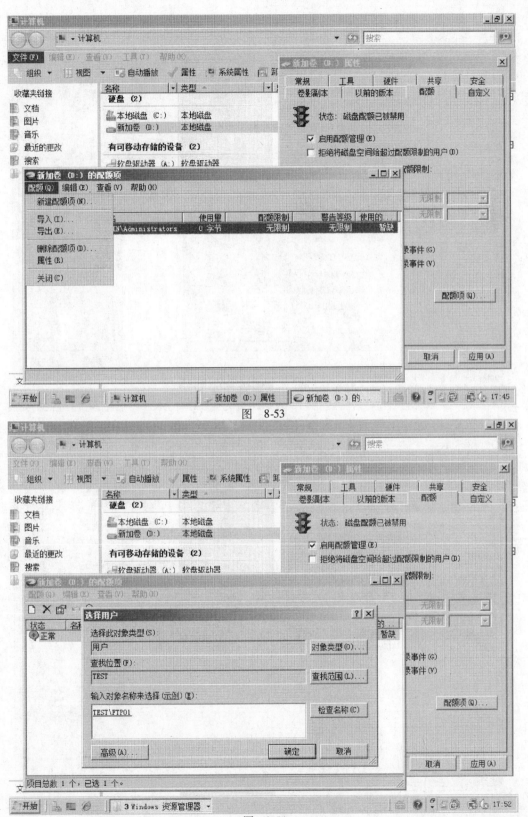

图　8-53

图　8-54

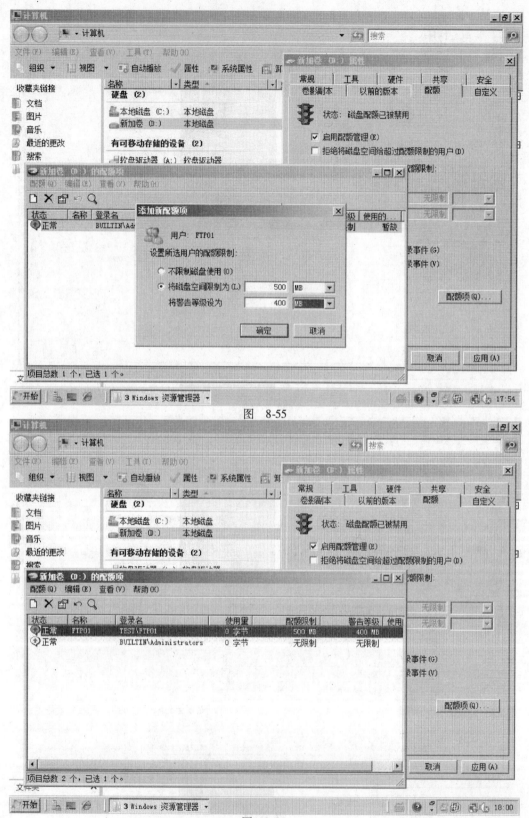

图　8-55

图　8-56

任务 8.3　访问 FTP 站点

FTP 服务器设置完成以后，访问登录 FTP 服务器的方法主要有以下三种，下面分别加以介绍。

步骤 8.3.1　用 IE 浏览器访问 FTP 服务器

在 IE 浏览器的地址栏中输入以"ftp：//"开头的 FTP 服务器域名或 IP 地址，即可访问 FTP 服务器。比如访问域名为 ftp. school. cn 的 FTP 服务器则应在 IE 的地址栏中输入地址："ftp：//ftp. school. cn"。登录成功后，使用方法类似 Windows 系统的"资源管理器"功能，只是其中的文件在 FTP 服务器上，将其中的文件保存到本地计算机上就是下载，将本机文件复制到文件夹中就是上传。

步骤 8.3.2　使用 FTP 命令登录 FTP 服务器

选择"开始"→"程序"→"附件"→"命令提示符"，打开 DOS 命令窗口，即可输入 FTP 命令。

常用 FTP 命令如下：

（1）登录 FTP 服务器

方法一：输入命令 ftp host，其中 host 是 FTP 服务器的域名或 IP 地址。例如，输入"C：\ > ftp ftp. school. cn"，启动 FTP 后，命令提示符变为"ftp >"。

方法二：先输入命令 ftp 启动 FTP，再用命令 open host 登录服务器。如：

C：\ > ftp

C：\ > open ftp. school. cn

登录时先是显示一些欢迎信息，然后会要求输入用户名和密码，比如匿名登录服务器：

User：anonymous

331 User name okay, please send complete E-mail address as password

Password：

230 User logged in, proceed

ftp >

注意，在输入密码时，屏幕没有任何显示，但已经输入了，不要认为出错。登录成功后就可以访问 FTP 服务器上的文件了。

如果由于用户名或密码错误导致登录失败，可以用 user 命令重新登录。

（2）查看 FTP 服务器上的文件

dir 命令：显示目录和文件列表，dir 命令可以使用通配符"＊"和"？"。例如，显示当前目录中所有扩展名为 jpg 的文件，可使用命令 dir ＊. jpg。

ls 命令：显示简易的文件列表。

cd 命令：进入指定的目录。该命令中必须带目录名。例如，cd main 表示进入当前目录下的 main 子目录，cd. . 表示退回上一级子目录。

（3）下载文件

上传和下载文件时应该使用正确的传输类型。FTP 的传输类型分为 ASCII 码方式和二进制方式两种，对 . txt、. htm 等文件应采用 ASCII 码方式传输，对 . exe 或图片、视频、音频等文件应采用二进制方式传输。在默认情况下，FTP 服务为 ASCII 码传输方式。

type 命令：查看当前的传输方式。

ascii 命令：设定传输方式为 ASCII 码方式。

binary 命令：设定传输方式为二进制方式。

lcd 命令：设定 ftp 服务的工作目录。例如 "lcd d：\" 表示将工作目录设定为 D 盘的根目录。

get 命令：下载指定文件。get 命令的格式内 "get filename [newname]"，filename 为下载的 FTP 服务器上的文件名，newname 为保存在本地计算机上时使用的名字，如果不指定 newname，文件将以原名保存。get 命令下载的文件将保存在本地计算机的工作目录下。该目录是启动 FTP 服务时在盘符 "C:" 后显示的目录。如果想修改本地计算机的工作目录，可以使用 lcd 命令。

mget 命令：下载多个文件，mget 命令的格式为 "mget filename[filename……]"。mget 命令支持通配符 "＊" 和 "?"。例如，mget ＊. mp3 表示下载 FTP 服务器当前目录下的所有扩展名为 mp3 的文件。

（4）上传文件

put 命令：上传指定文件。put 命令的格式为 "put filename[newname]"，filename 为上传的本地文件名，newname 为上传至 FTP 服务器上时使用的名字，如果不指定 newname，文件将以原名上传。上传文件前，应该根据文件的类型设置传输方式，本机的工作目录也应该设置为上传文件所在的目录。

（5）结束并退出 FTP

close 命令：结束与服务器的 FTP 会话。

quit 命令：结束与服务器的 FTP 会话并退出 FTP 环境。

（6）其他 FTP 命令

pwd 命令：查看 FTP 服务器上的当前工作目录。

rename filename new filename 命令：重命名 FTP 服务器上的文件。

delete filename 命令：删除 FTP 服务器上的文件。

help [cmd] 命令：显示 FTP 命令的帮助信息，cmd 是命令名，如果不带参数，则显示所有 FTP 命令。

步骤8.3.3 使用 FTP 客户端软件访问 FTP 服务器

FTP 客户端软件有很多，"CuteFTP" 是非常知名的一款 FTP 客户端软件，很适合经常访问 FTP 站点的用户。将 FTP 客户端软件安装到计算机中，按照软件的设置要求设定访问的 FTP 地址、用户名及密码信息后，就可以用它很方便地访问 FTP 服务器了。

总结

FTP 服务是应用很广泛的一种应用，本项目介绍了 FTP 服务的安装、配置、管理以及访问 FTP 站点的方法，介绍了在 IIS 中配置满足实用需求的 FTP 站点的方法。

实训

实验目的：

1. 安装配置 IIS 的 FTP 站点。

2. 实现多用户访问 FTP 站点，配置 FTP 站点安全性。

实验环境：

一台 Windows Server 2008 系统服务器安装 FTP 服务，客户机为 Windows XP 系统。

实验任务描述：

某学院为存放大量数据文件准备在局域网中配置一台 FTP 服务器，IP 地址为 192.168.1.1，域名为 ftp. school. cn。FTP 服务器供内部教职工和学生上传和下载文件，用户如果不提供用户和密码就不能登录，限制同时连接数服务器的用户数，将服务器的日志放在指定位置便于查看。作为一名系统管理员的你如何实现友好且安全的 ftp 设置，具体要求如下：

1. 创建一个新 FTP 站点，端口为 21。

2. 设置不允许匿名访问。

3. 添加用户 studeng1 可以上传文件，studeng2 只能读取，studeng3 不能访问。

4. 设置 192.168.1.244 客户机不能访问 FTP 服务器。

5. 允许最多同时联机 100 用户，每个客户 IP 允许同时与服务器建立 5 个连接。

6. 每个用户的访问速度限制在 512K。FTP 日志文件存放在/var/vhlogs/vsftpd. log 文件中。

7. 定制欢迎信息为 "welcome to ftp. school. cn"。

项目 ⑨

域和活动目录

项目目标

- 介绍活动目录
- 创建 Windows Server 2008 活动目录域
- 设计活动目录组织单位
- 创建和管理域用户
- 漫游式用户配置文件
- 在活动目录中使用组

任务的提出

为什么要组建局域网呢？就是要实现资源的共享，既然资源要共享，资源就不会太少。如何管理这些在不同机器上的资源呢？域和工作组就是在这样的环境中产生的两种不同的网络资源管理模式。那么究竟什么是域，什么是工作组呢？它们的区别又是什么呢？

任务 9.1　活动目录介绍

步骤 9.1.1　工作组和域

1. 工作组

工作组（Work Group）在一个网络内，可能有成百上千台电脑，如果这些电脑不进行分组，都列在"网上邻居"内，可想而知会有多么乱。为了解决这一问题，从 Windows 9x/NT/2000 就引用了"工作组"这个概念，将不同的电脑一般按功能分别列入不同的组中，如财务部的电脑都列入"财务部"工作组中，人事部的电脑都列入"人事部"工作组中。要访问某个部门的资源，就在"网上邻居"里找到那个部门的工作组名，双击就可以看到那个部门的电脑了。

那么怎么加入工作组呢？其实很简单，只需要右键单击 Windows 桌面上的"我的电脑"，在弹出的菜单出选择"属性"，在"计算机名"中添入想好的名字和想加入的工作组名称。如果输入的工作组名称以前没有，那么相当于新建一个工作组，当然只有你的电脑在里面。计算机名和工作组名的长度不能超过 15 个英文字符，可以输入汉字，但是不能超过 9 个。"计算机描述"是附加信息，不填也可以，但是最好填上一些这台电脑主人的信息，如"技术部主管"等。单击"确定"后，提示需要重新启动，按要求重新启动之后，再进入"网上邻居"，就可以看到所在工作组的成员了。

一般来说，同一个工作组内部成员相互交换信息的频率最高，所以一进入"网上邻居"，首先看到的是所在工作组的成员。如果要访问其他工作组的成员，需要双击"整个网络"，就会看到网络上所有的工作组，双击工作组名称，就会看到里面的成员。也可以退出某个工作组，只要将工作组名称改动即可。不过这样在网上别人照样可以访问你的共享资源，只不过换了一个工作组而已。你可以随便加入同一网络上的任何工作组，也可以离开一个工作组。"工作组"就像一个自由加入和退出的"俱乐部"一样，它本身的作用仅是提供一个"房间"，以方便网上计算机共享资源的浏览。

2. 域

域（Domain）与工作组的"松散会员制"有所不同，"域"是一个相对严格的组织。"域"指的是服务器控制网络上的计算机能否加入的计算机组合。实行严格的管理对网络安全是非常必要的。在对等网模式下，任何一台电脑只要接入网络，就可以访问共享资源，如通过共享 ISDN 上网等。尽管对等网络上的共享文件可以加访问密码，但是非常容易被破解。在由 Windows 9x 构成的对等网中，数据是非常不安全的。在"域"模式下，至少有一台服务器负责每一台联入网络的电脑和用户的验证工作，相当于一个单位的门卫一样，称为域控制器（Domain Controller, DC）。域控制器中包含了由这个域的账户、密码和属于这个域的计算机等信息构成的数据库。当电脑联入网络时，域控制器首先要鉴别这台电脑是否是属于这个域的，用户使用的登录账号是否存在、密码是否正确。如果以上信息不正确，域控制器就拒绝这个用户从这台电脑登录。不能登录，用户就不能访问服务器上有权限保护的资源，只能以对等网用户的方式访问 Windows 共享出来的资源，这样就一定程度上保护了网络上的资源。域的结构如图 9-1 所示。

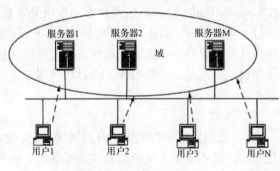

图 9-1

3. 工作组与域的区别

域管理与工作组管理的主要区别如下：

（1）工作组网实现的是分散的管理模式，每一台计算机都是独立自主的，用户账户和权限信息保存在本机中，同时借助工作组来共享信息，共享信息的权限设置由每台计算机控制。在"网上邻居"中能够看到的工作组机的列表叫浏览列表，是通过广播查询浏览主控服务器，由浏览主控服务器提供的。

而域实现的是主/从管理模式，通过一台域控制器来集中管理域内用户账号和权限，账号信息保存在域控制器内，共享信息分散在每台计算机中，但是访问权限由控制器统一管理。这就是两者最大的不同。

（2）在"域"模式下，资源的访问有较严格的管理，至少有一台服务器负责每一台联入网络的电脑和用户的验证工作，相当于一个单位的门卫一样，称为域控制器（Domain Controller, DC）。

（3）域控制器中包含了由这个域的账户、密码、属于这个域的计算机等信息构成的数据库。当电脑联入网络时，域控制器首先要鉴别这台电脑是否是属于这个域的，用户使用的登录账号是否存在、密码是否正确。如果以上信息有一样不正确，那么域控制器就会拒绝这

个用户从这台电脑登录。不能登录，用户就不能访问服务器上有权限保护的资源，他只能以对等网用户的方式访问 Windows 共享出来的资源，这样就在一定程度上保护了网络上的资源。而工作组进行的只是本地电脑的信息与安全的认证。

4. 公司采用域管理的好处

（1）方便管理，权限管理比较集中，管理人员可以较好地管理计算机资源。

（2）安全性高，有利于企业的一些保密资料的管理。例如，一个文件只能让某一个人看，或者指定人员可以看，但不可以删/改/移等。

（3）方便对用户操作进行权限设置，可以分发、指派软件等，实现网络内的软件一起安装。

（4）很多服务必须建立在域环境中，对管理员来说有好处：统一管理，方便在 MS 软件方面集成，如 ISA EXCHANGE（邮件服务器）、ISA SERVER（上网的各种设置与管理）等。

（5）使用漫游账户和文件夹重定向技术，个人账户的工作文件及数据等可以存储在服务器上，统一进行备份、管理，用户的数据更加安全、有保障。

（6）方便用户使用各种资源。

（7）微软系统管理服务器（System Management Server，SMS）能够分发应用程序、系统补丁等，用户可以选择安装，也可以由系统管理员指派自动安装；并能集中管理系统补丁（如 Windows Updates），不需每台客户端服务器都下载同样的补丁，从而节省大量网络带宽。

（8）资源共享。用户和管理员可以不知道他们所需要的对象的确切名称，但是他们可能知道这个对象的一个或多个属性，他们可以通过查找对象的部分属性在域中得到一个与所有已知属性相匹配的对象列表。通过域使得基于一个或者多个对象属性来查找一个对象变得可能。

（9）管理

1）域控制器集中管理用户对网络的访问，如登录、验证、访问目录和共享资源。为了简化管理，所有域中的域控制器都是平等的，你可以在任何域控制器上进行修改，这种更新可以复制到域中所有的其他域控制器上。

2）域的实施通过提供对网络上所有对象的单点管理进一步简化了管理。因为域控制器提供了对网络上所有资源的单点登录，管理员可以登录到一台计算机来管理网络中任何计算机上的管理对象。在 Windows NT 网络中，当用户一次登录一个域服务器后，就可以访问该域中已经开放的全部资源，而无需对同一域进行多次登录。但在需要共享不同域中的服务时，对每个域都必须登录一次，否则无法访问未登录域服务器中的资源或无法获得未登录域的服务。

（10）可扩展性。在活动目录中，目录通过将目录组织成几个部分存储信息从而允许存储大量的对象。因此，目录可以随着组织的增长而一同扩展，允许用户从一个具有几百个对象的小型安装环境发展成拥有几百万对象的大型安装环境。

（11）安全性。域为用户提供了单一的登录过程来访问网络资源，如所有用户具有权限的文件、打印机和应用程序资源。也就是说，用户可以通过登录到一台计算机来使用网络上另外一台计算机上的资源，只要用户具有对资源的合适权限。域通过对用户权限合适的划分，确定了只有对特定资源有合法权限的用户才能使用该资源，从而保障了资源使用的合法性和安全性。

（12）可冗余性。每个域控制器保存和维护目录的一个副本。在域中，创建的每一个用户账号都会对应目录的一个记录。当用户登录到域中的计算机时，域控制器将按照目录检查用户名、口令、登录限制以验证用户。当存在多个域控制器时，会定期地相互复制目录信息。域控制器间的数据复制，促使用户信息发生改变时（如用户修改了口令），可以迅速地复制到其他的域控制器上。这样当一台域控制器出现故障时，用户仍然可以通过其他的域控制器进行登录，保障了网络的顺利运行。

基于以上限制，工作组是较小规模计算机网络组织的形式，在大企业中网络规模大，计算机数量多，需要统一的管理和集中的身份验证，并且能够给用户提供方便的搜索和使用网络资源的方式，工作组的组织形式就不适合了。

步骤9.1.2 目录服务的含义

目录是一个用于存储用户感兴趣的对象信息的信息库。所谓目录服务就是结构化的网络资源信息库，如计算机、用户、打印机、服务器等。

活动目录（Active Directory）是用于 Windows Server 2008 的目录服务。它存储着本网络上各种对象的相关信息，并使用一种易于用户查找及使用的结构化的数据存储方法来组织和保存数据。在整个目录中，通过登录验证以及目录中对象的访问控制，将安全性集成到活动目录中。

目录服务可以实现如下的功能：

1）提高管理者定义的安全性来保证信息不受入侵者的破坏。

2）将目录分布在一个网络中的多台计算机上，提高了整个网络系统的可靠性。

3）复制目录可以使得更多用户获得它，并且减少使用和管理开销，提高了效率。

4）分配一个目录于多个存储介质中使其可以存储规模非常大的对象。

步骤9.1.3 活动目录与域

Windows 系统域是基于 Windows NT 技术构建的 Windows 系统组成的计算机网络的独立安全范围，是 Windows 系统的逻辑管理单位。也就是说，一个域就是一系列的用户账户、访问权限和其他的各种资源的集合。活动目录的结构如图9-2所示。

对象（Object）。它是对某具体事物的命名，如用户、打印机或应用程序等。属性是对象用来识别主题的描述性数据。一个用户的属性可能包括用户的 Name、Email 和 Phone 等，如图9-3所示，是一个用户对象和其属性的表示。

域（Domain）。创建活动目录域，必须提供一个或多个域控制器。域是一种管理单元，并且在一个域内部将共享某些功能和参

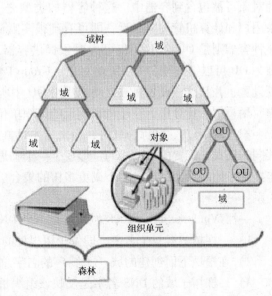

图 9-2

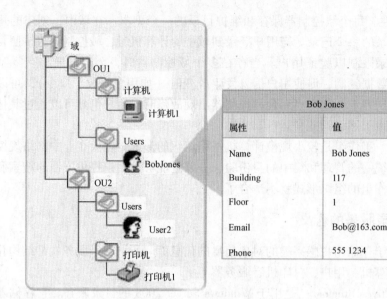

图　9-3

数。首先，所有域控制器都需要复制域的数据存储中的分区，这些分区中将包含该域中用户、组和计算机的身份数据。因为所有 DC 都维持了相同的身份存储，因此任何一台 DC 都可对域中的任何身份进行验证。另外，域也可以看做是管理策略的完整范围，例如密码复杂性策略和账户锁定策略。在域中配置这些策略后，将影响域中的所有计算机，但并不会影响其他域中的账户。任何一台域控制器还可对活动目录数据库中任何一个对象进行改动，这些改动随后将复制给所有其他域控制器。因此如果网络无法支持在域控制器之间复制所有数据，就需要实施多个域，并分别管理身份子集的复制工作。

　　组织单位（Organizational Unit，OU）。活动目录是一种划分等级的数据库。数据存储中的对象可被包含到容器中。这种容器的类型之一是名为"容器"的对象类，在打开活动目录用户和计算机管理单元后，即可看到很多默认容器，包括 Users、Computers 和 Builtin。另一种容器则是 OU。OU 不仅可为对象提供容器，而且可以对要管理的对象划分范围。这是因为 OU 可以链接给名为组策略对象（Group Policy Object，GPO）的对象，GPO 中可包含配置设置，并且这些设置将被自动应用给 OU 中所包含的所有用户或计算机。它能包容用户账户、用户组、计算机、打印机和其他的组织单位。

　　树（Tree）。它又称为域树，用来描述对象及容器的分层结构关系。域树是由若干具有共同的模式、配置的域构成的，形成了一个临近的名字空间。在树中的域也是通过信任关系连接起来的。活动目录是一个或更多树的集合。树可以通过两种途径表示：一种是域之间的关系：另一种是域树的名字空间

　　一棵 Windows Server 2008 域树就是一个 DNS 名字空间。域树名字空间具有以下特点：

　　1）一棵树只有一个名字，即位于树根处的域的 DNS 名字。

　　2）在根域下面创建的域（子域）的名字总是与根域的名字邻接。

　　3）一棵树子域的 DNS 名字是反映该组织机构的。

　　林（Forest）。它是一棵或多棵 Windows Server 2008 活动目录树的集合。各树之间地位

相当，由双向传递的信任关系相关联。单个域组成一棵单域的树，单棵树组成单树的树林。树林与活动目录是同一个概念，也就是说，一个特定的目录服务实例（包括所有的域、所有的配置和模式信息）中的全部目录分区集合组成一片树林。

步骤 9.1.4　活动目录的物理结构

1. 域控制器

域控制器就是运行活动目录的 Windows Server 2008 服务器。由于在域控制器上，活动目录存储了所有的域范围内的账户和策略信息，如系统的安全策略、用户身份验证数据和目录搜索。账户信息可以属于用户、服务和计算机账户。由于有活动目录的存在，域控制器不需要本地安全账户管理器（SAM）。在域中作为服务器的系统可以充当以下两种角色中的任何一种：域控制器或成员服务器。

2. 站点

活动目录中的站点代表网络的物理结构或拓扑。活动目录使用在目录中存储为站点和站点连接对象，来建立最有效的复制拓扑。可以将站点定义为由一个或多个 IP 子网的一组连接良好的计算机集合。站点与域不同，站点代表网络的物理结构，而域代表组织的逻辑结构。

站点在概念上不同于 Windows Server 2008 的域，因为一个站点可以跨越多个域，而一个域也可以跨越多个站点。站点并不属于域名称空间的一部分，站点控制域信息的复制，并可以帮助确定资源位置的远近。站点反映网络的物理结构，而域通常反映组织的逻辑结构。

3. 域信任关系

信任是域之间建立的关系，它可使一个域中的用户由处在另一个域中的域控制器来进行验证。Windows Server 2008 域之间信任关系建立在 Kerberos 安全协议上。Windows Server 2008 树林中的所有信任都是可传递的、双向信任的，因此，信任关系中的两个域都是相互受信任的，如图 9-4 所示。

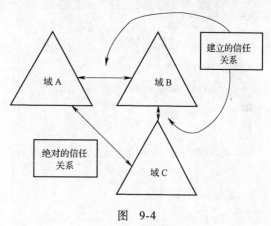

图　9-4

任务 9.2　安装活动目录

步骤 9.2.1　创建域的必要条件

域名服务器（DNS）区域可存储在活动目录中。如果要使用 Windows Server 2008 DNS 服务，主区域文件可存储在活动目录中，用于复制到其他活动目录域控制器中。

活动目录客户使用 DNS 来定位域控制器。在 Windows Server 2008 服务器的基本系统安装完成之后，可以通过手动安装 DNS 和命令 dcpromo（创建 DNS 和活动目录的命令行工具），也可以使用"Windows Server 2008 管理服务器"向导来进行安装。

所以，在安装域控制器前要注意以下事项：

1）DNS 域名：请事先为活动目录域考虑一个符合 DNS 格式的域名，如"bvclss.com"。

2）DNS 服务器：必须要有一台可以支持活动目录的 DNS 服务器，也就是它必须支持服务位置资源记录 SRV，且最好支持动态更新。

步骤 9.2.2　安装第一台域控制器

1. 在 DCServer 上安装网络中第一台域控制器

首先以管理员的身份登录，更改计算机名为 DCServer（见图 9-5），重启操作系统。

将 DCServer 的 IP 地址配置成静态 IP 地址 192.168.21.23，子网掩码 255.255.255.0，网关 192.168.21.254，首选 DNS 服务器 192.168.21.23。因为安装活动目录的同时也要安装 DNS 服务，DNS 服务要求服务器使用静态 IP 地址。

安装活动目录步骤如下：

（1）单击"开始"→"运行"，输入"dcpromo"，如图 9-6 所示；之后单击"确定"，打开活动目录安装向导，单击"下一步"，在"操作系统兼容性"对话框中，单击"下一步"。

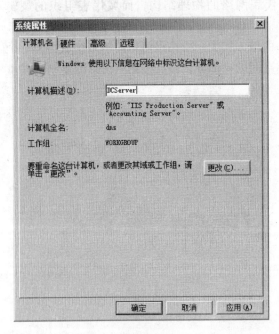

图 9-5

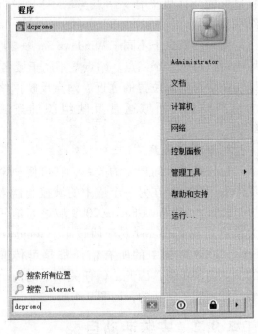

图 9-6

（2）选中"在新林中新建域"，单击"下一步"，如图 9-7 所示。

（3）输入目录林根级域的完全限定域名（Fully Qualified Domain Name，FQDN）为"bvclss.com"，单击"下一步"，如图 9-8 所示。

注意，输入的域名要求是 FQDN 的，不能是类似"bvclss"这样的名字。例如，美国微软公司要创建一个域，域名可以输入"microsoft.com"，但不能是"Microsoft"。

（4）在"林功能级别"选中"Windows Server 2008"，单击"下一步"，如图 9-9 所示；在"其他域控制器选项"对话框中，选中"DNS 服务器"单击"下一步"，如图 9-10 所示。

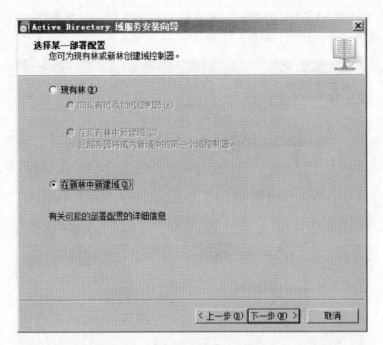

图　9-7

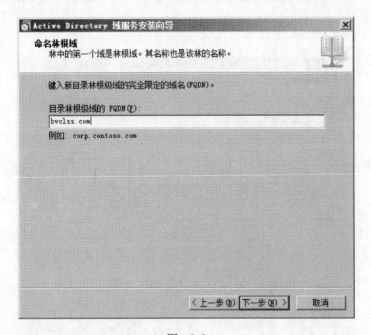

图　9-8

　　注意，此林功能级别不提供 Windows Server 2008 林功能级别之上的任何新功能。但是，它确保在该林中创建的任何新域将自动在 Windows Server 2008 域功能级别运行，这样可提供独特的功能。

　　（5）在出现提示对话框，单击"下一步"，出现"Active Directory 域服务安装向导"的

"数据库、日志文件和 SYSVOL 的位置"对话框，指定活动目录数据库、日志文件和 SYS-VOL 的位置，单击"下一步"，如图 9-11 所示。

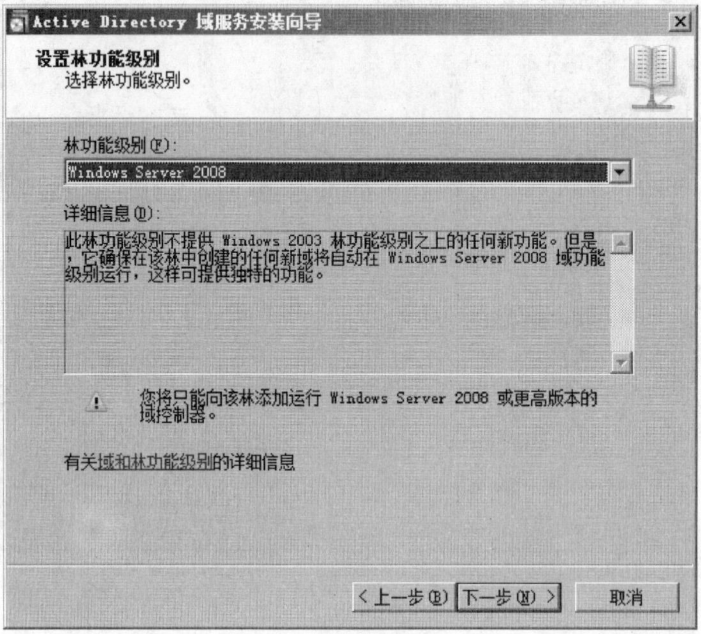

图 9-9

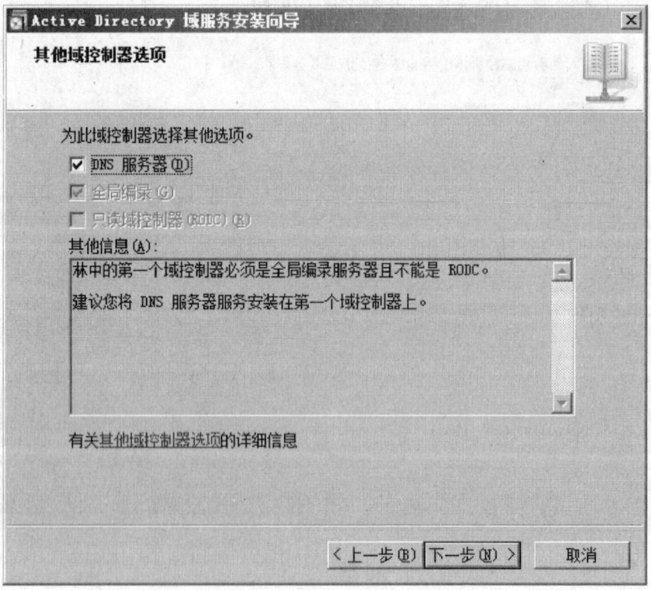

图 9-10

数据库存储有关用户、计算机和网络中的其他对象的信息。日志文件记录与活动目录域服务（Active Directory Domain Service，ADDS）有关的活动，如有关当前更新对象的信息。SYSVOL 存储组策略对象和脚本。默认情况下，SYSVOL 是位于%windir%目录中的操作系统

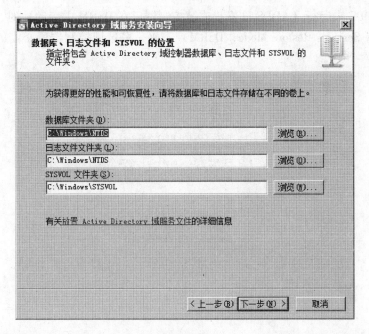

图　9-11

文件的一部分。对于更加复杂的安装，可能需要配置硬盘存储以优化 ADDS 的性能。由于数据库和日志文件以不同方式利用磁盘存储空间，因此可以通过将每种内容分配到不同的硬盘主轴来提高 ADDS 的性能。

（6）在"目录服务还原模式的 Administrator 密码"对话框中，输入活动目录恢复时用到的管理员密码，如图 9-12 所示。单击"下一步"，完成向导，选中"完成之后重启"。

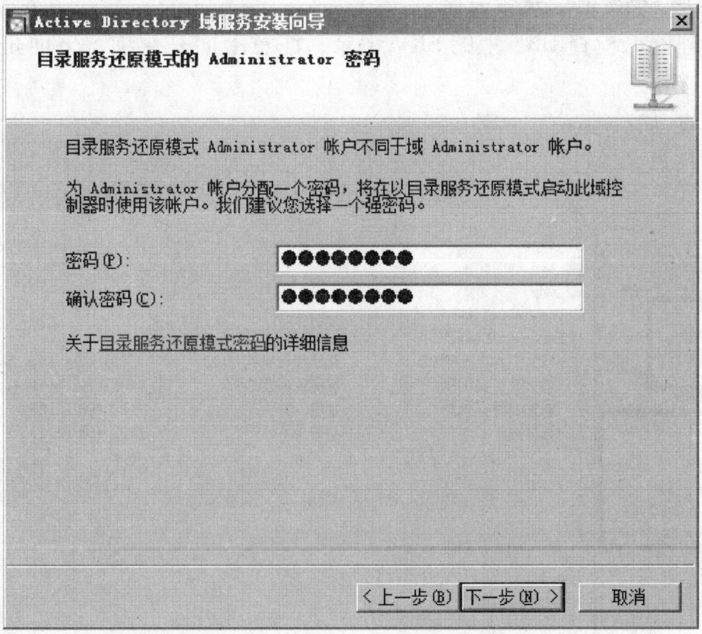

图　9-12

（7）在 ADDS 未运行（ADDS 已停止或域控制器已在 DSRM 中启动）时，目录服务还原模式（Directory Services Restore Mode，DSRM）密码是登录域控制器所必需的。安装完成如图 9-13 所示。

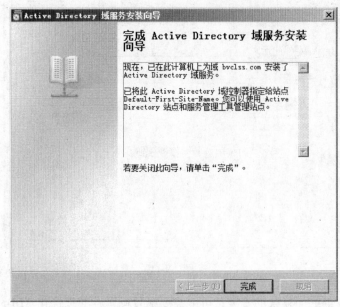

图　9-13

注意：

1）卸载活动目录也是用 dcpromo 命令。

2）安装上活动目录后，本地用户和组将不可用。

2. 检查安装后 DNS 记录是否完整

打开服务管理器，检查 DNS 上的 SRV 记录，注意上面是 4 项，下面是 6 项，如图 9-14 所示。

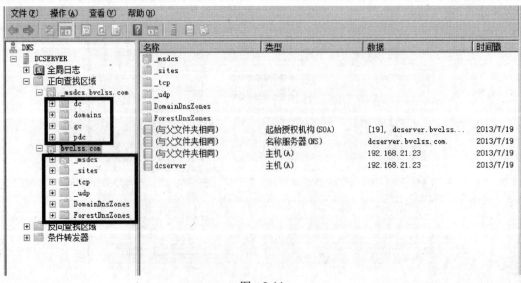

图　9-14

　　这些 SRV 记录是域控制器注册的。通过这些记录，客户机能够找到 bvclss.com 这个域的域控制器。如果安装完活动目录后，发现 SRV 记录不全。客户端就没有办法找到域控制器。这时要检查活动目录的默认结构，操作如下：

　　（1）单击服务器管理器中的"角色"→"Active Directory 域服务"→"Active Directory 用户和计算机"→"bvclss.com"，如图 9-15 所示。

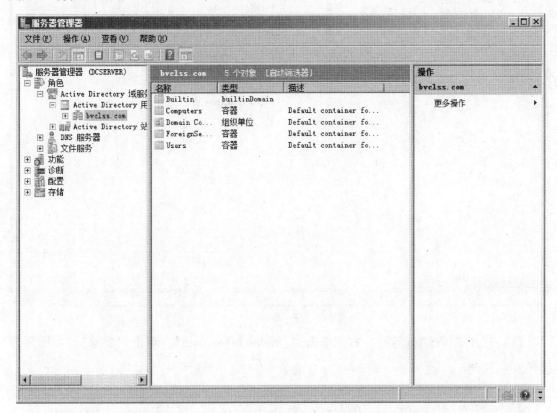

图　9-15

　　1）Builtin：存放内置的组。

　　2）Computers：默认计算机加入域后，计算机账号存放的位置就是 Computers。

　　3）Domain Controllers：存放该域中的域控制器，不要轻易将域控制器移动到其他位置。

　　4）ForeignSecurityPrincipals：存放信任的外部域中安全主体。

　　5）Users：默认用户的存放位置。

　　（2）选中"bvclss.com"，单击"查看"→"高级功能"，能看到活动目录中更多容器，如图 9-16 所示。

3. 让域控制器向 DNS 服务器注册 SRV 记录

　　由于某种原因，装完活动目录后发现 DNS 上的正向区域和 SRV 记录没有或不全，则需要采取以下措施，强制让域控制器向 DNS 注册 SRV 记录。

　　下面先删除 DNS 服务器上的正向区域，同时也就删除了该区域下的所有记录。然后，让域控制器向 DNS 服务器注册其 SRV 记录。

　　具体操作步骤如下：

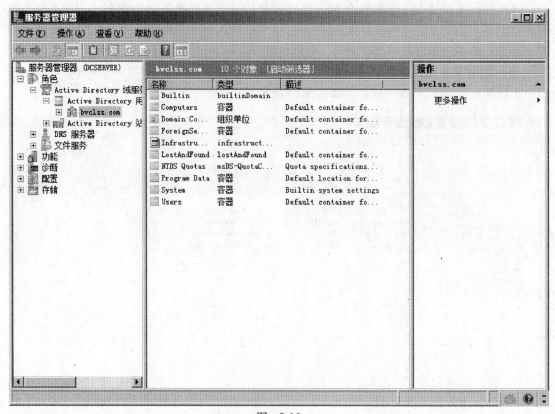

图　9-16

（1）打开"DNS 管理器"，右键单击"_msdcs. bvclss. com"，单击"删除"，如图 9-17
所示。

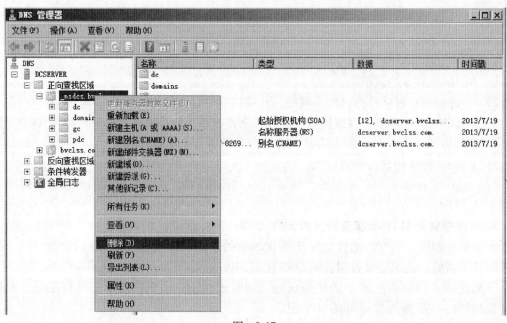

图　9-17

（2）在弹出的提示框中，单击"是"，如图 9-18 所示。

图　9-18

（3）右键单击"bvclss.com"，单击"删除"，如图 9-19 所示。

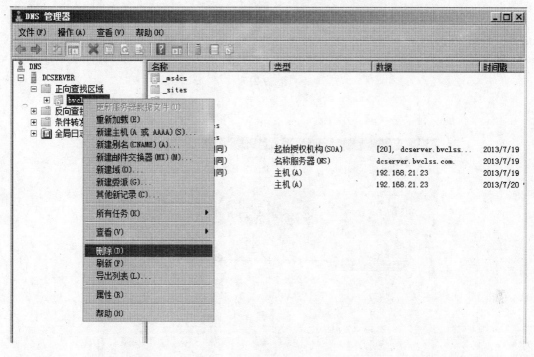

图　9-19

（4）在弹出的提示框中，单击"是"，如图 9-20 所示。

现在相当于 DNS 没有配置成功，没有正向查找区域，也没有 SRV 记录。这种情况域中的其他计算机没有办法通过 DNS 找到 bvclss.com 域的域控制器。

（5）右键单击"正向查找区域"，单击"新建区域"，弹出页面如图 9-21 所示。

（6）在"新建区域向导"中，单击"下一

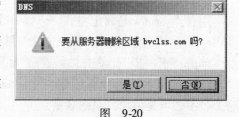

图　9-20

步"；选择域类型，单击"下一步"；在"Active Directory 区域作用域"中，选择"至此域中的所有 DNS 服务器"；单击"下一步"，输入区域名字"_msdcs.bvclss.com"，单击"下一步"，如图 9-22 所示。

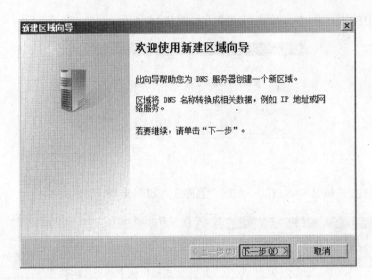

图　9-21

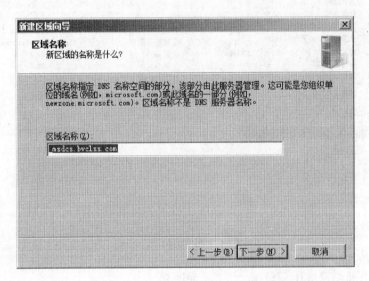

图　9-22

注意，_msdcs 是固定格式。

（7）在"动态更新"中，选中"只允许安全的动态更新"，如图 9-23 所示。
单击"下一步"，单击"完成"，如图 9-24 所示。

（8）按照上面的步骤创建一个"bvclss. com"区域，输入区域名称，如图 9-25 所示。
这个名字必须是活动目录的名字。

注意观察，刚建的两个区域下面没有 SRV 记录，如图 9-26 所示。

确保域控制器的 TCP/IPv4 的首选 DNS 指向自己的地址。在域控制器上运行"net stop netlogon"，再运行"net start netlogon"，如图 9-27 所示。

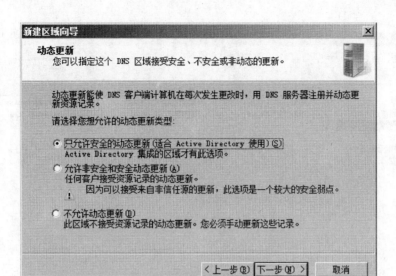

图 9-23

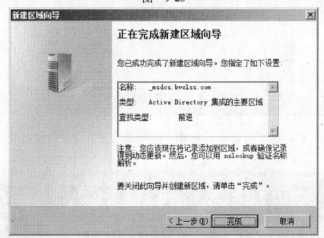

图 9-24

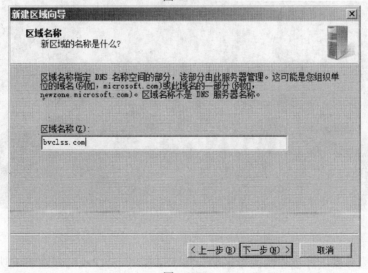

图 9-25

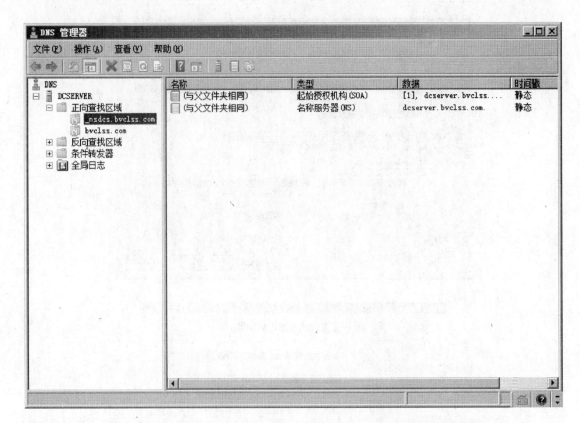

图　9-26

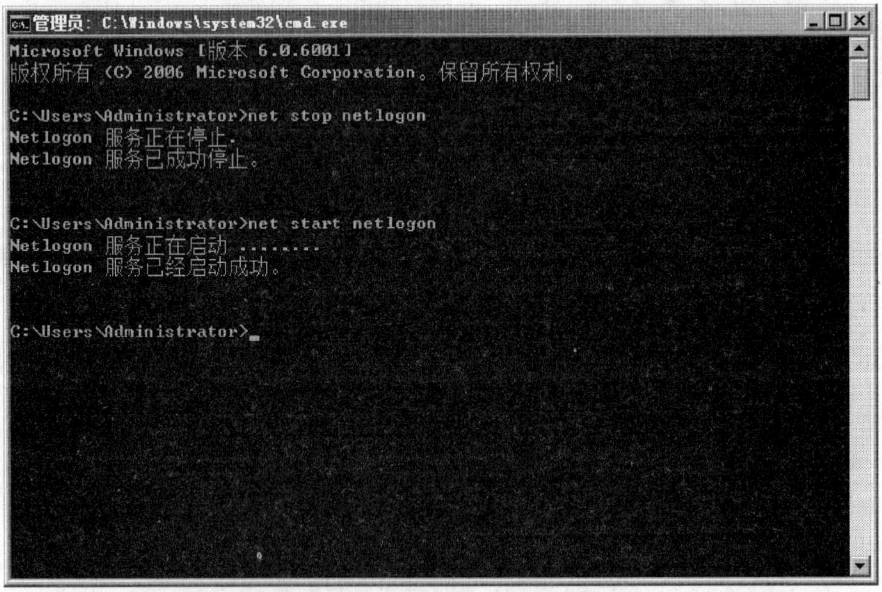

图　9-27

选中 DNS 服务器刚才创建的两个区域，按 F5 刷新。会发现已经注册成功 SRV 记录。

默认情况下，安装完活动目录，DNS 中的 SRV 记录就注册成功了。如果在域控制器上重启 Netlogon 服务，有可能还是不能注册 SRV 记录到 DNS 服务器上，以下是总结的需要检查的几点：

1）DNS 区域名字是否正确，是否允许安全更新。

2）创建的正向查找的区域的名字必须是活动目录的名字，还必须创建一个_msdcs. 活动目录名字区域。

3.）双击创建的区域，确保动态更新是"安全"或"非安全"，不能选择"无"。确保域控制器全名已经包括了活动目录的名字，默认是包括的。

4）如果域控制器的全名没有包括 ess. com 后缀，单击"更改"。在弹出的对话框中，单击"确定"；在之后的对话框中单击"其他"。默认已经选中了"在域成员身份变化时，更改主 DNS 后缀"，输入 ess. com 后缀，单击"确定"。这样就给域控制器的计算机添加了一个域后缀。

5）确保域控制器的 TCP/IP 属性已经选中"在 DNS 中注册此链接的地址"项。

任务9.3 添加额外的域控制器

将客户端加入到域后，如果域控制器处于关闭状态或者出现系统故障，则客户机无法登录到域。为了防止这种情况，可以建立另一台域控制器，即额外域控制器。

将另一台服务器提升为额外的域控制器的操作方法与建立域控制器的相似，步骤如下：

（1）单击"运行"输入"dcpromo"命令后按回车键，打开"Active Directory 安装向导"对话框。

（2）单击"下一步"，在"域控制器类型"对话框中选择"现有域的额外域控制器"单选框，如图 9-28 所示。

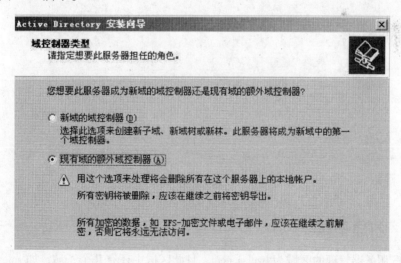

图 9-28

（3）单击"下一步"，显示图 9-29 所示的"网络凭据"对话框。在其中输入域管理员账号的密码，在"域"文本框中输入域名"bvclss. com"。

（4）单击"下一步"，显示"额外的域控制器"对话框。在其中输入现有域的 DNS 全名，如图 9-30 所示。

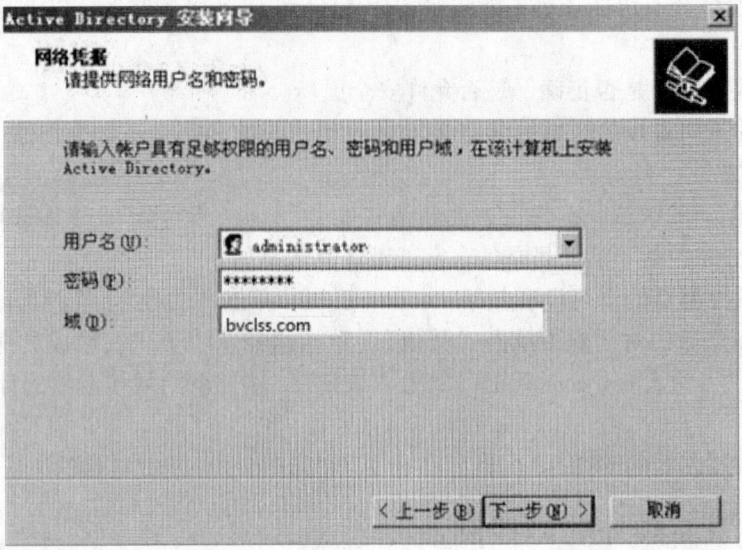

图　9-29

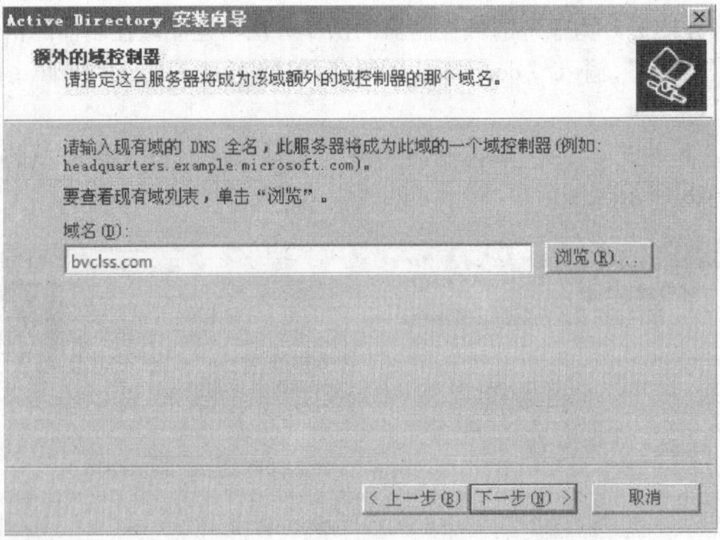

图　9-30

任务 9.4　创建子域

如果 DNS 服务器管理的区域为 bvclss.com，且此区域中还有几个子域，如 sales.bvclss.com、mkt.bvclss.com，那么就需要在主域的 DNS 服务器上添加子域，具体步骤如下：

打开"服务器管理器"，如图 9-31 所示。

右键单击"bvclss.com"，单击"新建域"，如图 9-32 所示。

键入新建域，也就是要新建的子域的名称"sales"，如图 9-33 所示。

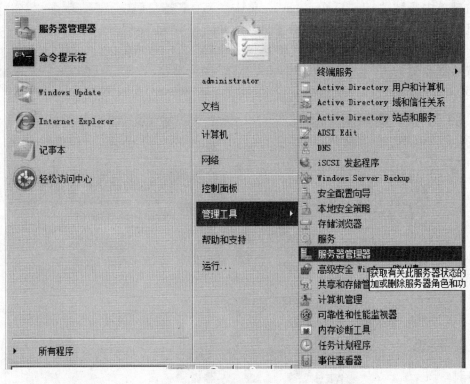

图 9-31

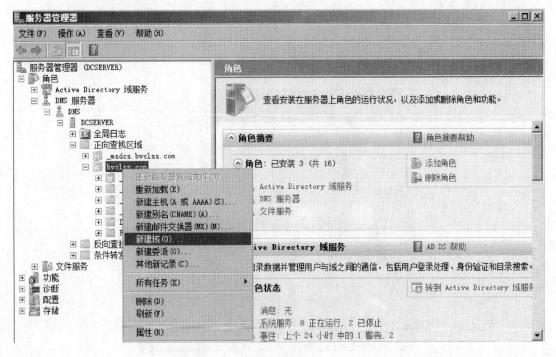

图 9-32

右键单击子域"sales. bvclss. com"，单击"新建主机"记录（见图 9-34），此记录主机名为 dns，FQDN 为"dns. sales. bvclss. com"，"IP 地址"中输入子域的服务器的 IP 地址"192.168.21.25"，如图 9-35。

图 9-33

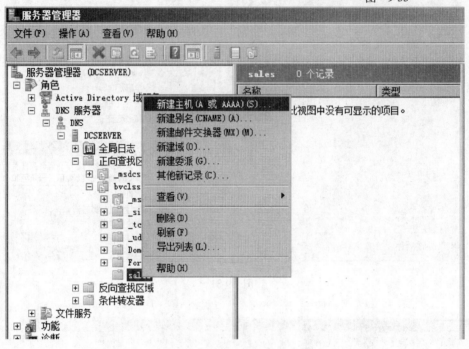

图 9-34

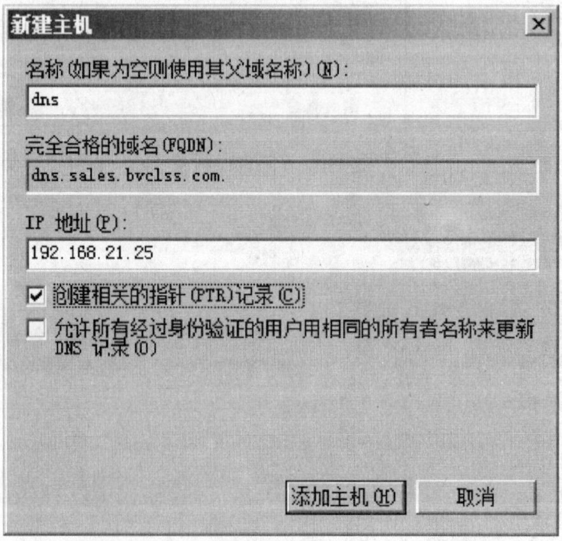

图 9-35

在 IP 地址为 "192.168.21.25" 的服务器上来安装活动目录。单击 "运行"，输入 "dcpromo"，步骤同前。这里只展示和安装父域不一样的地方，在 "选择某一部署配置" 时，要选 "现有林"，如图 9-36 所示。

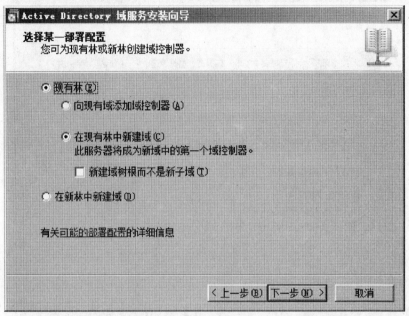

图   9-36

单击 "下一步"，在 "网络凭据" 页面输入父域名称。这里输入 "bvclss.com"。并且在 "备用凭据" 中单击 "设置" 按钮，如图 9-37 所示输入超级管理员的用户名和密码。

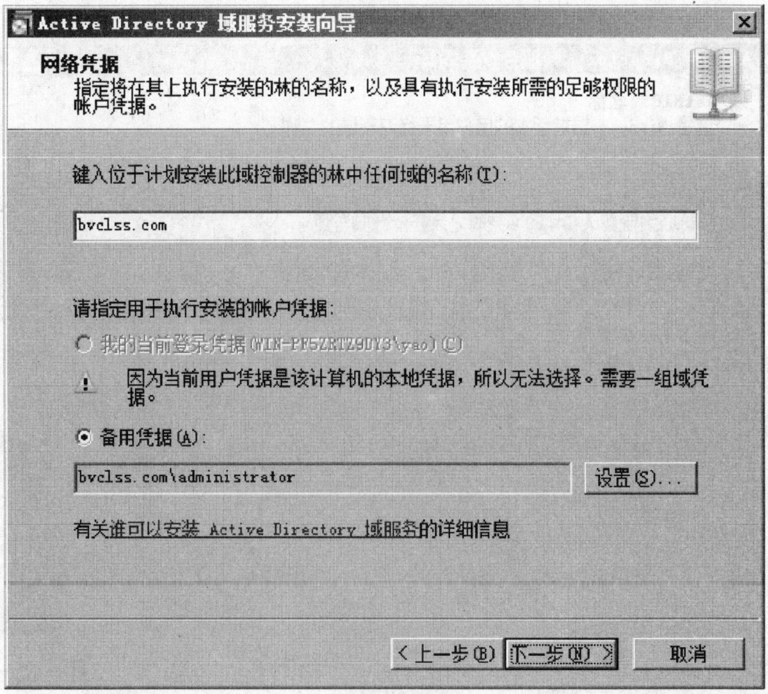

图   9-37

在"命名新域"页面输入父域的 FQDN "bvclss.com"和子域的 DNS 名称"sales",如图 9-38 所示。

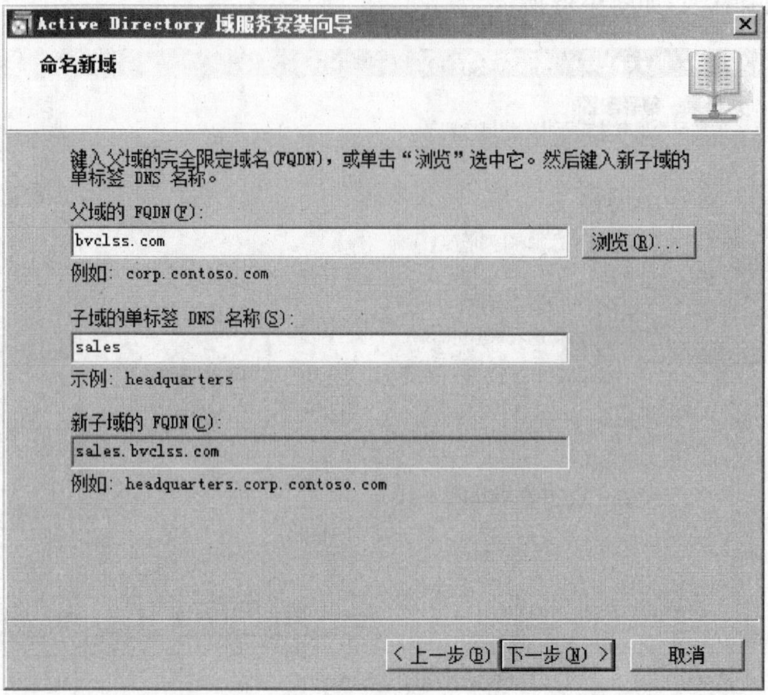

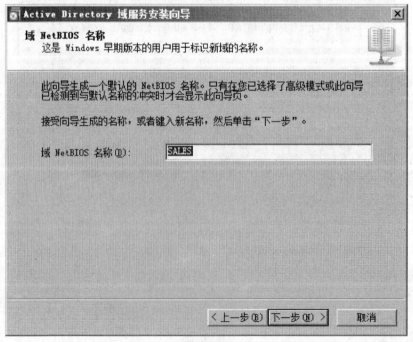

图 9-38

单击"下一步",在"域 NetBIOS 名称页面"中,按默认值,单击"下一步",如图 9-39 所示。

图 9-39

在"请选择一个站点"页面，按照默认值，直接单击"下一步"，如图 9-40 所示。

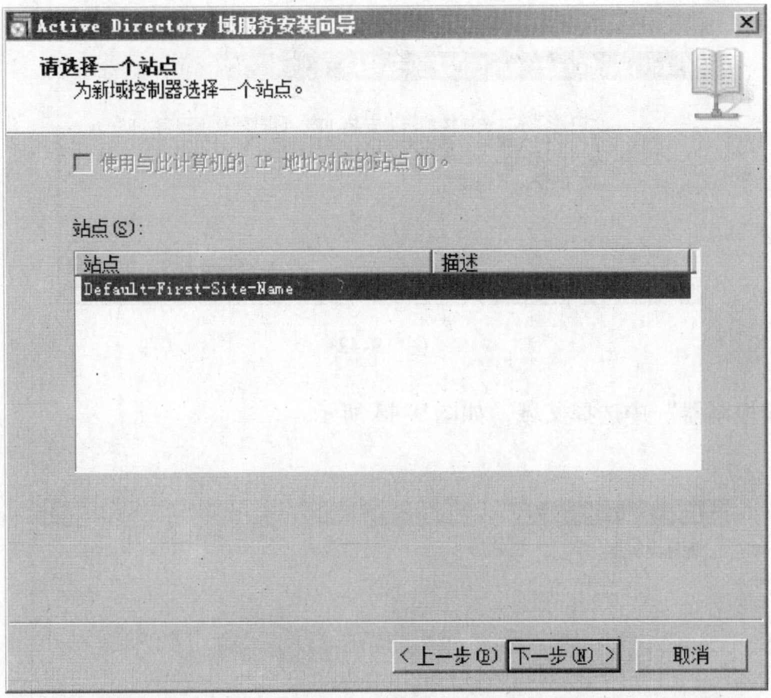

图   9-40

在"其他域控制器选项"页面，不勾选任何复选框（见图 9-41），因为做子域的服务器的 DNS 地址指向了父域的 DNS 服务器的 IP，所以这里不需要建立 DNS 服务器。

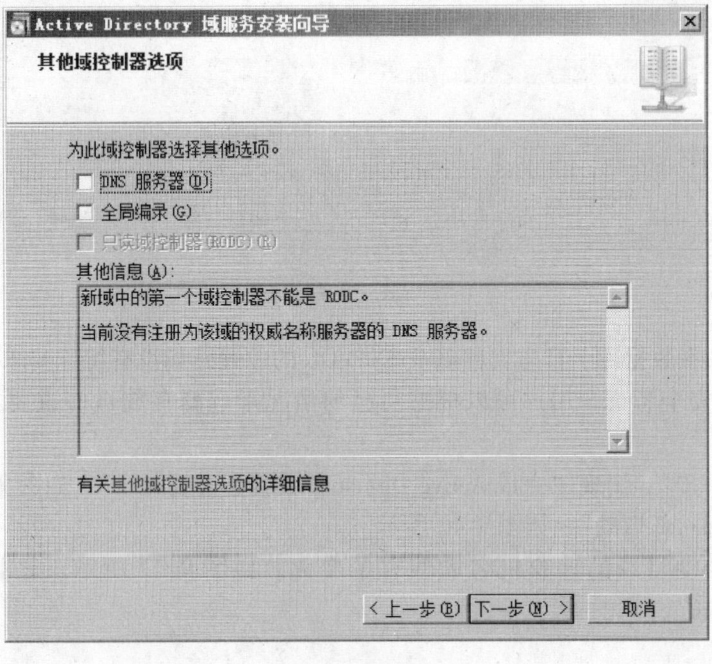

图   9-41

之后，出现提示，单击"是"，如图9-42所示。

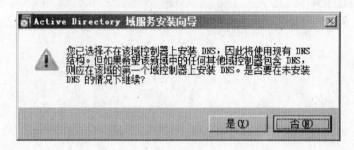

图 9-42

在"源域控制器"中选择父域，如图9-43所示。

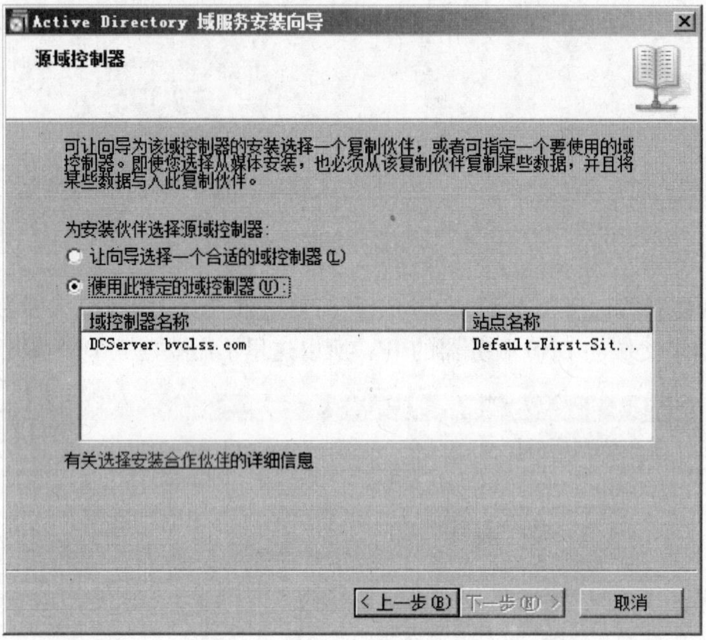

图 9-43

接下来是选择数据库、日志文件以及SYSVOL的位置，如没有特殊要求就直接单击"下一步"；如为了安全考虑，用户可以根据自己的情况来选择存放这些重要文件的位置，如图9-44所示。

单击"下一步"，出现"完成Active Directory域服务安装向导"，如图9-45所示。

单击"立即重新启动"，如图9-46所示。

重启后，活动目录的计算机名属性有了变化，如图9-47所示，此服务器所属域为"sales. bvclss. com"。

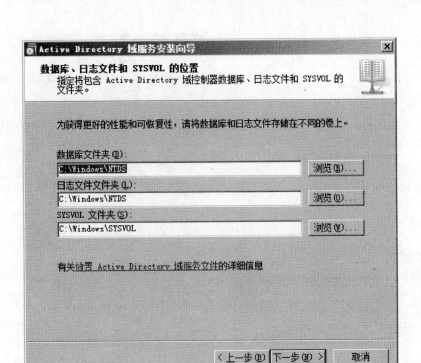

图 9-44

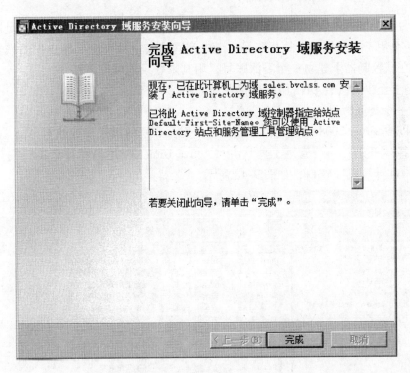

图 9-45

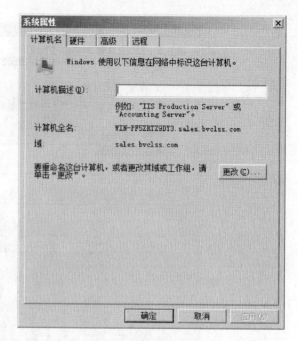

图　9-46　　　　　　　　　　　图　9-47

任务9.5　将计算机加入到域中

在把一台 Windows 2003 或 Windows XP 计算机加入到一个域之前，必须满足以下条件：

1）有一个用于登录域的计算机账号。考虑到网络安全性，应尽量少使用域管理员账号登录。而是在域控制器上建立一个委派账号，用其来登录到域控制器。

2）网络上至少有一台 DNS 服务器存在且可用。

1. 创建一个委派账号

在 Windows Server 2008 域控制器中创建一个委派账号的操作步骤如下：

（1）选择"开始"→"管理工具"→"Active Directory 用户和计算机"，打开"Active Directory 用户和计算机"窗口，如图 9-48 所示。

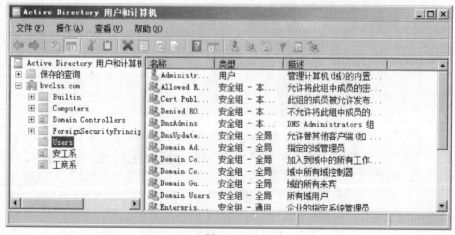

图　9-48

（2）展开"bvclss.com"域，右键单击"Users"节点。选择快捷菜单中的"新建"→"用户"。

（3）打开"新建对象 – 用户"向导，输入要创建用户的名称，如"Van"；在"用户登录名"和"用户登录名（Windows 2000 以前版本）"文本框中分别输入用户名，如图 9-49 所示。

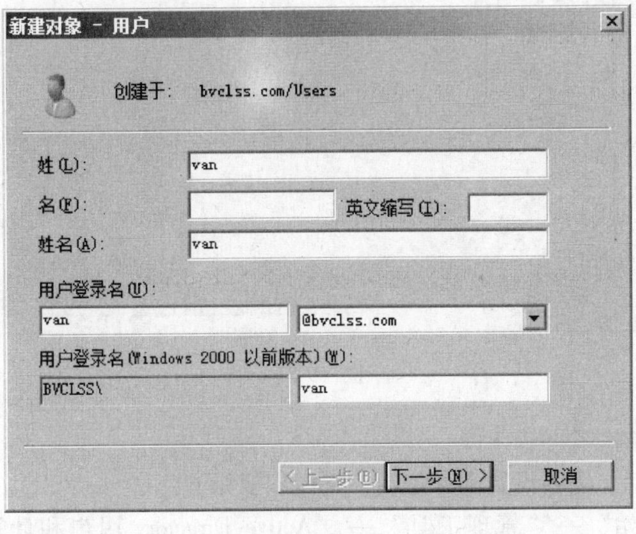

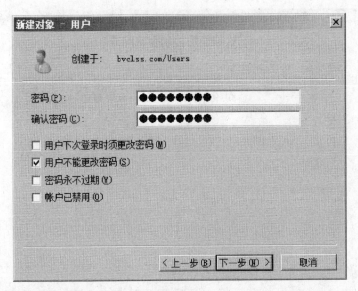

图　9-49

（4）单击"下一步"，继续设置新建账户的属性，如用户密码及密码更改选项等，如图 9-50 所示。

图 9-50

（5）单击"下一步"，完成用户的创建，如图 9-51 所示。
（6）单击"完成"。

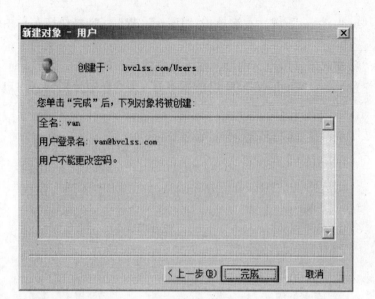

图　9-51

2. 设置委派控制

创建委派用户后，需要设置委派控制，操作步骤如下：

（1）选择"开始"→"管理工具"→"Active Directory 用户和计算机"选项，打开"Active Directory 用户和计算机"窗口。

（2）右键单击"bvclss. com"域，选择快捷菜单中的"委派控制"选项，打开"控制委派向导"对话框，如图 9-52 所示。

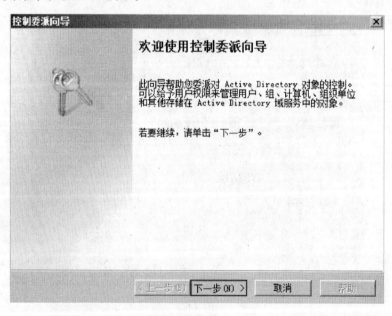

图　9-52

（3）单击"下一步"，显示"用户和组"对话框。

（4）单击"添加"，显示"选择用户、计算机和组"对话框，在其中输入委派账号的名称，如图9-53所示。

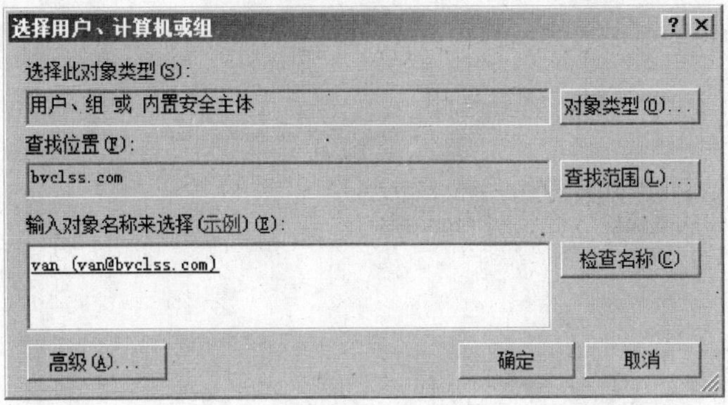

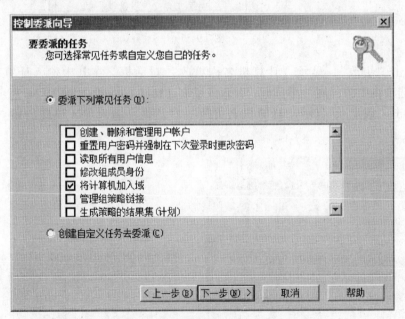

图 9-53

（5）单击"确定"，返回"用户和组"对话框，这时已添加委派账号。

（6）单击"下一步"，显示"要委派的任务"对话框，在其中选择"将计算机加入域"复选框，如图9-54所示。

图 9-54

（7）单击"下一步"，完成控制委派向导。

3. 将客户计算机加入域

（1）设置客户机的 IP 地址和 DNS 地址。

（2）右键单击"我的电脑"图标，选择快捷菜单中的"属性"选项。

（3）显示"系统特性"对话框，在图9-55所示的"网络标识"选项卡中可以看到计算机目前尚未加入到域中，它属于"WORKGROUP"工作组。

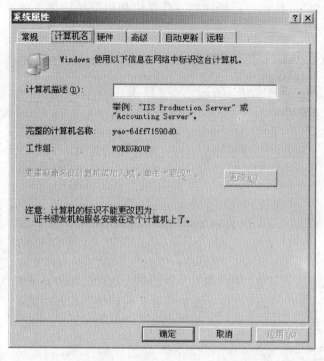

图　9-55

（4）单击"更改"，显示"计算机名称更改"对话框。在其中输入计算机名，选择"隶属于"选项组中的"域"单选框，并输入域名"bvclss. com"，如图9-56所示。

（5）单击"确定"，显示"计算机名更改"对话框，输入加入该域的用户名和密码，如图9-57所示。

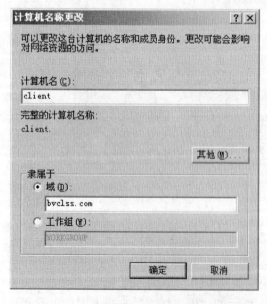

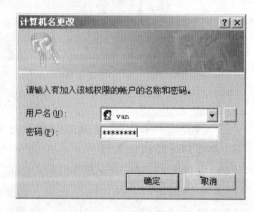

图　9-56   图　9-57

（6）输入用户名和密码后，如果验证正确，提示加入域成功，如图 9-58 所示。

（7）单击"确定"，重新启动计算机。可以发现"登录到 Windows"对话框中多了一个"登录到"下拉列表框。可以选择登录到域还是本机登录。

（8）选择"bvclss"选项，输入正确的用户名和密码，单击"确定"。

图　9-58

（9）进入系统后，右键单击"我的电脑"，选择快捷菜单中的"属性"选项，显示"系统属性"对话框。打开"计算机名"选项卡，可以发现完整的计算机名已经发生变化，如图 9-59 所示。

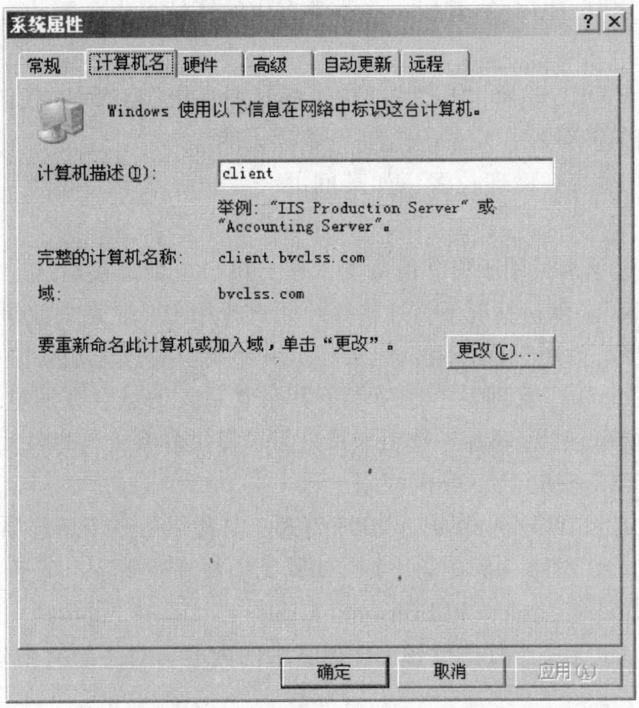

图　9-59

任务 9.6　在活动目录中创建对象

活动目录是一种目录服务，而目录服务的主要用途是保存有关企业资源，包括用户、组和计算机的信息。为了提升可管理性和可视性，资源可以被划分到不同的 OU 中。也就是说，通过划分 OU 会使得对象的查找更容易。

步骤 9.6.1　创建组织单位

OU 是活动目录中的管理容器，主要用于收集在管理、配置或查看方面具有某些相同需求的对象。随着进一步了解 OU 的设计和管理，这一概念的含义将更好理解。现阶段，只需要知道，OU 可提供类似磁盘驱动器中文件夹层次结构的管理层次。即 OU 可为需要一起进行管理的大量对象创建一个统一的集合。这里需要着重注意"管理"这个词，因为 OU 并不

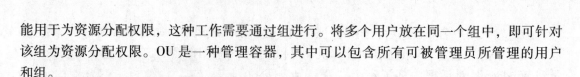

能用于为资源分配权限，这种工作需要通过组进行。将多个用户放在同一个组中，即可针对该组为资源分配权限。OU 是一种管理容器，其中可以包含所有可被管理员所管理的用户和组。

要创建组织单位，请执行以下操作：

（1）打开"Active Directory 用户和计算机"。

（2）右键单击要添加新 OU 的域节点或 OU 节点，选择"新建"，然后选择"组织单位"。

（3）输入组织单位的名称。请确保命名约定符合企业的要求。

（4）选中"防止容器被意外删除"选项（下面将详细介绍该选项）。

（5）单击"确定"。OU 还有其他一些非常有用的属性可供配置，这些属性可以在创建好对象之后再设置。

（6）右键单击该 OU，选择"属性"。为了满足所在组织对命名约定和其他标准或流程的要求，可以使用描述字段对 OU 的用途进行描述说明。

1）如果 OU 代表某一物理位置，如某间办公室，那么就可以使用该 OU 的"地址"属性。

2）"管理者"选项卡可用于将其他负责管理的用户或组链接给这个 OU。单击"姓名"文本框下方的"更改"。默认情况下，这将打开"选择用户、联系人或组"对话框，虽然该对话框的名称可以理解为用于选择组，但实际上并不行。要搜索组，必须首先单击"对象类型"，然后选择"组"。"管理者"选项卡下其余联系人信息会在通过"姓名"文本框指定管理者之后自动填写。"管理者"选项卡只是为了提供联系人信息使用，这里指定的用户或组并不会获得任何用于访问该 OU 的权限。

（7）单击"确定"。Windows Server 2008 管理工具提供了一个新选项"防止容器被意外删除"。该选项可为 OU 添加一个安全开关，使其无法被意外删除。至于 OU，则添加了两个权限：Everyone：：Deny：：Delete 和 Everyone：：Deny：：Delete Subtree。这里并不涉及用户，即使是管理员用户，也无法意外删除该 OU 和其中的内容。对于所有新建的 OU，都强烈建议使用该选项。

如果希望删除 OU，必须首先关闭该安全开关。要删除受保护的 OU，请执行下列操作：

1）在"Active Directory 用户和计算机"管理单元中，单击"查看"菜单，并选择"高级功能"。

2）右键单击目标 OU，并选择"属性"。

3）打开"对象"选项卡。如果没有看到"对象"选项卡，则意味着没有按照第 1 步的操作启用"高级功能"。

4）反选"防止对象被意外删除"选项。

5）单击"确定"。

6）右键单击该 OU，选择"删除"。

7）随后需要确认是否删除该 OU，请单击"是"。

8）如果该 OU 中包含任何其他对象，则还会看到"确认删除子树目录"对话框。在这里需要再次确认是否要删除该 OU 和其中包含的所有对象，请单击"是"。

步骤 9.6.2　创建用户对象

要在活动目录中新建用户，可进行下列操作。操作时请按照所在组织要求的命名约定和流程进行。

（1）打开"Active Directory 用户和计算机"管理单元。

（2）在控制台树中展开对应的域（如 contoso. com）的节点，随后进入到希望创建用户账户的目标 OU 或容器（如 Users）。

（3）右键单击该 OU 或容器，选择"新建"，接着选择"用户"。随后会打开图 9-60 所示的"新建对象-用户"对话框。

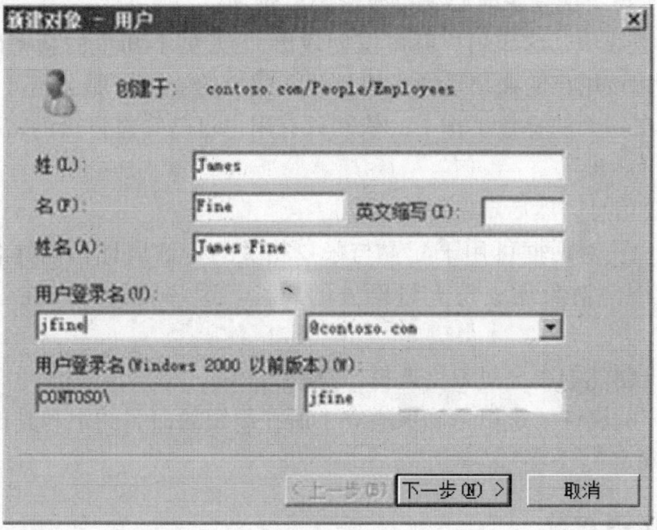

图　9-60

（4）在"姓"文本框中，输入该用户的姓氏。

（5）在"英文缩写"文本框中，可输入该用户的中间名。

注意，该属性的实际含义是用户的中间名，而不是用户姓名的缩写。

（6）在"名"文本框中，输入该用户的名字。

（7）随后"姓名"文本框中会被自动填写，如果有必要请修改这里的内容。

"姓名"字段主要用于为该用户对象创建多个属性时使用，如最明显的就是通用名（Common Name，CN）和可用于显示名称的属性。该用户的 CN 也就是该管理单元详细信息窗格中显示的内容。在整个容器或 OU 中，该名称必须是唯一的，因此如果是在为某人创建用户对象，而该人与同一 OU 或容器内原有用户同名，则需要在"姓名"字段输入一个唯一的名称。

（8）在"用户登录名"文本框中，输入用户用于登录的名字，并从下拉菜单中选择用户登录名，在符号"@"之后显示的用户主体名（User Principle Name，UPN）后缀。

活动目录中的用户名可以包含某些特殊字符（包括句号、连字符和撇号），这样就可以生成一些准确的用户名，如 O'Hara 和 Smith-Bates。然而某些应用程序可能会存在其他局限，因此建议只使用标准的字母和数字，除非对企业中的所有应用程序都使用包含特殊字符的登录名进行过兼容性测试。可用 UPN 后缀列表的内容可通过活动目录域和信任管理单元进行控制。右键单击管理单元的根位置"Active Directory 域和信任关系",选择"属性",随后即可使用"UPN 后缀"选项卡添加或删除后缀。活动目录域的 DNS 名称总是可当做后缀使用,并且无法删除。

（9）在"Active Directory 用户和计算机"管理单元的"用户登录名（Windows 2000 以前版本）"文本框中,为 Windows 2000 以前系统输入登录名,通常这个名称也叫"底层登录名"。

（10）单击"下一步"。

（11）在"密码"和"确认密码"文本框中为该用户输入初始密码。

（12）选中"用户下次登录时必须更改密码"选项。

建议总是选择该选项,这样用户就可以创建出 IT 人员不知道的新密码。以后如果相关的支持人员需要使用该用户的账户登录,或访问该用户的资源,那么还可以在需要时重设用户密码。不过至少在每天的日常工作中,依然只有用户自己知道自己的密码。

（13）单击"下一步"。

（14）查看摘要信息,然后单击"完成"。

"新建对象-用户"对话框可用于配置与账户相关的少数属性,如姓名和密码设置。然而,活动目录中的用户对象还支持大量额外的属性。这些属性可以在创建好对象之后再修改。

（15）右键单击创建的用户对象,选择"属性"。

（16）配置用户的属性。这里请确保遵守了所在组织的命名约定和其他标准。

（17）单击"确定"。

步骤 9.6.3　创建组对象

组是一种非常重要的对象类,因为组可用于收集用户、计算机和其他组,并构成单一的管理点。组最简单也最常见的用法是针对共享文件夹分配权限。举例来说,如果某个组针对一个文件夹具有只读权限,那么该组的任何一名成员都将可以读取该文件夹。此时就不需要为每个成员分别分配读取权限,只要添加或删除组成员即可管理该文件夹的访问。

要创建组,请执行以下操作:

（1）打开"Active Directory 用户和计算机"管理单元。

（2）在控制台树中,展开到代表目标域（如 contoso. com）的节点,并进入要创建组的OU 或容器（如 Users）。

（3）右键单击 OU 或容器,选择"新建",并选择"组"。随后会打开图 9-61 所示的"新建对象-组"对话框。

（4）在"组名"文本框中输入该新组的名称。大部分组织都有统一的命名约定,决定了组名称的创建方式,请按照所在组织的要求创建。

默认情况下,在这里输入的名称也会自动填写到"组名（Windows 2000 以前版本）"文本框中。强烈建议这两个文本框使用相同的名称,不要更改"组名（Windows 2000 以前版本）"文本框中的内容。

（5）选择组类型

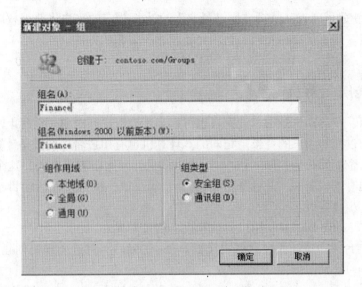

图　9-61

1)"安全组":可针对资源分配权限,还可以配置为电子邮件分发列表。

2)"通讯组":是一种针对电子邮件应用的组,无法针对资源分配权限,因此只能用于不需要访问资源的电子邮件分发列表。

(6)选择组作用域

1)"本地域":可用于包含具有相似资源访问需求的用户和组,如所有需要能够修改某一项目报告的用户。

2)"全局":可用于通过不同条件,如工作职能、位置等区分用户。

3)"通用":用于从多个域收集用户和组。

这里需要注意,如果创建组对象的域使用了混合性或过渡性的域功能级别,则只能为安全组选择本地域或全局作用域。

(7)单击"确定"。组对象包含大量非常有用的配置属性,这些属性可以在创建好对象之后修改。

(8)右键单击该组,并选择"属性"。

(9)打开组的属性页。在这里请确保遵守了组织的命名约定和其他标准。该组的"成员"和"隶属于"选项卡决定了谁属于该组和该组本身又属于哪些组。

对于组的"描述"字段,由于在"Active Directory 用户和计算机"管理单元的详细信息窗格中可直接看到,因此最好能添加一些对该组用途的介绍和负责决定谁应当或不应当属于该组的负责人的联系信息。

1)注释字段:可用于提供有关该组的更详细信息。

2)管理者选项卡:可用于链接负责管理该组的用户或组。单击"姓名"文本框下的"更改",随后如果要搜索组,则必须首先单击"对象类型",并选择"组"。随后会出现"选择用户、联系人或组"对话框。通过为"姓名"字段选择账户,管理者选项卡下的其他联系人信息将被自动填写。管理者选项卡通常可用于提供联系人信息,因此如果用户想要加入某个组,即可确定业务环节中的哪个人可以决定是否接受新成员。然而,如果选择了

"管理员可以更新成员列表"选项,则"姓名"文本框指定的账户将获得权限,可以为该组添加或删除成员。这也是一种将组的管理控制权进行委派的方法。

(10) 单击"确定"。

步骤 9.6.4　创建计算机对象

与用户类似,在活动目录中,计算机也可以表现为账户和对象。实际上从原理来看,计算机登录到域的过程与用户的登录是相同的。计算机也有用户名,也就是计算机的名称,同时后面会附加一个美元符号,如"DESKTOP101 $"。当然还需要密码,这个密码是在将计算机加入到域的时候生成的,并且每 30 天都会自动更改一次。要在活动目录中创建计算机对象,执行以下步骤即可。

(1) 打开"Active Directory 用户和计算机"管理单元。

(2) 在控制台树中展开代表目标域(如 contoso. com),并进入到要创建该计算机的 OU 或容器(如 Users)。

(3) 右键单击目标 OU 或容器,选择"新建",然后选择"计算机"。随后将打开图 9-62 所示的"新建对象-计算机"对话框。

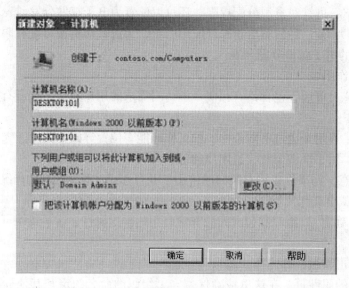

图　9-62

(4) 在"计算机名称"文本框中,输入计算机的名称,文本框会被自动填入计算机名称。

(5) 不要更改"计算机名(Windows 2000 以前版本)"文本框中的内容。

(6) "用户或组"文本框中指定的账户能够将该计算机加入到域。该选项的默认值是"Domain Admins",单击"更改"即可选择其他组或用户。一般来说,这里应该选择能够代表部署、桌面支持或技术支持团队的组,当然也可以选择使用该计算机的用户。

(7) 不要选择"把该计算机账户分配为 Windows 2000 以前版本的计算机"选项,除非该账户对应的计算机运行的是 Microsoft Windows NT 4.0 系统。

(8) 单击"确定"。计算机对象具有很多非常有用的配置属性,这些属性可在对象创建好之后修改。

（9）右键单击该计算机，选择"属性"。

（10）为该计算机输入属性信息。在这里请确保遵守了组织的命名约定和其他标准。计算机的"描述"字段可用于介绍该计算机的主人是谁、计算机的用途（如培训室的计算机）或者其他描述性信息。由于描述信息可在"Active Directory 用户和计算机"管理单元的详细信息窗格内看到，因此这里非常适合保存用于了解该计算机用途的信息。

计算机有多种描述属性，包括 DNS 名称、DC 类型、站点、操作系统名称、版本和 Service Pack，这些属性会在计算机加入域之后自动填充。管理者选项卡可用于为该计算机链接负责人或组。单击"姓名"文本框下的"更改"，随后如果要搜索组，需要首先单击"对象类型"，并选择"组"。管理者选项卡下其他联系人信息将在指定管理者姓名后自动填写。管理者选项卡主要可用于提供联系人信息，有些组织使用该选项卡显示负责为该计算机提供支持的团队（组）信息，有些则使用该选项卡记录使用该计算机的员工。

（11）单击"确定"。

总结

活动目录（Active Directory）是 Windows Server 2008 网络体系的基本结构模型，在服务器管理中有非常重要的作用。本项目详细介绍了活动目录的相关知识，包括安装方法及其管理等。

项目 ⑩

组 策 略

项目目标

- 掌握组策略的概念
- 配置组策略的方法
- 使用组策略配置用户
- 使用组策略配置计算机及配置软件

任务的提出

某公司网络采用 Windows Server 2008 域环境进行管理，各部门员工用户账户都位于各自部门的 OU 中：OU "销售部"中包含员工用户账户 UserA、UserB；OU "财务部"中包含用户账户 UserC；OU "人事部"中包含用户 UserD；默认 OU "computer"中包含客户机 Windows10。现在公司要求销售部员工应用统一的桌面背景，不能随意更改，其他各部门员工可以自定义其桌面背景。

任务 10.1 了解组策略

步骤 10.1.1 组策略的功能描述

组策略是一种允许通过组策略设置和组策略首选项为用户和计算机指定受管理配置的基础结构。对于仅影响本地计算机或用户的组策略设置，可以使用本地组策略编辑器。可以在活动目录域服务（ADDS）环境中通过组策略管理控制台（Group Policy Management Console，GPMC）管理组策略设置和组策略首选项。组策略管理工具还包含在远程服务器管理工具包中，以帮助从桌面管理组策略设置。

通过使用组策略，可以大幅降低组织的总拥有成本。各种各样的因素可能会使组策略设计变得非常复杂，如大量可用的策略设置、多个策略之间的交互以及继承选项。通过仔细规划、设计、测试并部署基于组织业务要求的解决方案，可以提供组织所需的标准化功能、安全性以及管理控制。

组策略的所有配置信息都存放在组策略对象（Group Policy Object，GPO）中，组策略被视为活动目录（Active Directory）中的一种特殊对象，可以将 GPO 和 Active Directory 的容器（站点、域和 OU）连接起来，以影响容器中的用户和计算机。组策略是通过 GPO 来进行管理的。

GPO 用来保存组策略，必须进一步指定 GPO 所链接的对象才能将组策略应用到指定对象。GPO 只能链接至 Active Directory 的站点、域或组织单位（Site、Domain、Organizational Unit，SDOU）。SDOU 为 Active Directory 的容器，容器中包含的用户和计算机这两种 Active Directory 对象会受到组策略的控制。

策略设置存储在 GPO 中，可以使用组策略对象编辑器来编辑每个 GPO 的设置。在安装 GPMC 后，通常从 GPMC 中打开 GPO 编辑器，而不是像以前通过 ADUC 或者 ADSS 打开。

步骤 10.1.2　组策略的分类

1. 组策略分为基于 Active Directory 的 GPO 和本地 GPO

（1）基于 Active Directory 的 GPO

这些 GPO 存储在某个域中，并且复制到该域的所有域控制器上。它们仅在 Active Directory 环境中可用。它们应用于 GPO 所链接的站点、域或部门中的用户和计算机。这是 Active Directory 环境中使用组策略的主要机制。

可将基于 Active Directory 的 GPO 链接到域、站点或部门以应用其设置。

一个 GPO 可以链接到多个站点、域或组织单位，一个站点、域或组织单位又可以链接多个 GPO。在这种情况下，在发生冲突时可使用规则来确定哪个设置优先（有关组策略处理和优先级将在下面介绍），通常是按以下顺序应用设置的：本地→站点→域→部门。

对于多个 GPO 链接到特定站点、域或部门的情况，可以指定优先顺序，并由此指定应用这些 GPO 的优先级。默认情况下，使用最后应用的配置设置。

（2）本地 GPO

每个计算机上只存储一个本地 GPO。本地 GPO 是 Active Directory 环境中影响力最小的 GPO，本地 GPO 包含的设置仅为基于 Active Directory 的 GPO 中找到的设置的一个子集。运行 Windows Server 2008 操作系统的每台计算机都只有一个本地 GPO。在这些对象中，组策略设置存储在各个计算机上，无论它们是否属于 Active Directory 环境或网络环境的一部分。

本地 GPO 包含的设置要少于非本地 GPO 的设置，尤其是在"安全设置"下。本地 GPO 不支持"文件夹重定向"和"组策略软件安装"。因为它的设置可以被与站点、域和组织单位相关联的组策略对象覆盖。所以在 Active Directory 环境中本地 GPO 的影响力最小。在非网络环境中（或在没有域控制器的网络环境中），本地 GPO 的设置相当重要，因为此时它们不会被其他 GPO 覆盖。

本地 GPO 驻留在 Systemroot \ System32 \ GroupPolicy 中。运行 Windows NT 4.0 或更低版本的计算机没有本地 GPO，而且它们不能识别非本地 GPO。

本地 GPO 不支持某些扩展，如文件夹重定向或组策略软件安装。本地 GPO 支持许多安全设置，但是 GPO 编辑器的安全设置扩展不支持本地 GPO 的远程管理。因此，若使用命令行：gpedit. msc/gpcomputer:"Computer1"，虽然可以在 Computer1 上编辑本地 GPO，但是"安全设置"选项却不出现。

本地 GPO 始终会被处理，但它们在 Active Directory 环境中却是影响最小的 GPO，因为基于 Active Directory 的 GPO 优先级更高。

2. 组策略设置的类型

通过编辑 GPO 可以对组策略设置进行配置，可以进行配置的组策略类型如下：

1）管理模板：用于配置应用程序以及用户桌面环境的基于注册表的设置。

2）安全设置：用于配置本地计算机、域和网络安全性的设置。

3）软件安装：用于将管理软件的安装、更新或删除操作集中起来的设置。

4）脚本：指定了系统在何时运行特定的脚本。

5）远程安装服务：指当通过"远程安装服务（RIS）"运行"客户安装向导"时，用于控制用户可用选项的设置。

6）Internet Explorer 维护：指用于管理和自定义 Microsoft Internet Explorer 的设置。

7）文件夹重定向：用于将特定的用户配置文件夹存储到网络服务器上的设置。

3. 计算机和用户的组策略设置

存储在域控制器中的非本地 GPO 只能在 Active Directory 环境下使用。它们会应用到与 GPO 相关联的站点、域或组织单位中的用户和计算机。

通常可以通过组策略中的"计算机配置"和"用户配置"选项为用户和计算机应用组策略进行设置。

1）计算机配置：计算机配置的组策略设置包括操作系统行为、桌面行为、安全设置、计算机启动和关机脚本、计算机分配的应用程序选项和应用程序设置。在操作系统初始化和整个系统刷新间隔期间，系统将会应用与计算机有关的组策略设置。

2）用户配置：用户的组策略设置包括特定的操作系统行为、桌面设置、安全设置、分配和发布的应用程序选项、应用程序设置、文件夹重定向选项和用户登录及注销脚本。在用户登录计算机以及整个策略刷新间隔期间，系统将会应用与用户相关的组策略设置。

一般来说，当计算机组策略设置和用户组策略发生冲突时，系统将优先应用计算机组策略设置。

任务 10.2　创建基于本地的组策略

步骤 10.2.1　锁定注册表编辑器

注册表编辑器是系统设置的重要工具，为了保证系统安全，防止非法用户利用注册表编辑器来篡改系统设置，首先必须将注册表编辑器予以禁用。具体操作步骤如下：

单击"开始"菜单，在"运行"框中输入"gpedit. msc"并回车，打开组策略对象编辑器。

注意：组策略窗口的结构和资源管理器相似，左边是树型目录结构，由"计算机配置"、"用户配置"两大节点组成。这两个节点下分别都有"软件设置"、"Windows 设置"和"管理模板"三个节点（见图 10-1），节点下面还有更多的节点和设置。此时单击右边窗口中的节点或设置，便会出现关于此节点或设置的适用平台和作用描述。"计算机配置"、"用户配置"两大节点下的子节点和设置有很多是相同的，那么该改哪一处呢？"计算机配置"节点中的设置应用到整个计算机策略，在此处修改后的设置将应用到计算机中的所有用户。"用户配置"节点中的设置一般只应用到当前用户，如果用别的用户名登录计算机，设置就不会管用了。

选择"用户配置"→"管理模板"→"系统"，然后在右边的窗口双击"阻止访问注册表编辑工具"，如图 10-2 所示。

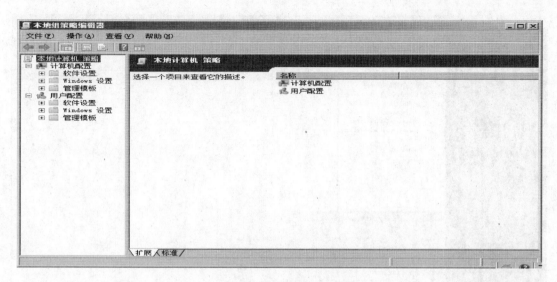

图　10-1

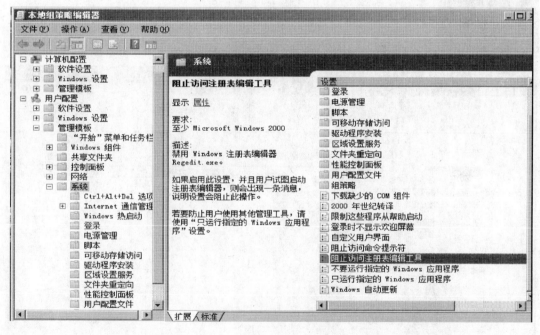

图　10-2

选择"阻止访问注册表编辑工具",点选"已启用",在下面"禁用后台运行 regedit"中选择"是",然后"确定"退出。

这时,可以验证用户是否可以打开注册表编辑器。

步骤 10.2.2　关闭事件跟踪器

在运行窗口中输入"gpmc. msc"打开组策略管理,如图 10-3 所示。

右键单击域名,选择"在这个域中创建 GPO 并在此处链接",如图 10-4 所示。

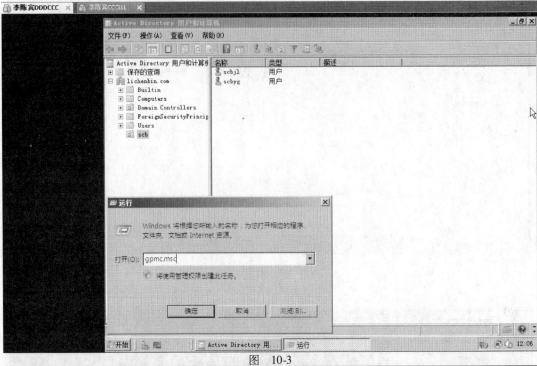

图 10-3

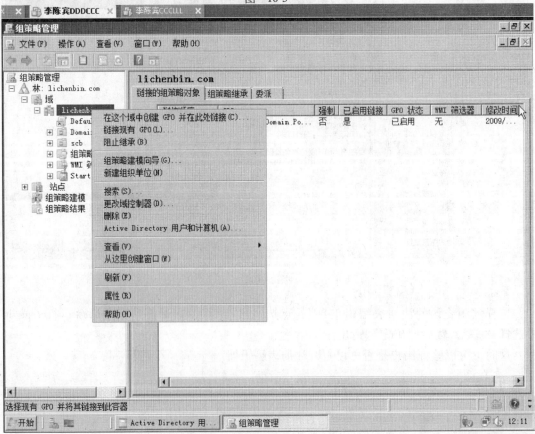

图 10-4

设置域 GPO 名称，单击"确定"，如图 10-5 所示。

图 10-5

右键单击 GPO 名称，选择"编辑"选项，如图 10-6 所示。

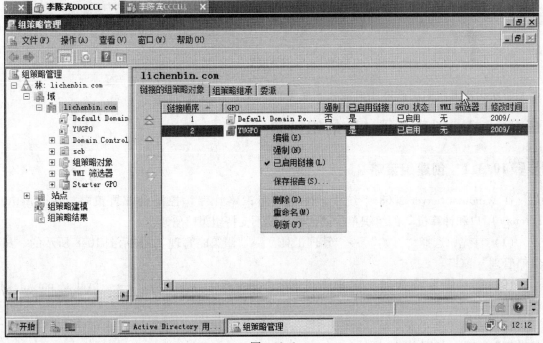

图 10-6

第一步：选择"配置"→"策略"→"管理模板"→"系统"。

第二步：选择显示"关闭事件跟踪程序"。

第三步：选择"已禁用"，如图 10-7 所示，单击"确定"。

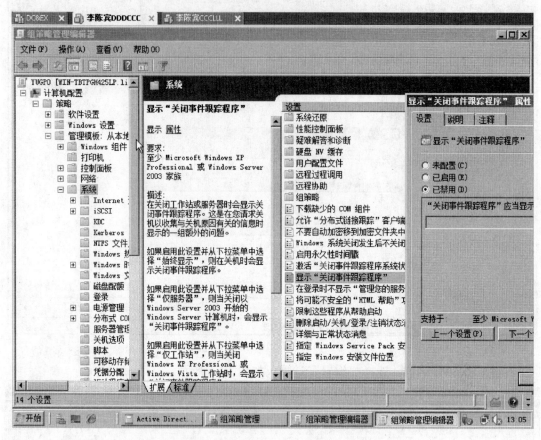

图　10-7

下次再次开机时，就不用再输入上次关机的理由了。

任务 10.3　创建基于 AD 的组策略

步骤 10.3.1　创建组策略

在 Windows Server 2008 系统中，使用"组策略管理"控制台部署策略。在"Active Diretory 用户和计算机"的组织单位属性中，则不支持组策略管理。

（1）首先，选择"开始"→"管理工具"→"组策略管理"，显示图 10-8 所示的"组策略管理"窗口。

（2）在"组策略管理"中单击"林：bvclss.com"→"域"→"bvclss.com"，如图 10-9 所示。

（3）右键单击"安工系"组织单位，在快捷菜单中选择"在这个域中创建 GPO 并在此处链接"选项，如图 10-10 所示。

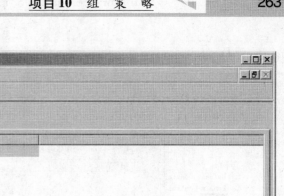

图　10-8

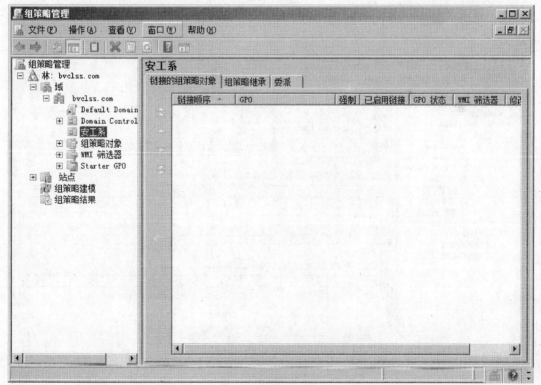

图　10-9

显示"新建 GPO"对话框，在"名称"文本框中，键入新建的创建名称，如"aggpo"，如图 10-11 所示。

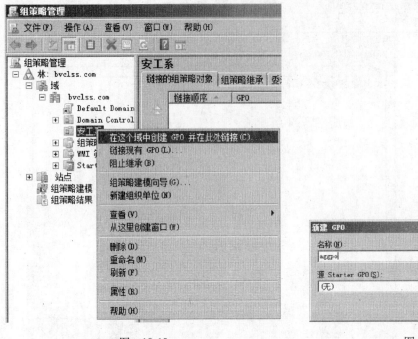

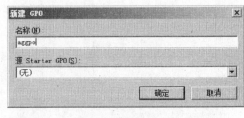

图　10-10　　　　　　　　　　　　　　　图　10-11

（4）单击"确定"，关闭"新建 GPO"对话框，返回到"组策略管理"窗口，如图 10-12
所示。

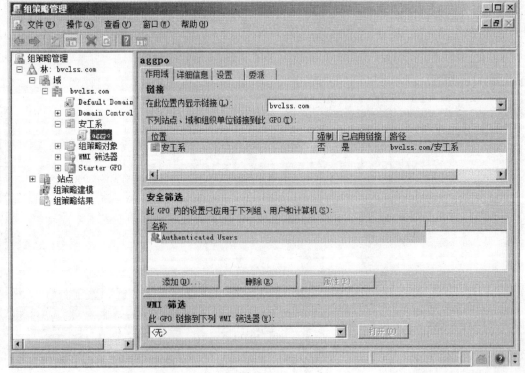

图　10-12

步骤 10.3.2　链接和删除 GPO

这里中建立了两个 OU，分别为"安工系"和"工商系"。在"安工系"这个 OU 上建立了名字为"aggpo"的 GPO，此 GPO 也可以被链接到其他容器上。例如，要将这个 GPO 应用到"工商系"这个 OU 上，右键单击"工商系"，单击"链接现有 GPO"，如图 10-13 所示，选择"aggpo"即可。

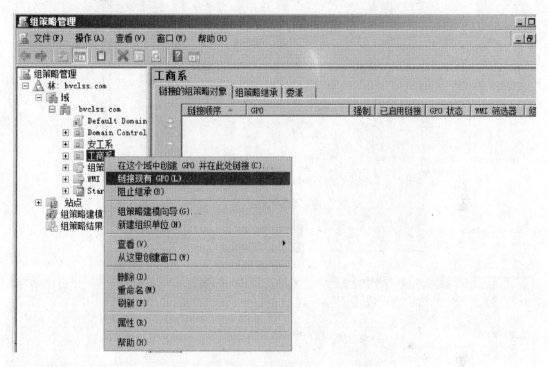

图　10-13

步骤 10.3.3　编辑组策略

默认情况下，新创建的策略并没有任何配置，为了达到某些功能或安全要求，必须对组策略进行编辑。这里以编辑新建的策略为例进行介绍。在"组策略管理"窗口中，右键单击"aggpo"策略，在快捷菜单中选择"编辑"选项，显示"组策略广利编辑器"窗口。在该窗口中，根据需要对组策略进行编辑即可。

例如，右键单击"aggpo"，选择"编辑"，展开其中的"用户配置"中的"管理模板"，单击"控制面板"，在右侧的细节框里双击"禁止控制面板"。在随后出现的属性框中选中"已启用"，如图 10-14 所示，并设置用户不能从开始"菜单"中启用"运行"命令。

步骤 10.3.4　删除组策略

选择"林：bvclss.com"→"域"→"bvclss.com"→"组策略对象"，右键单击想要删除的 GPO，选择"删除"即可，如图 10-15 所示。

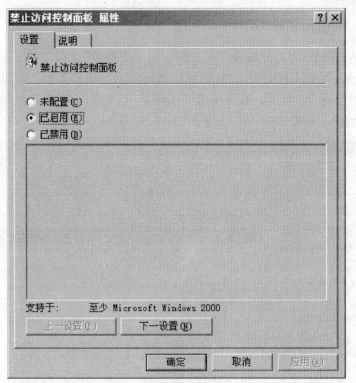

图 10-14

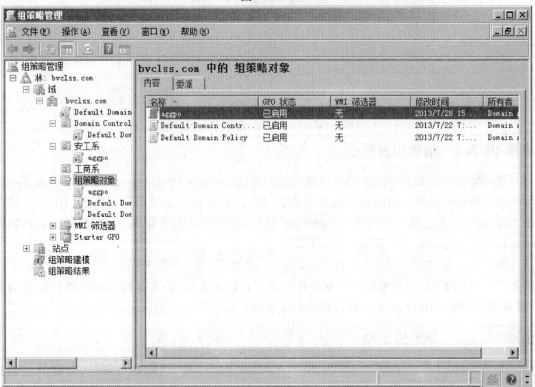

图 10-15

任务 10.4　组策略的应用

步骤 10.4.1　编辑组策略

除了上节讲到可以使用管理工具，还可以选择"开始"→"运行"（或按快捷键 Win + R），在弹出窗口中输入命令"gpedit. msc"，回车后进入"组策略"窗口。"组策略"窗口的结构和资源管理器相似，左边是树结构目录，由"计算机配置"、"用户配置"两大节点组成。这两个节点下分别都有"软件设置"、"Windows 设置"和"管理模板"三个节点，节点下面还有更多的节点和设置，如图 10-16 所示。此时单击右边窗口中的节点或设置，便会出现关于此节点或设置的适用平台和作用描述。"计算机配置"、"用户配置"两大节点下的子节点和设置有很多是相同的，那么该改哪一处呢？

图　10-16

"计算机配置"节点中的设置应用到整个计算机策略，在此处修改后的设置将应用到计算机中的所有用户。

"用户配置"节点中的设置一般只应用到当前用户，如果用别的用户名登录计算机，设置就不会管用了。但一般情况下，建议在"用户配置"节点下修改。

1. 计算机配置

GPO 部分包括针对相关 Active Driectory 容器中的计算机的设置。这些设置影响到计算机上的所有用户。

（1）软件设置

该节点包含了安装软件，其中还包含了应用到计算机的软件设置，而不论是哪个用户登录到该计算机都会应用相同的设置。该文件夹中可能还会包含部署组策略过程中软件包的设置。

（2）Windows 设置

该节点是针对目标计算机所有用户的，有两个扩展："安全设置"和"脚本"。

1）脚本：可以使用组策略分发的脚本来自动启动和关闭计算机，需要使用"脚本"扩展分别指定启动和关机脚本。

2）安全设置：可以使用"安全设置"保护计算机和整个网络；可以为站点、域或任何层次的 OU 指定安全策略，其中包括账户策略、本地策略、公钥策略、时间日志、受限制组、系统服务、注册表、文件系统、软件现在策略等。

（3）管理模板

该节点可以集中配置客户端的注册表。该扩展是组策略中基于注册表的管理模板，可以获得大约 700 个不同的设置。

1）Windows 组件：可以使用这些设置为操作系统配置系统组件，如 Netmeeting、Internet Explorer 和终端服务设置。

2）系统：可以使用这些设置来配置各种系统组件。

3）网络：可以使用这些设置来配置连接客户端到网络的操作系统组件，其中包括指定主机 DNS 后缀和防止用户对其进行更改。

4）打印机：包含管理网络打印机配置和公布选项的许多配置。

2. 用户配置

GPO 部分包括针对相关 Active Driectory 容器中的用户的设置。用户配置中每个可以配置的项多数与"计算机配置"相似。

步骤 10.4.2　活动目录中软件的分发

网络管理员几乎每天都有各种各样关于软件安装的需求。工作站无休止地进行软件安装、升级、维护、删除操作所带来的庞大的工作量以及由此可能产生的安全问题，一直都是令所有网管头痛的事情。使用 Windows Server 2008 组策略中的软件部署可以解决这个难题。

1. 准备安装文件

使用组策略部署软件分发的第一步是获取 .zap 或 .msi 为扩展名的安装文件包。.msi 安装文件包是美国微软公司专门为软件部署而开发的。有些软件程序直接提供这两个文件，有些不提供。

2. 分发软件

（1）建立分发点

要发布或指派计算机程序，必须在发布服务器上创建一个分发点。把安装文件所在的文件夹创建为一个共享网络文件夹，并对该共享设置权限以允许特定的 OU 才能访问此分发程序。

（2）编辑组策略

在"组策略管理"窗口中，右键单击"aggpo"策略，在快捷菜单中选择"编辑"选项打开组策略编辑窗口。

（3）指派/分发程序包

右键单击"软件安装"，在快捷菜单中选择"新建"→"数据包"，如图 10-17 所示。打开 OICQ2008Spring.msi 文件，这里一定填入网络路径，因为分发的用户要能从网络路径访问到这个文件。

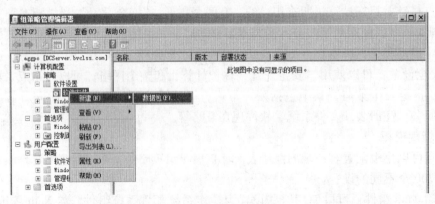

图　10-17

打开文件后，弹出"部署软件"对话框，选择"已指派"，如图 10-18 所示。

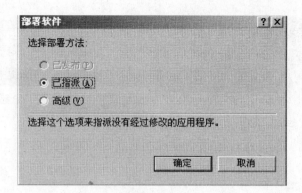

图 10-18

添加完成后，关闭组策略编辑器，单击"确定"，完成组策略编辑。

（4）客户端软件安装

开启虚拟机 2，屏幕提示正在安装经过管理的软件 OICQ2008Spring。

步骤 10.4.3 脚本的使用

可以使用组策略进行脚本设置，在用户登录或计算机开机时能够收到，方法如图 10-19 所示。

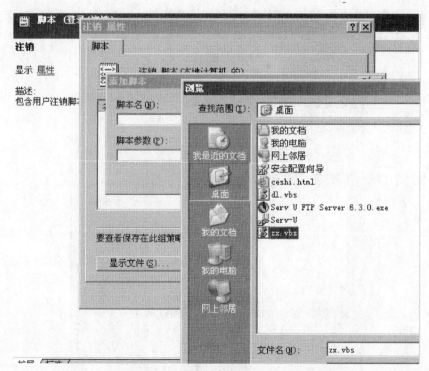

图 10-19

选择"用户配置"→"Windows 设置"→"脚本"→"登录"，如图 10-20 所示。

双击"登录"，弹出"登录 属性"对话框，如图 10-21 所示。

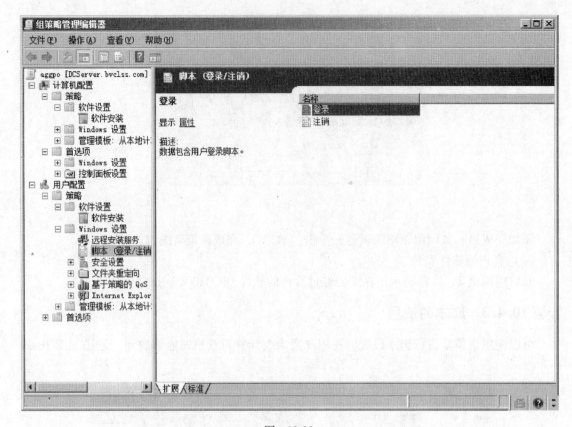

图 10-20

图 10-21

单击"添加",输入刚才做好的脚本文件,如图 10-22 所示。

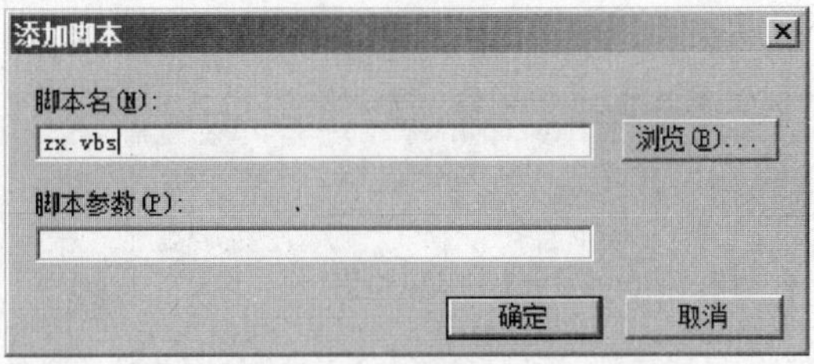

图 10-22

使用客户机登录时,就会看到图 10-23 所示的欢迎信息。

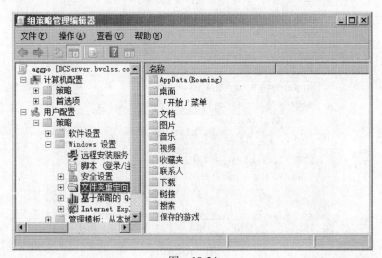

图 10-23

步骤 10. 4. 4 文件夹重定向

首先在一台 Windows Server 2008 上创建共享文件夹 files。

(1) 在 DC 的"开始"菜单中选择"组策略管理",右键单击组策略"aggpo",选择"编辑"。

(2) 在"组策略管理编辑器"控制台的目录树中,展开"用户配置",再展开"Windows 设置",然后展开"文件夹重定向",如图 10-24 所示,会显示能够重定向的四个文件夹的图标。

图 10-24

（3）右键单击需要重定向的文件夹"文档"，然后选择"属性"，打开"文档　属性"对话框，如图10-25所示。

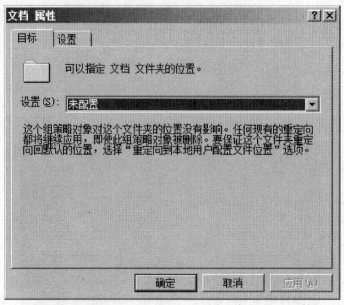

图　10-25

（4）在"文档　属性"对话框的"目标"选项卡的"设置"下拉列表中，选择"基本-将每个人的文件夹重定向到同一个位置"选项，如图10-26所示。

（5）在"目标文件夹位置"选项组的"根路径"文本框中，输入共享网络文件夹的路径"\\192.168.21.24\files"，如图10-26所示。

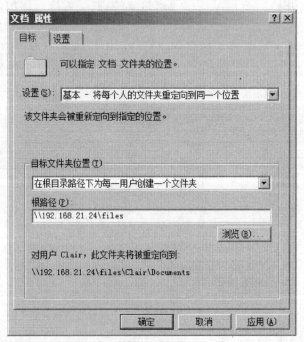

图　10-26

（6）在"设置"选项卡中，配置所需的选项，然后单击"确定"。

验证时可以使用不同的用户账户登录到域中，不管在域中哪台计算机登录，都会发现"我的文档"中的内容会随着用户到这台计算机，而不会因为不同的计算机有不同的"我的文档"的内容。

任务 10.5 组策略的应用举例

步骤 10.5.1 域用户不能随意修改带有公司 LOGO 的统一背景

在 client 上创建共享文件 share（见图 10-27），将带有公司 LOGO 的统一背景图片放入这个文件中，然后在域控制器中共享该文件（见图 10-28），授权设置用户策略，并且刷新组策略。

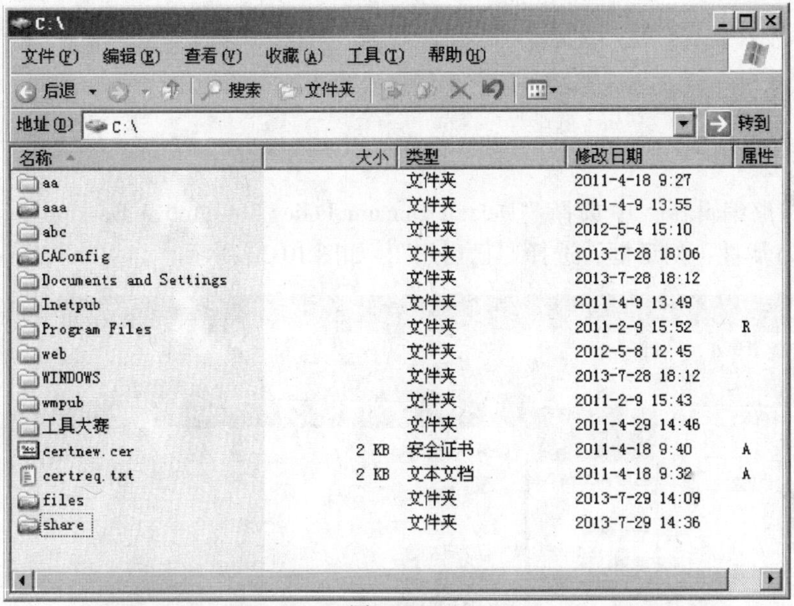

图 10-27

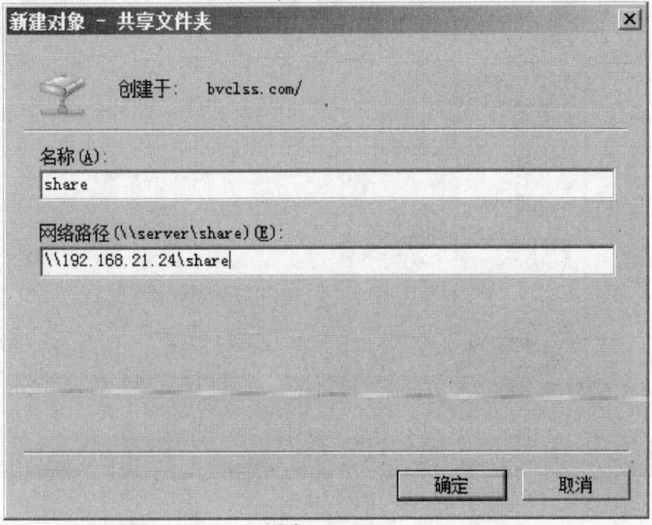

图 10-28

在 Active Diretory 用户和计算机上共享此文件，如图 10-29 所示。

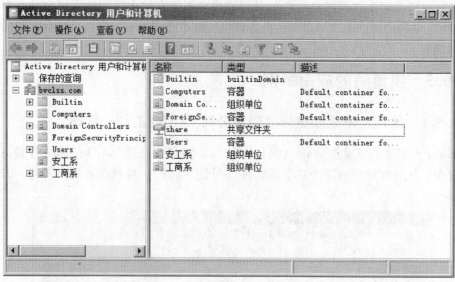

图 10-29

在 "组策略编辑器" 中选择 "Default Domain Policy" →Active Desktop"，打开 "启用 Active Desktop 属性" 对话框，选择 "已启用"，如图 10-30 所示。

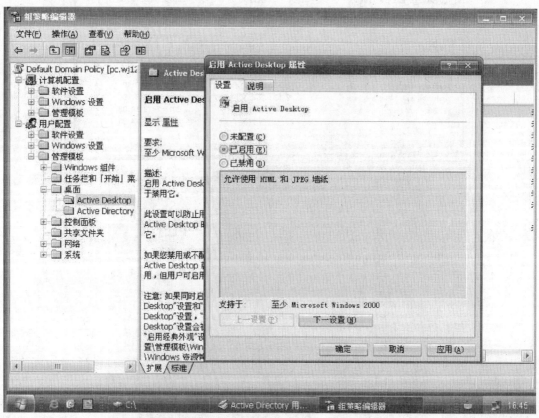

图 10-30

之后，打开"桌面墙纸 属性"对话框，在"设置"选项卡的"墙纸名称"文本框中输入共享的文件名，如图 10-31 所示。

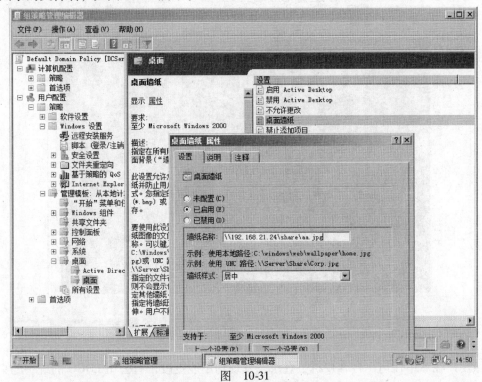

图   10-31

之后，"阻止更改墙纸 属性"对话框，选择"已启用"，如图 10-32 所示。

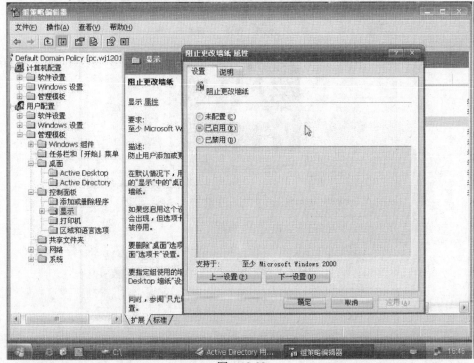

图   10-32

刷新组策略，如图 10-33 所示。

图   10-33

域用户在域中任何一台客户机上登录，发现均不能更改带有公司 LOGO 的统一的桌面墙纸，如图 10-34 所示。

图   10-34

步骤 10.5.2 域用户不能运行管理员已经限制的计算器、画图程序

打开组策略管理器，右键单击展开"域"→"bvclss. com"，新建名为"禁止使用计算器和画图"的 GPO，如图 10-35 所示。

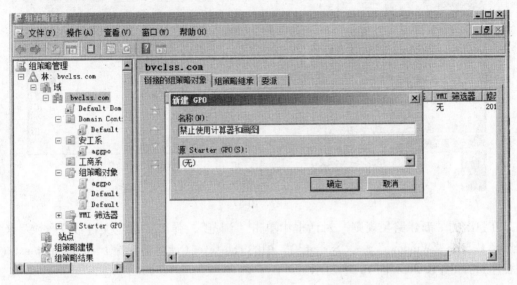

图 10-35

GPO 建立好后，进行编辑，如图 10-36 所示。

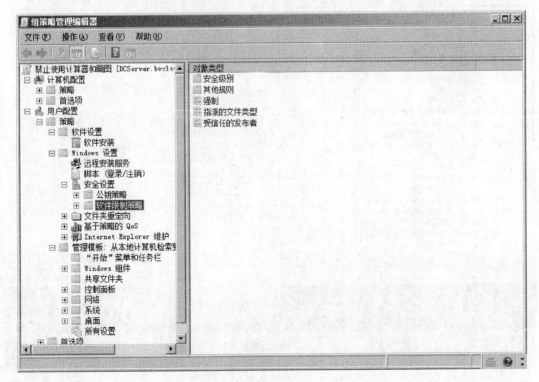

图 10-36

在"组策略管理编辑器"中右键单击"软件限制策略"选择打开"新建软件限制策略",再右键单击"其他规则"选择"新建路径规则",如图 10-37 所示。

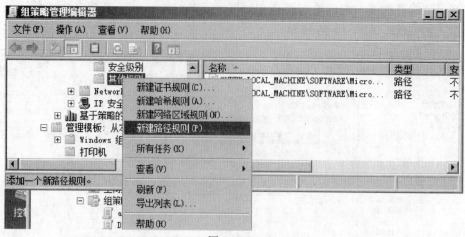

图 10-37

在弹出的"新建路径规则"对话框中单击"浏览",弹出"浏览文件或文件夹"对话框选择 C 盘→"Windows"→"System32"中的 cale.exe(计算器程序)和 mspaint.ext(画图程序),如图 10-38 和图 10-39 所示。

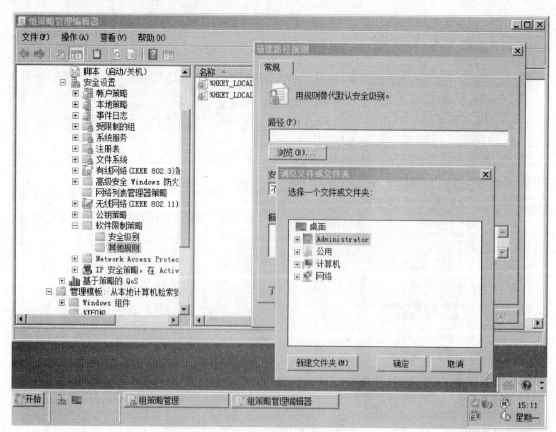

图 10-38

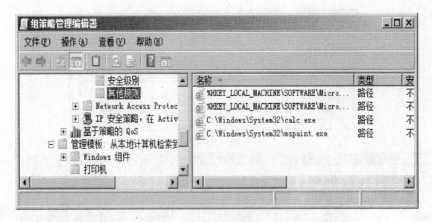

图　10-39

使用命令"gpupdate/force"来更新组策略，如图 10-40 所示。

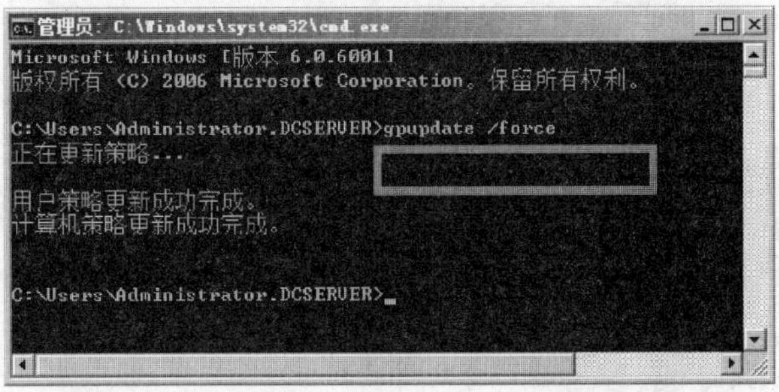

图　10-40

用 xiaozhang 用户在 client 上登录并打开计算器，发现不能够打开计算器，如图 10-41 所示。

图　10-41

步骤 10.5.3　配置域用户所有 IE 的默认设定

与本项目 10.2 节任务二的方法一样，在 bvclss.com 上新建 GPO，如图 10-42 所示。

对"锁定公司主页"GPO 进行编辑。选择"用户配置"→"首选项"→"控制面板设置"，右键单击"Internet 设置"，选择"新建"→"Internet Explorer 7"，如图 10-43 所示。

在弹出的对话框中，选择"连接"选项卡，将公司默认的主页填写到"默认连接"文本框中，如图 10-44 所示。

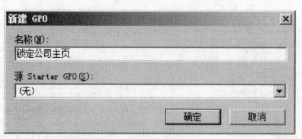

图 10-42

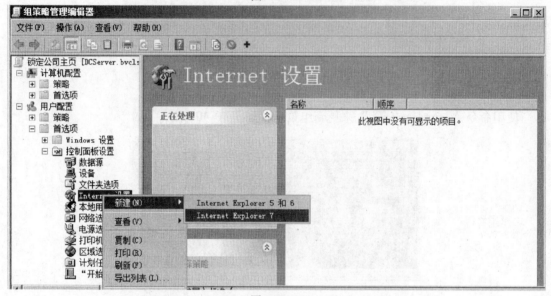

图 10-43

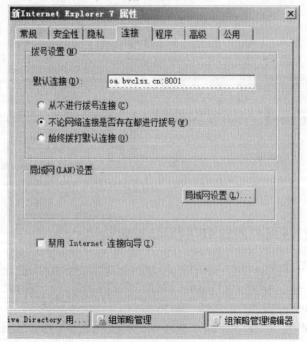

图 10-44

在"组策略管理编辑器"中,选择"用户配置"→"管理模板"→"Windows 组件"→"Internet Explorer"→"禁止更改主页设置",如图 10-45 所示。

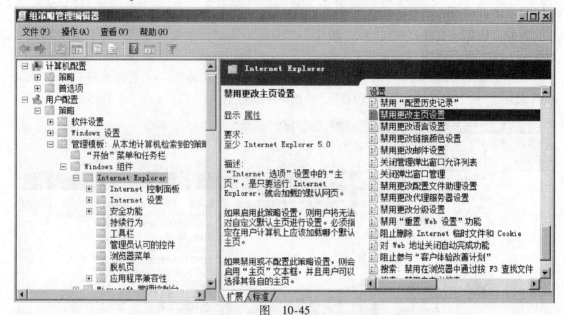

图 10-45

刷新组策略,如图 10-46 所示。

图 10-46

用 xiaozhang 用户在 client 上登录,打开的 IE 浏览器主页自动为 http://oa. bvclss. cn: 8001,并且主页不能修改,如图 10-47 所示。

图 10-47

步骤 10.5.4　隐藏所有用户的 C 盘

隐藏所有用户的 C 盘可以防止用户误删除系统文件，以免造成系统崩溃。

打开"组策略管理器"，选择"域"→"bvclss.com"，单击右键，新建名为"隐藏 C 盘"的 GPO，然后单击"编辑"。

在"组策略管理编辑器"中，选择"用户配置"→"策略"→"管理模板"→"Windows 组件"→"Windows 资源管理器"，如图 10-48 所示。

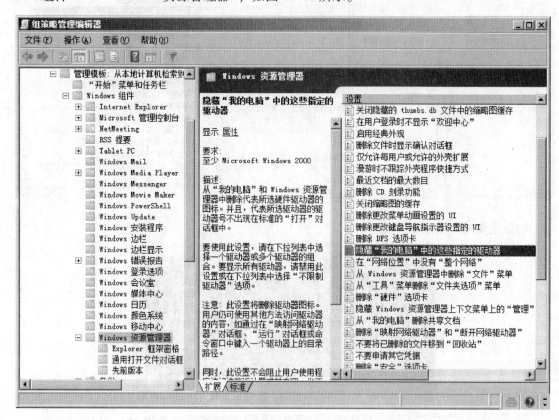

图　10-48

双击"隐藏"我的电脑"中的这些指定的驱动器"，在其属性对话框中选择"已启用"→"仅限制驱动器 C"，如图 10-49 所示。

之后，只用命令 gpupdate/force 刷新组策略。

用 xiaozhang 用户在 client 上登录，发现 C 盘已经被隐藏了，如图 10-50 所示。

步骤 10.5.5　在控制面板中隐藏"添加删除 Windows 组件"

在控制面板中隐藏"添加删除 Windows 组件"可以防止用户随意添加 Windows 组件。

首先，打开"组策略管理器"，选择"域"→"bvclss.com"，新建 GPO，名称为"禁止添加删除程序"，如图 10-51 所示。

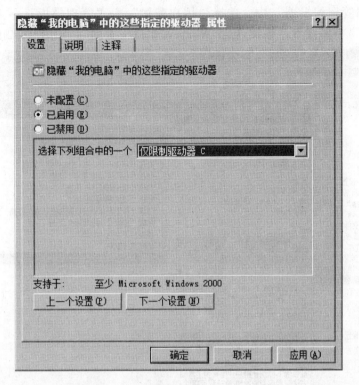

图 10-49

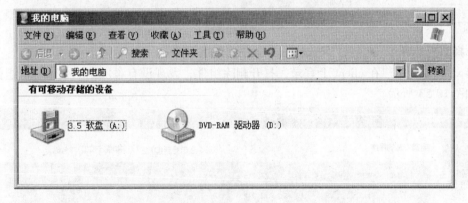

图 10-50

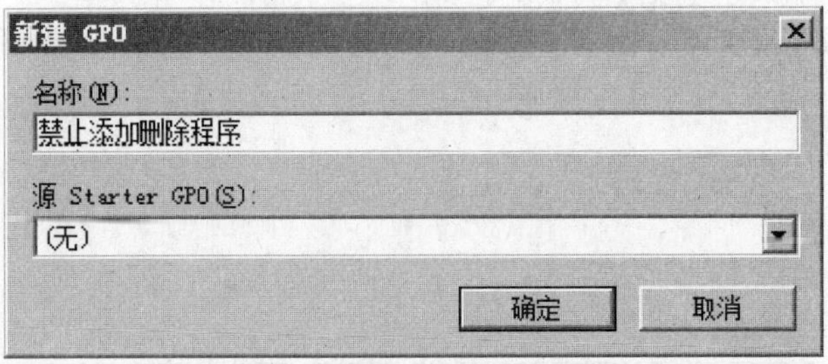

图 10-51

在"组策略管理编辑器"中，选择"用户配置"→"管理模板"→"控制面板"→"添加删除程序"→"隐藏"添加/删除 Windows 组件"页面"，如图 10-52 所示。

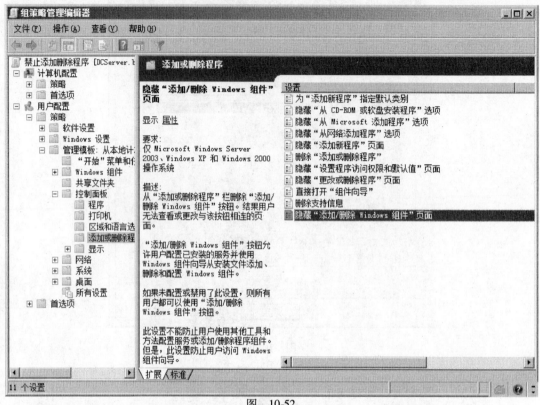

图 10-52

选择"已启用"，之后，用 gpupdaet 命令刷新组策略。

用 xiaozhang 用户在 client 上登录，打开删除组件，发现没有添加删除 Windows 组件的选项，如图 10-53 所示。

图 10-53

任务 10.6 组策略的应用规则

对于同一个容器来说，基于链接顺序的优先级设置是按相反的顺序应用指向特定站点、域或部门的链接的。例如，具有链接顺序 1 的 GPO 比链接到该容器的其他 GPO 的优先级都高。可以通过以下操作，学习如何进一步控制优先级和如何将 GPO 链接应用于特定的域、站点或部门。

步骤 10.6.1 更改链接顺序

在每个域、站点或组织单位中，链接顺序控制何时应用链接。要更改链接的优先级，可以更改链接顺序，即在列表中将每个链接向上或向下移动到适当的位置。具有较高顺序的链接（最高顺序为 1）具有给定站点、域或组织单位的较高优先级。例如，某个容器上添加 6 个 GPO 链接，并随后决定给最后添加的 GPO 链接分配最高的优先级（通过单击左边的向上箭头调整），则可以将该 GPO 链接移到列表的顶部。

步骤 10.6.2 阻止组策略继承

通过组策略中的"阻止"功能，可以阻止域或组织单位的策略继承（不能阻止站点中策略的继承）。通过使用阻止继承，可防止子容器自动继承链接到更高站点、域或组织单位的 GPO。默认情况下，子容器继承父容器中的所有 GPO，但有时使用阻止继承是很有用的。例如，如果要将单个策略集应用于整个域，但有一个组织单位除外，这时就可以在域级链接所需的 GPO（域级别的 GPO 设置默认是所有下面的组织单位都从中继承策略），然后仅在不应用该策略的组织单位上阻止继承。

阻止继承的方法很简单，只需在不需要继承的 GPO 容器（域、站点，或者组织单位，注意不是具体的 GPO）上单击右键，在弹出菜单中选择"阻止继承"选项（见图 10-54）即可。当域或部门（组织单位）容器的图标显示为蓝色圆圈，并且上面有一个惊叹号，如![图标]和![图标]，这意味着，在该域或部门上阻止继承。

在图 10-55 所示的 GPMC 中的"生产部"OU 中创建并链接了一个名为"禁止修改 IP 地址"的 GPO（其目的就是阻止用户修改计算机的 IP 地址，所使用的策略项是启用：用户配置→管理模板→网络→网络连接下的"禁止访问 LAN 连接属性"，见图 10-56），而"生产部"下面的"一车间"和"二车间"子 OU 中的 GPO 没有配置过这个策略项，则系统会使这两个子 OU 自动继承它们的父 OU——"生产部"的这个策略项设置。但是，如果下面的子 OU 中也配置了"禁止访问 LAN 连接属性"策略项，但它的配置与"生产部"这个父 OU 中对这个策略项的设置不一样，它是禁止了该策略项，也就是不禁止（允许）用户修改 IP 地址。这时下面的两个子 OU 中的该策略项的设置就会继承"生产部"这个父 OU 的禁止修改 IP 地址这个设置了。

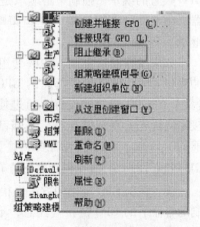

图 10-54

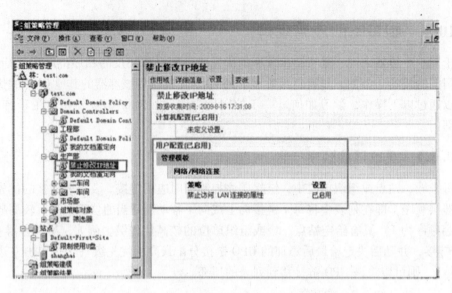

图　10-55

　　如果在"生产部"父 OU 下的"一车间"子 OU 中既没有配置过"禁止访问 LAN 连接属性"策略项的 GPO，也不想继承其上级 OU——"生产部"OU 的"禁止修改 IP 地址"GPO 中的设置，这时就可以在"一车间"这个子 OU 容器上单击右键，在弹出菜单中选择"阻止继承"选项即可。

步骤 10.6.3　强制 GPO 链接

　　默认情况下，在有设置冲突发生时（没有配置的情况是默认继承上级容器的设置的，不会发生冲突），子容器中的设置会覆盖父容器的相同选项设置。但如果想要使某个父容器中的策略设置不被下面的子容器中的策略设置覆盖，则可通过将 GPO 链接设置为"强制"（以前称之为"禁止替代"）。指定该 GPO 链接中的设置应该优先于它下面任何子容器中的设置，让下面的子容器中的相同策略项设置均强制继承父容器下的这个 GPO 中的设置。一经设置，不能从父容器阻止强制的 GPO 链接的向下传递，子容器也无法阻止父容器中对应 GPO 设置的继承。强制策略继承是指可以在父容器中通过组策略的"强制"选项强制子容器必须继承（不准覆盖）此组策略内的组策略设置，而不论子容器是否设置了阻止策略继承。

　　如果没有设置强制，在嵌套组织单位中的 GPO 中包含冲突设置时，链接到子部门的 GPO 中的设置覆盖较高级别（父）的 GPO 链接的设置。通过使用强制，可使父 GPO 链接始终优先。默认情况下，不强制 GPO 链接。在 GPMC 之前的工具中，"强制"功能称为"禁止替代"功能。强制的 GPO 链接图标为 <img>（图标右下方有一个向下的箭头）。

　　设置强制 GPO 链接的方法也很简单，只需要在某个要强制的容器下的 GPO 链接（注意，不是 GPO 容器）上单击右键，在弹出菜单中选择"强制"选项（见图 10-56）即可。

图　10-56

再以前面介绍的"禁止修改 IP 地址"GPO 为例进行介绍。如果想要让"生产部"OU 下面的所有子 OU 都继承它下面的"禁止修改 IP 地址"GPO 中设置，不管下面的子 OU 中是否设置了相同的策略项，也不管下面子 OU 中的相同策略项是否设置。这时就可以在"生产部"OU 下的"禁止修改 IP 地址"GPO 上单击右键，在弹出菜单中选择"强制"选项即可。

步骤 10.6.4　禁用 GPO 链接

默认情况下，为所有 GPO 链接启用处理。可通过为给定站点、域或组织单位禁用 GPO 链接，完全阻止将相应 GPO 应用于该域、站点或组织单位。注意，这不会禁用 GPO 本身。如果将该 GPO 链接到其他站点、域或组织单位，并且启用了其链接，则它们继续处理该 GPO，只是会在对应容器上禁用该 GPO 链接。

禁止 GPO 链接的方法是在对应容器下的对应 GPO 链接上单击右键，在弹出的快捷菜单中取消"已启用链接"菜单项前面的"√"号即可，如图 10-57 所示。

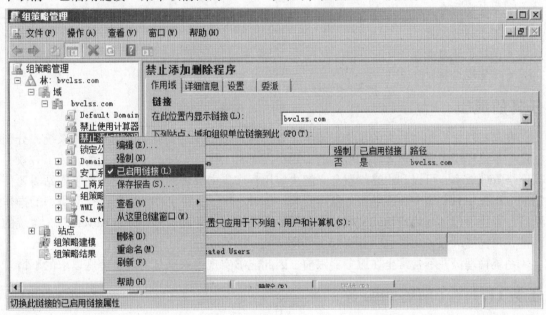

图　10-57

总结

组策略是一种允许通过组策略设置和组策略首选项为用户和计算机指定受管理配置的基础结构。对于仅影响本地计算机或用户的组策略设置，可以使用本地组策略编辑器。可以在 Active Directory 域服务（ADDS）环境中通过组策略管理控制台（GPMC）管理组策略设置和组策略首选项。组策略管理工具还包含在远程服务器管理工具包中，以帮助从桌面管理组策略设置。

通过使用组策略，可以大幅降低组织的总拥有成本。各种各样的因素可能会使组策略设计变得非常复杂，如大量可用的策略设置、多个策略之间的交互以及继承选项。通过仔细规划、设计、测试并部署基于组织业务要求的解决方案，才可以提供组织所需的标准化功能、安全性以及管理控制。

项目 ⑪

终端服务与 VPN 服务的配置与管理

项目目标

- 理解域名空间结构
- 理解 DNS 查询过程
- 掌握区域管理
- 掌理解转发器
- 理解子域与委派
- 理解域名解析顺序

任务的提出

在局域网规模相对较大的工作环境中，要是客户端工作站安装了不同的操作系统，分别在这些系统环境中安装部署相同版本的应用程序时，工作量无疑是十分巨大的。为了有效提高网络管理效率，可以利用终端服务来解决应用程序集中部署的难题。局域网工作站需要使用的应用程序只要集中在终端服务器中安装、部署一次，无论工作站使用了什么类型的操作系统，都能通过远程终端访问实现使用应用程序的目的。伴随着 Windows Server 2008 系统的面世，系统终端服务功能也明显得到了强化。

系统管理员并不常常坐在服务器跟前，因此能够实现远登录是管理员梦寐以求的事情。

任务 11.1   了解终端服务

步骤 11.1.1   终端服务的起源

很早以前，终端服务就在 Windows 系统平台中出现了。使用该服务的客户端工作站通过 RDP 与终端服务器建立连接，客户端用户能够并行地运行本地的应用程序以及终端服务器中的应用程序，同时能够访问终端服务器中的各种系统服务、功能组件，整个操作几乎与在本地系统一样。善用终端服务，网络管理员能够让局域网实现集中访问应用程序的目的，从而有效地提高了网络管理效率，进而能够达到节约单位办公成本的目的。倘若一个客户端用户在相同的一台终端服务器中同时运行了若干个远程程序会话的话，那么这些众多的远程程序将会自动共享使用相同的终端服务连接。

借助终端服务，网络管理员根本不需要在局域网中的每一台工作站中安装和维护同样的应用程序，如果客户端用户需要集中使用某一个应用程序，网络管理员只要将该应用程序集中在终端服务器中安装部署一次就可以了，客户端用户到时只要通过终端服务就能享受到在本地系统运行应用程序的精彩了；借助终端服务，客户端用户能够非常方便地使用终端服务器中的各种共享资源，而不需要额外增加使用成本，从而有效地节约了办公成本；借助终端服务，单位不需要耗费大量的财力、物力在局域网中的所有客户端工作站中安装部署单位的业务程序，而只需要一次性地在终端服务器中安装部署就可以了，这样就能够简化局域网管理维护工作量，节约网络维护成本以及降低复杂程度。

步骤 11.1.2　终端服务结构与作用机制

1. 终端服务器

在旧版本系统环境下，往往要通过安装系统组件的方式来安装系统终端服务，而在 Windows Server 2008 系统环境下可以通过服务器管理器控制台安装终端服务器，这种安装方式更为简便、迅速。终端服务器接收来自远程桌面的指令，并进行处理，还要将结果返回给远程桌面。

2. 远程桌面

远程桌面是安装在 Windows 客户机，甚至可以是 Macintosh 或者 UNIX 下的一套软件，网络管理员使用远程桌面连接程序连接到网络任意一台开启了远程桌面控制功能的计算机上，就好比自己操作该计算机一样，可以运行程序、维护数据库等。远程桌面从某种意义上类似于早期的 telnet，它可以将程序运行等工作交给服务器，而返回给远程控制计算机的仅仅是图像、鼠标键盘的运动变化轨迹。

3. 远程桌面协议（Remote Display Protocol，RDP）

RDP 是让远程桌面和终端服务器进行通信的协议，该协议基于 TCP/IP 进行工作，默认时是使用 TCP 的 3389 端口。RDP 将键盘操作和鼠标单击等指令从客户端传输到终端服务器，还要将终端服务器处理后的结果传回到远程桌面。

任务 11.2　实现终端服务

步骤 11.2.1　使用内置的远程桌面管理功能

在 Windows Server 2008 中，已经内置了远程桌面管理功能，如果需要的连接数不超过 2 个，那么可以仅启动"远程桌面"功能，而无需安装终端服务器组件。启用"远程桌面"的步骤如下：

选择"开始"→"控制面板"→"系统和维护"→"系统"→"高级系统设置"，单击"远程"选项卡，在"远程桌面"选择"允许运行任何版本远程桌面的计算机连接（较不安全）"或其他。如图 11-1 所示。

1）不允许连接到这台计算机：禁止任何用户通过远程桌面来连接，这是默认值。

2）允许运行任何版本远程桌面的计算机连接（较不安全）：无论用户所使用的远程桌面的版本是什么，都可以连接。如果不确定用户的远程桌面的版本，就选择此项。

3）只允许运行带网络级身份验证的远程桌面的计算机连接（更安全）：用户的远程桌面连接需要支持网络级身份验证才可以进行连接。网络级身份验证是一种新的验证方法，也是比较安全的验证方法，它可以避免黑客或恶意软件的攻击。Windows Vista、Windows server 2008、Windows 7 的远程桌面连接都是使用网路级身份验证。

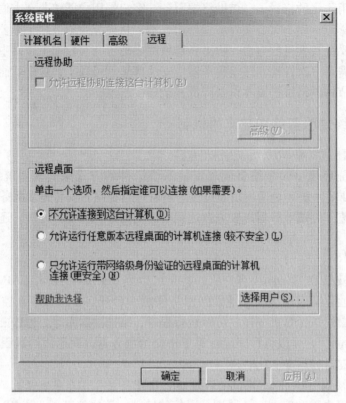

图　11-1

步骤 11.2.2　授权连入"远程桌面"的权限

默认情况下，Administrators 组中的所有成员都可以远程登录，同时 Windows Server 2008 活动目录（Active Directory）中的 Remote Desktop Users 组的成员也可以进行远程管理。出于安全考虑，必须更改默认授权而实施对特定的用户或者组授权。

1. 在远程桌面控制台中授权

选择"开始"→"控制面板"→"系统和维护"→"系统"→"高级系统设置"，单击"远程"选项卡，单击其中的"选择用户"，随后打开"远程桌面用户"对话框，同时所有 Remote Desktop Users 组的成员都会被列在这里。

要添加新的用户或者组到该列表，单击"添加"打开"选择用户"对话框（见图 11-2）。在该对话框中输入所选或默认域中用户或组的名称，然后单击"检查名称"。如果找到了多个匹配项目，则需要选择要使用的名称，然后单击"确定"。当然也可以单击"查找范围"，选择其他位置通过查找功能添加相应的用户。如果还希望添加其他用户或者组，注意在它们之间输入分号（;）作为间隔。在此，作者的建议是，删除对于组的授权，而只授予特定的用户远程连接权限。这样就会增加攻击者猜解用户账户的难度，从而提升了远程桌面的安全。作为一个安全技巧，可以取消 Administrator 账户的远程连接权限，而赋予其他对于攻击者来说比较陌生的账户的远程连接权限。

2. 通过组策略限制远程登录

在组策略中，Administrators 和 Remote Desktop Users 组的成员默认具有"允许通过终端服务登录"的用户权限。如果修改过组策略，可能需要复查，以确保这个用户权限依然被分配给这些组。一般来说，可以针对具体的计算机复查设置，但也可以通过站点、域已经组织单位策略进行复查。打开相应的组策略对象（GPO），选择"开始"→"管理工具"→"本地安全策略"，如图 11-3 所示。

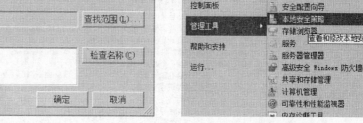

图　11-2　　　　　　　　　　　　　　　　　图　11-3

选择"计算机配置"→"Windows 设置"→"安全设置"→"本地策略"→"用权限指派"，双击"通过终端服务允许登录"，如图 11-4 所示；查看要使用的用户和组是否在列，如图 11-5 所示。

如果希望限制用户对服务器进行远程登录，可以打开相应的 GPO，展开"计算机配置"→"Windows 设置"→"安全设置"→"本地策略"→"用权限指派"节点，双击"通过终端服务拒绝登录"策略。在该策略的属性对话框中，选择"拒绝这些策略设置"，然后单击"添加用户或组"（见图 11-6）；在添加用户或组对话框中，单击"浏览"，并使用选择用户、计算机或组对话框输入希望拒绝通过终端服务进行本地登录的用户或组的名称，然后单击"确定"即可。另外，也可以在终端服务配置工具中修改组的默认权限。例如，可以将对终端访问对象具有完全控制权限的 Administrators 组删除。

与传统的终端服务功能相比，Windows Server 2008 系统在这方面的功能明显得到了增强。例如，在 Windows Server 2008 系统环境下，客户端用户能够使用内置在终端服务（Terminal Services，TS）中的 TS Web Access 功能，来实现通过 Web 方式访问单位局域网终端服务器的目的，突破了以往只能通过远程桌面连接访问终端服务器的限制。通过这种访问方式客户端用户能够享受到良好的用户体验。此外，Windows Server 2008 系统的终端服务还新增加了 TS Gateway 网关功能，该功能能够判断出客户端用户是否满足网络连接条件，并且能够确定用户究竟能够访问哪些终端服务器，从而有效保证了终端访问的安全性。

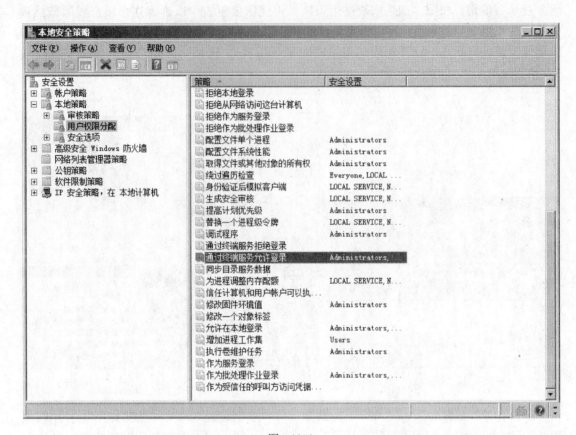

图　11-4

图　11-5

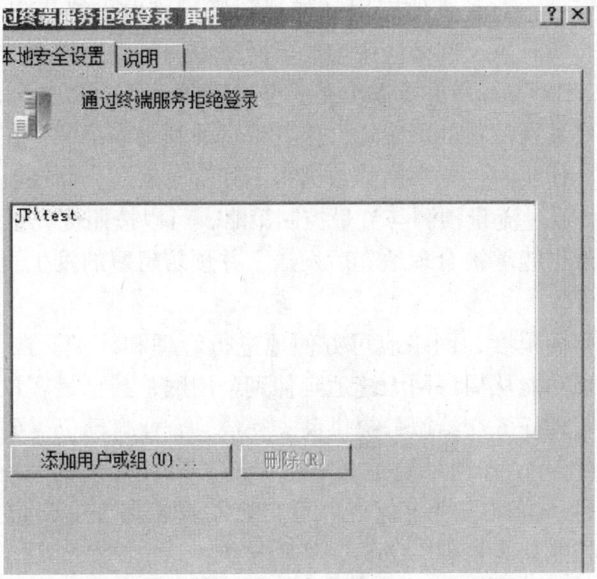

图 11-6

任务 11.3 配置虚拟专用网络访问

步骤 11.3.1 了解虚拟专用网络

虚拟专用网络（Virtual Private Network，VPN），可以把它理解成是虚拟出来的企业内部专线。它可以通过特殊的加密的通信协议在连接在互联网（Internet）上的位于不同地方的两个或多个企业内部网之间建立一条专有的通信线路，就好比是架设了一条专线一样，但是它并不需要真正地去铺设光缆之类的物理线路。这就好比去电信局申请专线，但是不用给铺设线路的费用，也不用购买路由器等硬件设备。VPN 技术原是路由器具有的重要技术之一，目前在交换机、防火墙设备或 Windows Server 2008 等软件里也都支持 VPN 功能。简单地说，VPN 的核心就是在利用公共网络建立虚拟私有网。

针对不同的用户要求，VPN 有三种解决方案：

- 远程访问虚拟专用网络（Access VPN）
- 企业内部虚拟专用网络（Intranet VPN）
- 企业扩展虚拟专用网络（Extranet VPN）

这三种类型的 VPN 分别与传统的远程访问网络、企业内部的 Intranet 以及企业网和相关合作伙伴的企业网所构成的 Extranet（外部扩展）相对应。

步骤 11.3.2 虚拟专用网络的特点

1. 服务质量保证（QoS）

VPN 应当为企业数据提供不同等级的服务质量保证。不同的用户和业务对服务质量保证的要求差别较大。例如，对于移动办公用户，提供广泛的连接和覆盖性是保证 VPN 服务的一个主要因素；而对于拥有众多分支机构的专线 VPN，交互式的内部企业网应用则要求网络能提供良好的稳定性；对于其他应用（如视频等）则对网络提出了更明确的要求，如网络时延及误码率等。所有以上网络应用均要求网络根据需要提供不同等级的服务质量。在网络优化方面，构建 VPN 的另一重要需求是充分有效地利用有限的广域网资源，为重要数据提供可靠的带宽。广域网流量的不确定性使其带宽的利用率很低，在流量高峰时引起网络阻塞，产生网络瓶颈，使实时性要求高的数据得不到及时发送；而在流量低谷时又造成大量的网络带宽空闲。QoS 通过流量预测与流量控制策略，可以按照优先级分配带宽资源，实现带宽管理，使得各类数据能够被合理地先后发送，并预防阻塞的发生。

2. 可管理性

从用户角度和运营商角度，网络应可方便地进行管理和维护。在 VPN 管理方面，VPN 要求企业将其网络管理功能从局域网无缝地延伸到公用网，甚至是客户和合作伙伴。虽然可以将一些次要的网络管理任务交给服务提供商去完成，企业自己仍需要完成许多网络管理任务。所以，一个完善的 VPN 管理系统是必不可少的。VPN 管理的目标是，减小网络风险，具有高扩展性、经济性、高可靠性等优点。事实上，VPN 管理主要包括安全管理、设备管理、配置管理、访问控制列表管理、QoS 管理等内容。

3. 可扩充性和灵活性

VPN 必须能够支持通过 Intranet 和 Extranet 的任何类型的数据流，可以方便地增加新的节点，支持多种类型的传输媒介，可以满足同时传输语音、图像和数据等新应用对高质量传输以及带宽增加的需求。

4. 安全保障

虽然实现 VPN 的技术和方式很多，但所有的 VPN 均应保证通过公用网络平台传输数据的专用性和安全性。在非面向连接的公用 IP 网络上建立一个逻辑的、点对点的连接，称之为建立一个隧道，可以利用加密技术对经过隧道传输的数据进行加密，以保证数据仅被指定的发送者和接收者所了解，从而保证了数据的私有性和安全性。在安全性方面，由于 VPN 直接构建在公用网上，实现起来简单、方便、灵活，但同时其安全问题也更为突出。企业必须确保其 VPN 上传送的数据不被攻击者窥视和篡改，并且要防止非法用户对网络资源或私有信息的访问。

步骤 11.3.3　虚拟专用网络协议

IPSec：IP Security，是保护 IP 安全通信的标准，它主要对 IP 分组进行加密和认证。作为一个协议族（即一系列相互关联的协议）由两部分组成：① 保护分组流的协议；② 用来建立这些安全分组流的密钥交换协议。前者又分成两个部分：加密分组流的封装安全载荷（Encapsulating Security Payload，ESP）及较少使用的认证头（Authentication Header，AH）。认证头提供了对分组流的认证并保证其消息完整性，但不提供保密性。目前为止，互联网密钥交换（Internet Key Exchange，IKE）协议是唯一已经制定的密钥交换协议。

PPTP：Point to Point Tunneling Protocol，点到点隧道协议。在因特网上建立 IP VPN 隧道的协议，主要内容是在因特网上建立多协议安全虚拟专用网的通信方式。

L2F：Layer 2 Forwarding，第二层转发协议。

L2TP：Layer 2 Tunneling Protocol，第二层隧道协议。

GRE：VPN 的第三层隧道协议。

PPP：Point to Point Protocol，点到点协议。

L2TP 是用来整合多协议拨号服务至现有的因特网服务提供商的。PPP 定义了多协议跨越第二层点对点链接的一个封装机制。特别地，用户通过使用众多技术之一（如拨号 POTS、ISDN、ADSL 等）获得第二层连接到网络访问服务器（Network Access Server，NAS），然后在此连接上运行 PPP。在这样的配置中，第二层终端点和 PPP 会话终点处于相同的物理设备中（如 NAS）。

L2TP 扩展了 PPP 模型，允许第二层和 PPP 终点处于不同的、由包交换网络相互连接的设备。通过 L2TP，用户在第二层连接到一个访问集中器（如调制解调器池、ADSL DSLAM 等），然后这个集中器将单独的 PPP 帧隧道到 NAS。

PPTP 是一种支持多协议虚拟专用网络的网络技术，它工作在第二层。通过该协议，远程用户能够通过 Windows NT 工作站以及其他装有 PPP 的系统安全访问公司网络，并能拨号连入本地 ISP，通过互联网安全链接到公司网络。

PPTP 假定在 PPTP 客户机和 PPTP 服务器之间有连通并且可用的 IP 网络。因此，如果 PPTP 客户机本身已经是 IP 网络的组成部分，那么即可通过该 IP 网络与 PPTP 服务器取得连接；而如果 PPTP 客户机尚未连入网络，如在互联网拨号用户的情形下，PPTP 客户机必须首先拨打 NAS 以建立 IP 连接。

PPTP 和 L2TP 都使用 PPP 对数据进行封装，然后添加附加包头用于数据在因特网络上的传输。存在以下几方面的不同：

1）PPTP 要求因特网络为 IP 网络。L2TP 只要求隧道媒介提供面向数据包的点对点的连接。L2TP 可以在 IP（使用 UDP）、桢中继永久虚拟电路（Permanence Virtual Circuit，PVC）、X.25 虚拟电路（Virtual Circuit，VC）或 ATM VC 网络上使用。

2）PPTP 只能在两端点间建立单一隧道。L2TP 支持在两端点间使用多隧道。使用 L2TP，用户可以针对不同的服务质量创建不同的隧道。

3）L2TP 可以提供压缩包头。当压缩包头时，系统开销（overhead）占用 4 个字节，而 PPTP 下要占用 6 个字节。

4）L2TP 可以提供隧道验证，而 PPTP 则不支持隧道验证。但是当 L2TP 或 PPTP 与 IP-Sec 共同使用时，可以由 IPSec 提供隧道验证，不需要在第二层协议上验证隧道

任务 11.4 搭建远程访问服务器

步骤 11.4.1 安装"路由和远程访问服务"

首先，打开"服务器管理器"，在服务器角色中添加"网络策略和访问服务"，如图 11-7 所示。

选择"路由和远程访问服务器"，如图 11-8 所示。

"路由和远程访问"服务安装成功后，要激活路由和远程服务，如图 11-9 所示。

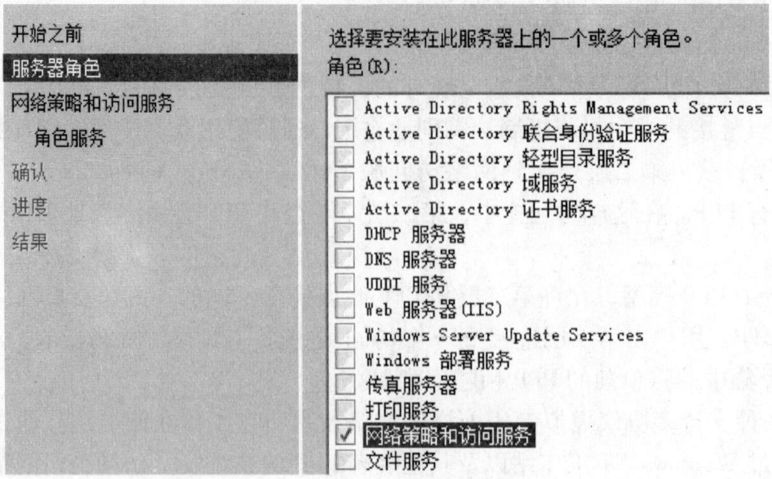

开始之前
服务器角色
网络策略和访问服务
角色服务
确认
进度
结果
选择要安装在此服务器上的一个或多个角色。
角色(R):
Active Directory Rights Management Services
Active Directory 联合身份验证服务
Active Directory 轻型目录服务
Active Directory 域服务
Active Directory 证书服务
DHCP 服务器
DNS 服务器
UDDI 服务
Web 服务器(IIS)
Windows Server Update Services
Windows 部署服务
传真服务器
打印服务
网络策略和访问服务
文件服务

图 11-7

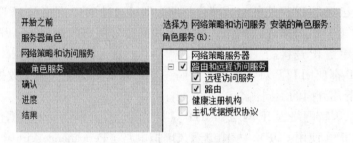

开始之前
服务器角色
网络策略和访问服务
角色服务
确认
进度
结果
选择为 网络策略和访问服务 安装的角色服务:
角色服务(R):
网络策略服务器
路由和远程访问服务
远程访问服务
路由
健康注册机构
主机凭据授权协议

图 11-8

已成功安装以下角色、角色服务或功能:
1 条警告消息显示如下
未启用 Windows 自动更新。若要安装最新更新，请使用“控制面板”来检查更新。
网络策略和访问服务
安装成功
已安装以下角色服务:
路由和远程访问服务
远程访问服务
路由

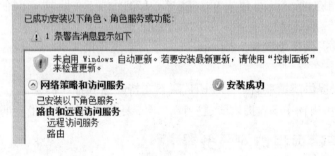

图 11-9

步骤 11.4.2 激活路由和远程访问服务

Windows Server 2008 默认是没有开启“路由和远程访问”服务的，所以在“路由和远程访问”服务安装成功后，要激活路由和远程服务。首先，在“配置”页面选中“远程访问（拨号或 VPN）”，如图 11-10 所示。

之后，选择“VPN”，如图 11-11 所示。

试验中的 VPN 服务器至少有两块网卡，接下来选择连接 Internet 的网卡，如图 11-12 所示。

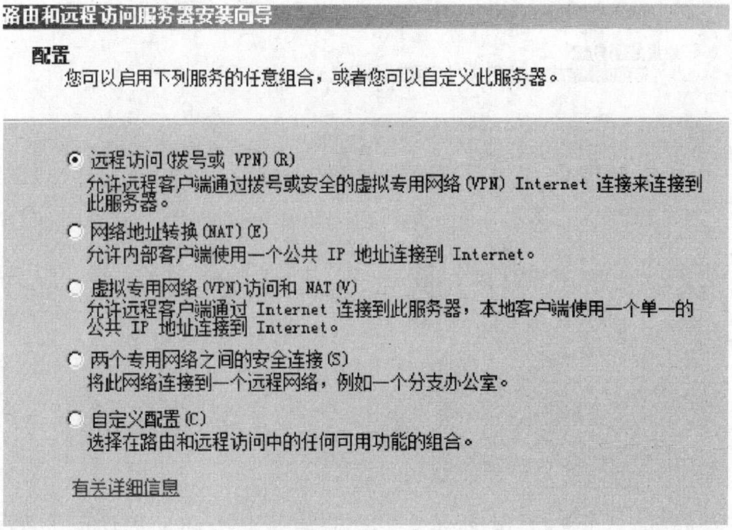

路由和远程访问服务器安装向导

配置
您可以启用下列服务的任意组合，或者您可以自定义此服务器。

- ⊙ 远程访问(拨号或 VPN)(R)
  允许远程客户端通过拨号或安全的虚拟专用网络(VPN) Internet 连接来连接到
  此服务器。
- ○ 网络地址转换(NAT)(E)
  允许内部客户端使用一个公共 IP 地址连接到 Internet。
- ○ 虚拟专用网络(VPN)访问和 NAT(V)
  允许远程客户端通过 Internet 连接到此服务器，本地客户端使用一个单一的
  公共 IP 地址连接到 Internet。
- ○ 两个专用网络之间的安全连接(S)
  将此网络连接到一个远程网络，例如一个分支办公室。
- ○ 自定义配置(C)
  选择在路由和远程访问中的任何可用功能的组合。

有关详细信息

图 11-10

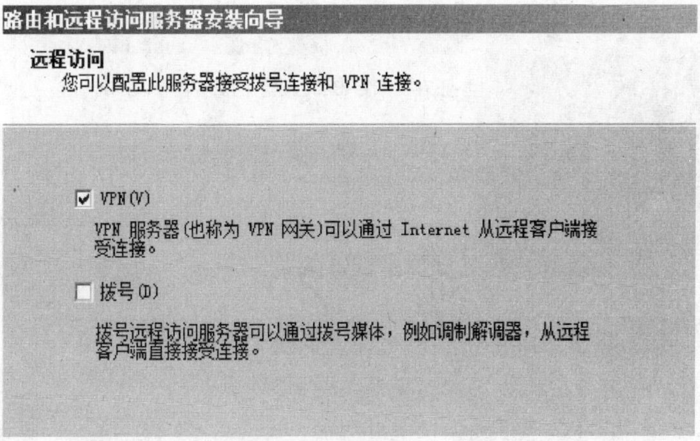

路由和远程访问服务器安装向导

远程访问
您可以配置此服务器接受拨号连接和 VPN 连接。

- ☑ VPN(V)
  VPN 服务器(也称为 VPN 网关)可以通过 Internet 从远程客户端接
  受连接。
- ☐ 拨号(D)
  拨号远程访问服务器可以通过拨号媒体，例如调制解调器，从远程
  客户端直接接受连接。

图 11-11

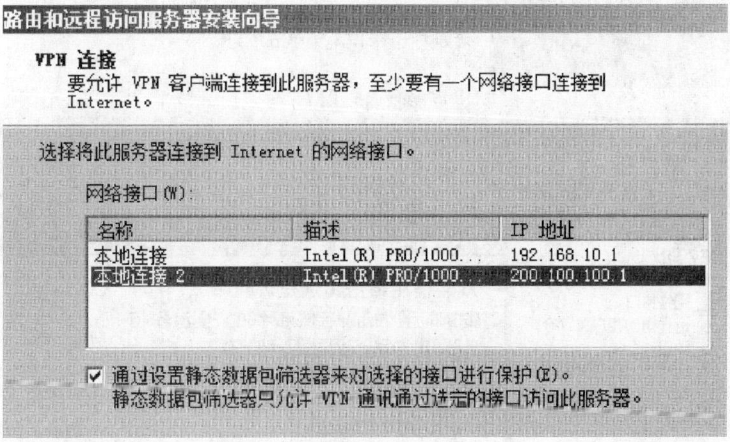

路由和远程访问服务器安装向导

VPN 连接
要允许 VPN 客户端连接到此服务器，至少要有一个网络接口连接到
Internet。

选择将此服务器连接到 Internet 的网络接口。

网络接口(W):

名称	描述	IP 地址
本地连接	Intel(R) PRO/1000...	192.168.10.1
本地连接 2	Intel(R) PRO/1000...	200.100.100.1

☑ 通过设置静态数据包筛选器来对选择的接口进行保护(F)。
静态数据包筛选器只允许 VPN 通讯通过选定的接口访问此服务器。

图 11-12

输入一个 IP 地址段，这个 IP 地址段是分配给连入的远程访问客户机的 IP 地址，如
图 11-13 所示。

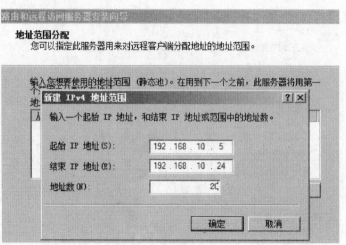

图   11-13

然后完成安装向导，如图 11-14 所示。"欢迎使用路由和远程访问"界面，如图 11-15
所示。

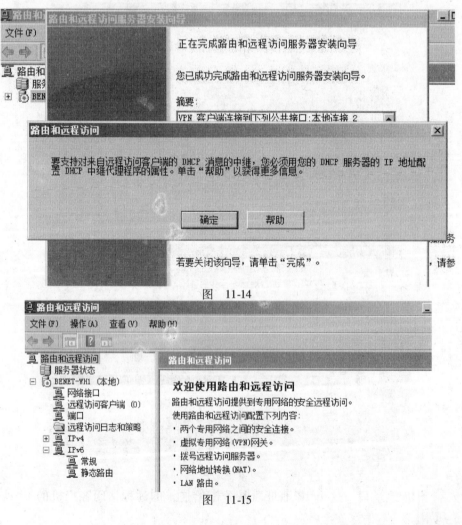

图   11-14

图   11-15

任务 11.5 配置客户机网络连接

步骤 11.5.1 Windows 客户端设置

客户端如果是 Windows 操作系统,选择"网络管理"→"新建网络连接"→"连接到我的工作场所的网络",如图 11-16 所示。

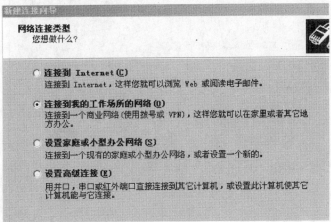

图 11-16

单击"下一步",选择"虚拟专用网络连接",如图 11-17 所示。

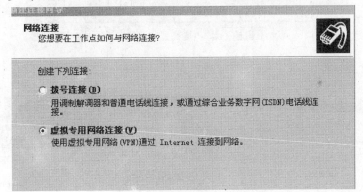

图 11-17

此处,键入本项目 11.4 节任务四中建立的 VPN 服务器的连接 Internet 的网卡的 IP 地址,如图 11-18 所示。

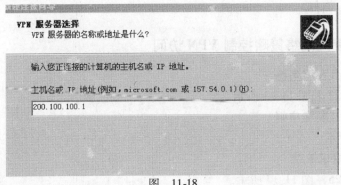

图 11-18

之后，配置"ifg 属性"，在"拨入"选项卡，选择"允许访问"和"不回拨"，如图 11-19 所示。察看"benet 状态"，如图 11-20 所示。文档显示窗口，如图 11-21 所示。

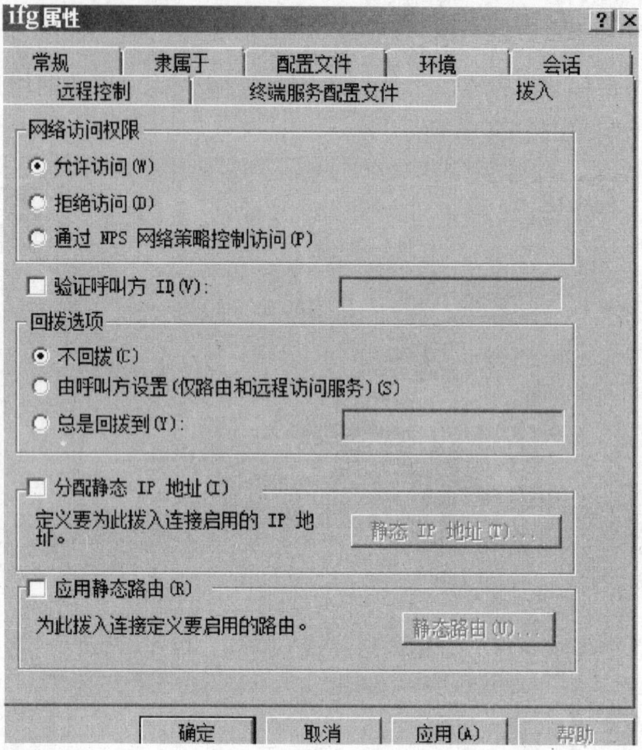

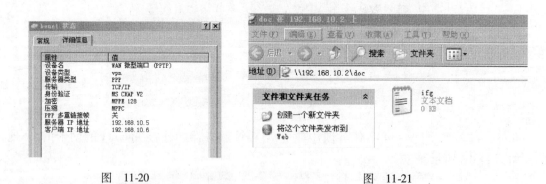

图　11-19

图　11-20　　　　　　　　　　　　　　图　11-21

步骤 11.5.2　使用网络策略控制 VPN 访问

1. 搭建 RADIUS 服务器
步骤如图 11-22 和图 11-23 所示。

2. 新建 RADIUS 客户端
如图 11-24 所示。

3. 新建连接请求策略
步骤如图 11-25 ~ 图 11-30 所示。

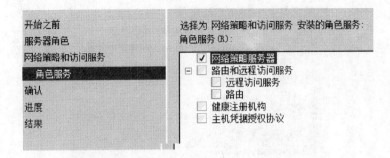

图　11-22

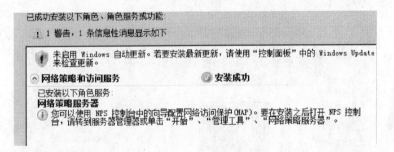

图　11-23

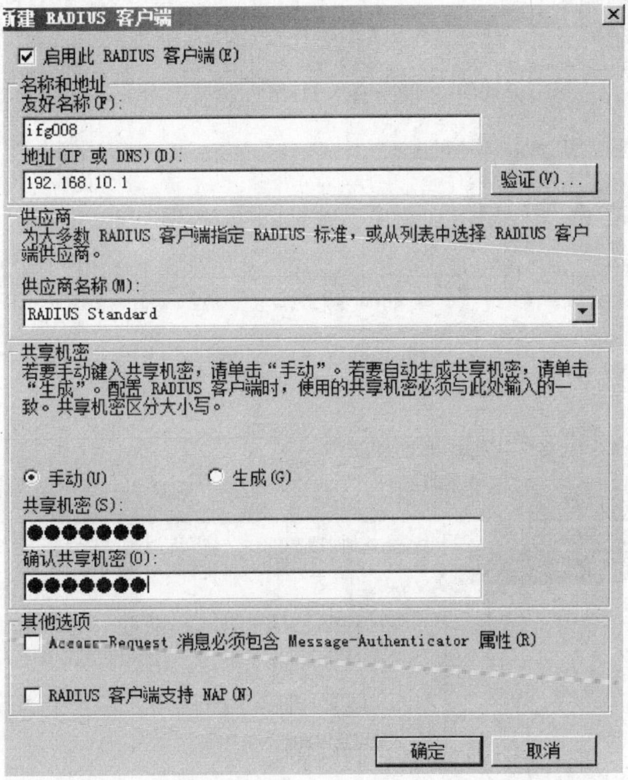

新建 RADIUS 客户端

☑ 启用此 RADIUS 客户端(E)

名称和地址
友好名称(F):
ifg008
地址(IP 或 DNS)(D):
192.168.10.1   验证(V)...

供应商
为大多数 RADIUS 客户端指定 RADIUS 标准，或从列表中选择 RADIUS 客户端供应商。
供应商名称(M):
RADIUS Standard

共享机密
若要手动键入共享机密，请单击"手动"。若要自动生成共享机密，请单击"生成"。配置 RADIUS 客户端时，使用的共享机密必须与此处输入的一致。共享机密区分大小写。

⦿ 手动(U)   ○ 生成(G)
共享机密(S):
●●●●●●●
确认共享机密(O):
●●●●●●●

其他选项
☐ Access-Request 消息必须包含 Message-Authenticator 属性(R)

☐ RADIUS 客户端支持 NAP(N)

确定   取消

图　11-24

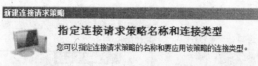

图 11-25

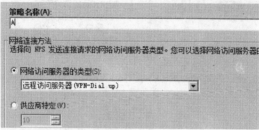

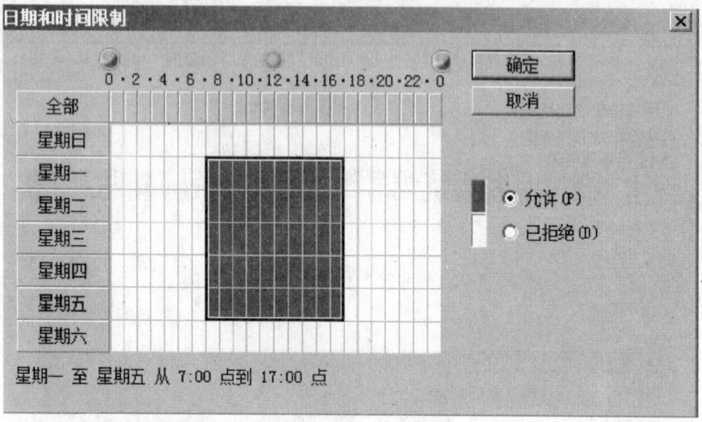

图 11-26

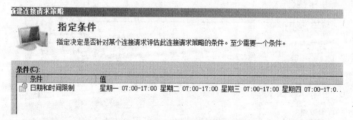

图 11-27

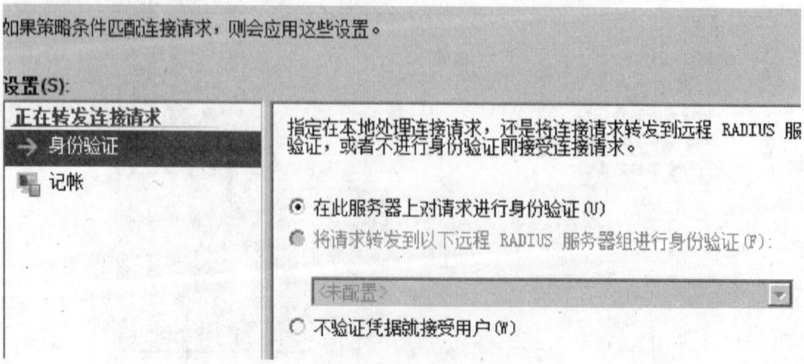

如果策略条件匹配连接请求,则会应用这些设置。

设置(S):

正在转发连接请求
→ 身份验证
记帐

指定在本地处理连接请求,还是将连接请求转发到远程 RADIUS 服务器进行身份验证,或者不进行身份验证即接受连接请求。

○ 在此服务器上对请求进行身份验证(U)

○ 将请求转发到以下远程 RADIUS 服务器组进行身份验证(F):

<未配置>

○ 不验证凭据就接受用户(W)

图 11-28

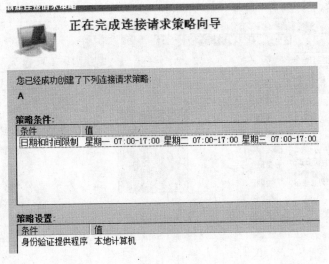

图　11-29

图　11-30

4. 新建网络策略

步骤如图 11-31 ~ 图 11-36 所示。

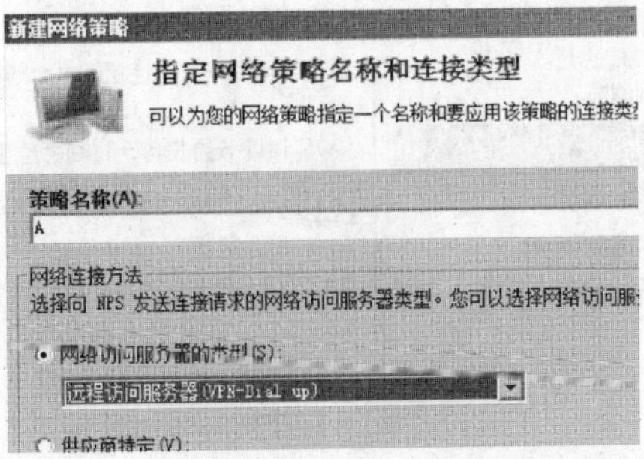

图　11-31

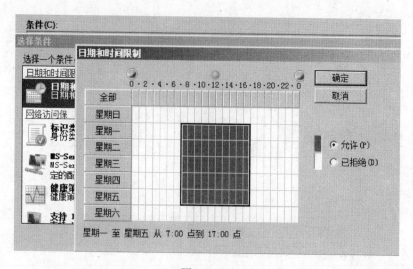

图　11-32

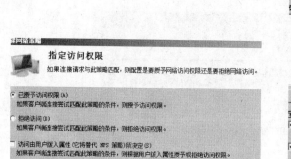

图　11-33

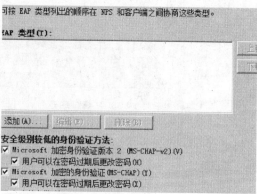

图　11-34

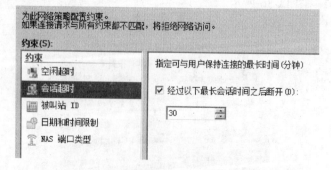

图　11-35

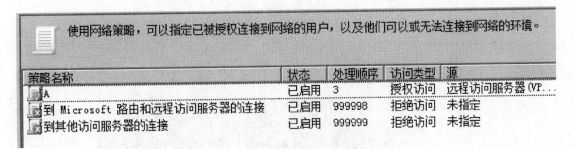

图 11-36

5. 在 VPN 服务器上重新配置路由和远程访问服务

步骤如图 11-37 ~ 图 11-39 所示。

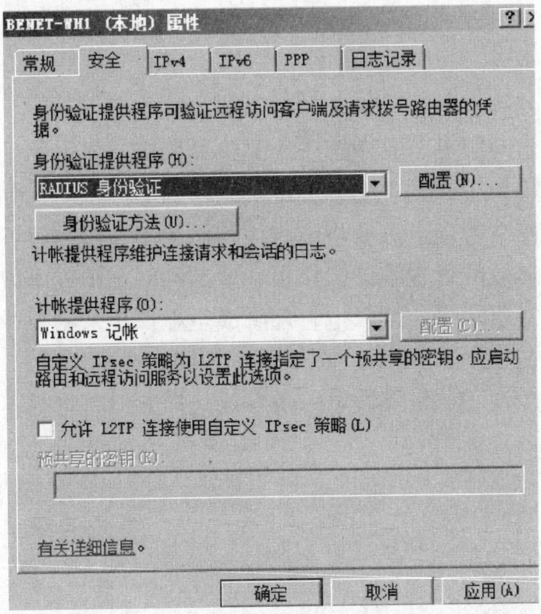

图 11-37

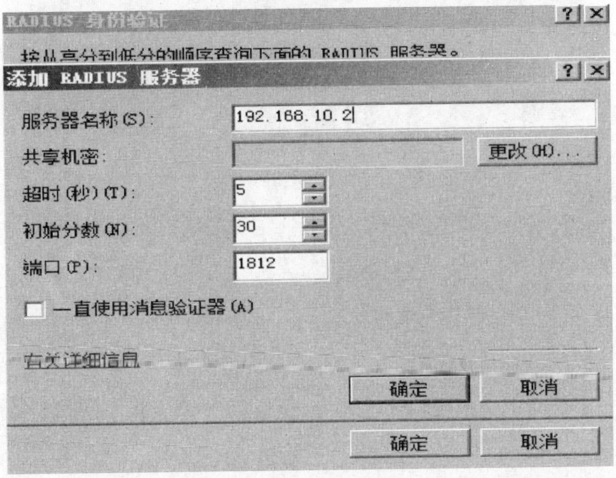

图 11-38

虚拟专用网络

123
已断开
WAN 微型端口 (PPTP)

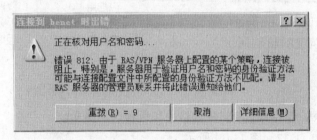

图　11-39

总结

本项目介绍了远程访问服务。其中第一个是终端服务。借助终端服务，网络管理员根本不需要在局域网中的每一台工作站中安装和维护同样的应用程序。如果客户端用户需要集中使用某一个应用程序，网络管理员只要将该应用程序集中在终端服务器中安装部署一次就可以了。这样就能够简化局域网管理维护工作量、节约网络维护成本以及降低复杂程度。

第二个服务为虚拟专用网络，可以把它理解成是虚拟出来的企业内部专线。它可以通过特殊的加密的通信协议在连接到 Internet 上的位于不同地方的两个或多个企业内部网之间建立一条专有的通信线路，就好比是架设了一条专线一样，但是它并不需要真正地去铺设光缆之类的物理线路。